高等学校遥感科学与技术专业规划教材

数字图像处理

——OpenCV方法与实践

武广臣　刘艳　孔玉霞　主编

WUHAN UNIVERSITY PRESS

武汉大学出版社

图书在版编目(CIP)数据

数字图像处理:OpenCV 方法与实践/武广臣,刘艳,孔玉霞主编.—武汉:武汉大学出版社,2024.8
高等学校遥感科学与技术专业规划教材
ISBN 978-7-307-24428-3

Ⅰ.数…　Ⅱ.①武…　②刘…　③孔…　Ⅲ.图像处理软件—程序设计—高等学校—教材　Ⅳ.TP391.413

中国国家版本馆 CIP 数据核字(2024)第 109134 号

责任编辑:杨晓露　　责任校对:汪欣怡　　版式设计:韩闻锦

出版发行:**武汉大学出版社**　(430072　武昌　珞珈山)

　　　　(电子邮箱:cbs22@whu.edu.cn　网址:www.wdp.com.cn)

印刷:武汉精一佳印刷有限公司

开本:787×1092　1/16　印张:17.25　字数:353 千字　插页:1

版次:2024 年 8 月第 1 版　　2024 年 8 月第 1 次印刷

ISBN 978-7-307-24428-3　　定价:68.00 元

前　言

数字图像处理随着计算机技术的发展而诞生，已成为现代科学与技术中不可缺少的一门学科。近年来，以深度学习、计算机视觉等高级机器学习理论的迅猛发展为代表，人工智能领域迎来了发展新高度，也带动了数字图像处理技术的进一步发展。如今，数字图像处理智能化已成为人工智能背景下学科技术发展新方向。在信息技术快速发展的今天，数字图像处理服务于越来越多的行业，据不完全统计，数字图像处理涉及计算机科学与工程、通信工程、信息工程、生物医学工程、地理信息工程、电气工程及其自动化、电子信息科学与技术、计算机科学与技术、信号与信息处理、医学信息工程、数字媒体技术、光电信息科学与工程、探测制导与控制技术、医学影像技术、遥感科学与技术等 20 余个专业。

本书以"够用、精学、弄通"为原则，编写出理实一体式简明教材。在理论教学方面，甄选出 7 章内容，分别是第 1 章"数字图像处理概述"（刘艳编写）、第 2 章"数字图像处理基础知识"（孔玉霞编写）、第 3 章"图像变换"（武广臣编写）、第 4 章"图像增强"（武广臣编写）、第 5 章"图像复原"（刘艳编写）、第 6 章"图像分割"（孔玉霞编写）和第 7 章"数字图像特征分析"（刘艳编写），每章内容通俗易懂，力求达到亲和知识、降低难度、快速入门的学习目标。在实践教学方面，以当今较为流行的 Python+OpenCV 库为开发工具，精心设计编程实例，按照"工具步骤、API 描述、编程代码、实验结果与分析、实践练习和难点解析"的认知顺序组织实例教程，力争做到讲解详细、解析充分。

为了帮助读者学习，本书在博览众书的基础上整合相关知识，理论叙述做到深入浅出、主次分明。对于书中重点或难点内容，配有例题和详细解题过程。为了便于读者动手练习，每个实例均附有完整代码和详细注释，并对图像处理结果进行理论分析。本书可作为普通高等学校本科生教材，也可作为计算机视觉开源库 OpenCV 入门学习参考书。为了配合教师教学，本书还附带教学课件，教师可采用原版课件或修订后实施教学。

由于时间仓促加之水平有限，书中谬误、疏漏之处难免存在，恳请各位读者批评指正！

1

目　录

第1章

数字图像处理概述

随着以智能手机为代表的智能设备的普及，人们步入了智能时代。在智能时代，人们无时无刻不和数字图像打交道，刷视频、智能支付这些日常操作，离不开数字图像处理技术。数字图像处理是近年来电子、通信和计算机专业热门研究领域，在科研、经济、军事、娱乐等国计民生各个领域都有非常广阔的应用前景。数字图像处理是一门交叉学科，涉及数学、计算机、电子、通信、物理等众多的基础和应用学科。本章主要讲述数字图像特征、数字图像处理内容和OpenCV计算机视觉开源库。

✍ 本章学习目标

了解图像的概念、特点和分类，能够阐释数字图像；了解数字图像处理的概念、特点、发展简史和应用，理解数字图像处理的研究内容；了解OpenCV计算机视觉开源库及其应用。

✍ 本章思维导图

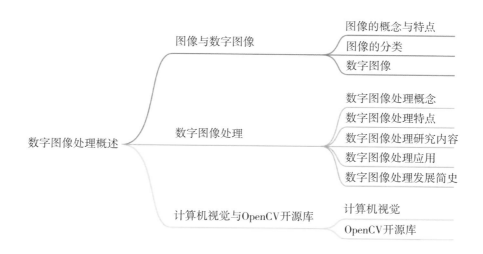

1

1.1　图像与数字图像

图像伴随着我们的日常生活，本节结合生活常识阐述图像的概念和特点，并基于不同的标准对图像进行分类，从而引出数字图像的概念。

1.1.1　图像的概念与特点

人们生活在图像世界中，人类对世界的认知绝大多数依赖于视觉获取的图像。据统计，在人类接收的信息中，听觉信息占 20%，视觉信息占 60%，其他如味觉、触觉等信息加起来约占 20%。从统计结果可以看出，作为传递信息的重要媒体和手段——图像信息是十分重要的，也就是俗话说的"百闻不如一见"。

从物理学和生物学角度讲，图是物体透射光或反射光的分布，是客观存在的；像是人的视觉系统对图的刺激在大脑中形成的印象或反映。图像是图和像的有机结合，是客观世界能量或状态以可视化形式在二维平面上的投影。

图像具有直观性特征，它可以将客观事物的原形真实地展现在眼前，供不同目的、不同能力和不同水平的人去观察和理解。图像具有易懂性，人的视觉系统有着瞬间获取图像、分析图像、识别图像与理解图像的能力，只要将一幅图像呈现在人的眼前，其视觉系统就会立即得到关于这幅图像所描述的内容，从而产生一目了然的效果。图像具有信息丰富性，它包含两层含义："一幅图胜似千言万语"，图像本身所携带的信息远比文字、声音信息丰富；图像的数据量大，需要较大的存储空间与较长的传输时间。

1.1.2　图像的分类

按照不同的分类标准，图像分类各有不同。本书按照存在形式、亮度、光谱特性、动态特性、空间和维数、空间坐标与亮度连续性对图像进行分类。

1. 按照图像存在形式分类

如图 1.1 所示，按照存在形式，图像可分为实际图像与抽象图像。实际图像通常为二维分布，又可分为可见图像和不可见图像。其中，可见图像一个子集为图片，即照片、图和画等，另一个子集为光图像，即用透镜、光栅和全息技术产生的图像。不可见图像是人类无法直接识别的图像，如红外、微波图像。抽象图像一般是按数学模型或物理模型生成的图像,如数学函数图像等。

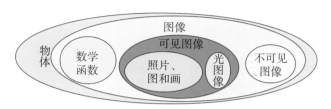

图 1.1 按照图像的存在形式分类

2. 按照图像亮度分类

按照亮度分类,图像可分为二值图像和灰度图像。如图 1.2(a)所示,二值图像是只有黑、白两种亮度等级的图像,而灰度图像是由多种亮度等级像素构成的图像,如图 1.2 (b)所示。

(a) 二值图像　　　　　　　　　(b) 灰度图像

图 1.2　二值图像和灰度图像

3. 按照图像光谱特性分类

按照光谱特性分类,图像可分为彩色图像和黑白图像。彩色图像上的每个像素点由多个特征组成,如在彩色摄影和彩色显示设备中出现的三基色(红、绿、蓝)图像,每个像素点分别对应 3 个基色的 3 个亮度值。黑白图像每个像素点只有 1 个亮度值分量,如黑白照片、黑白电视画面等。

4. 按照图像动态特性分类

按照动态特性分类,可将图像分为静态图像与动态图像。静态图像是不随时间发生变化的图像，如各类纸质或数字图片等。动态图像是随时间变化而变化的图像，即视频，如电影和电视画面等。

5. 按照图像所占空间和维数分类

按照所占空间和维数分类，图像可分为二维图像和三维图像。二维图像即平面图像，如图画、照片等。三维图像是空间分布的图像，一般使用两个或者多个摄像头得到，如遥感领域利用无人机倾斜摄影测量技术获取的五镜头图像，又如医学图像中用于观察病灶的三维扫描图像。

6. 按照图像空间坐标与亮度连续性分类

按照空间坐标与亮度（或色彩）的连续性分类，图像可分为模拟图像和数字图像。模拟图像是空间坐标和亮度（或色彩）都是连续变化的图像。数字图像是空间坐标和亮度均不连续，用一维或多维离散数字表示的图像。

1.1.3　数字图像

早期的模拟相机是经过镜头把景物的影像聚焦在胶片上，胶片上的感光剂受光后发生变化，感光剂经显影液显影和定影后形成与景物相反或色彩互补的影像，进一步通过对定影后的影像胶卷进行冲洗，即可得到所谓的照片，照片中的影像即为模拟图像。模拟图像在空间上是连续的、不分等级的，故称为连续图像。

利用数字化的图像扫描仪对模拟图像进行数字化，可将模拟图像转换成数字图像。利用目前流行的数字摄像仪或数码相机拍摄得到的图像都是数字图像。数字图像在空间上是数字化的，图像中景物和背景的亮度值（信号值）也是数字化分等级的。二维空间上亮度值用有限数字表示的图像，称为数字图像。

1.2　数字图像处理

与模拟图像不同，数字图像更适合计算机处理，这种利用计算机处理数字图像的技术被称为数字图像处理。本节重点阐述数字图像处理的概念和特点、数字图像处理的研究内容和数字图像处理的应用，并简述数字图像处理发展简史。

1.2.1 数字图像处理概念

数字图像处理是一门涉及用计算机对图像进行处理和显示的学科。所谓数字图像处理，就是利用计算机对数字图像进行一系列操作，从而达到某种预期目的的图像处理技术。数字图像处理离不开计算机，因此又称计算机图像处理。狭义上，数字图像处理是一个由图像到图像的过程，即源图像转换为目标图像；广义上，数字图像处理还包括将一幅图像转化为一种非图像的表示方法，即数字图像分析。

1.2.2 数字图像处理特点

数字图像处理利用数字计算机或其他专用的数字设备处理图像，与光学等模拟方式相比具有以下鲜明特点。

1. 处理精度高

图像处理所用的计算机程序(算法)几乎是通用的，如果增加图像像素数使处理图像变大，也只需改变数组的参数，处理方法不变。因此从原理上讲，不管处理多高精度的数字图像都是可能的。而对于模拟图像处理，要想使精度提高一个数量级，就必须对模拟图像处理装置进行大幅度改进。

2. 重现性能好

理论上，数字图像处理不会因图像的存储、传输等过程而导致图像质量的退化。图像质量主要受数字化过程中采样样本数、量化精度，以及处理过程中的处理精度等因素影响。由于在一定范围内，人眼和机器视觉的分辨率是有限的，因此只要保持足够的处理精度，数字图像处理过程就能够重现原有图像。

3. 灵活性高

与模拟图像处理相比，由于数字图像处理软件功能十分强大、扩展性好、与用户有很好的交互性，因此数字图像处理不仅能完成一般的线性和非线性处理，而且可以采用一切通用程序实现智能化信息处理。

4. 技术适用面广

原始模拟图像可以来自多种信息源，它们可以是可见光图像，也可以是不可见波谱图像、超声波图像或红外图像。从图像反映的客观实体尺度来看，可以小到电子显微镜图像，也可以大到航空照片、遥感图像，甚至是天文望远镜图像。来自不同信息源的图像只要被变换为数字编码形式后，均可以用二维数组来表示，采用计算机进行处理。

5. 技术综合性强

数字图像处理技术涉及的领域相当广泛，数学、物理学等领域是数字图像处理的基础，通信技术、计算机技术、电子技术等是实现数字图像处理的支撑技术。由于数字图像处理根据应用目的而定，因此图像处理的技术综合性在不断增强。

1.2.3　数字图像处理研究内容

数字图像处理的理论方法与实现技术涉及数学、物理学、信号处理、控制论、模式识别、人工智能、生物医学、神经心理学、计算机科学与技术等众多学科，它是一门兼具交叉性和开放性的学科。图像处理和分析所涉及的知识种类多样，从研究内容和方法上可以分为以下几个方面。

1. 图像变换

图像变换主要包括几何变换和频域变换。图像几何变换可以是改变一幅图像的大小或形状，如平移、旋转、缩放、仿射、透视变换等，也可以进行两幅以上图像内容的配准，以便于进行图像之间内容的对比检测，如医学或遥感图像的变化检测，图像变换还可以是对图像中景物的几何畸变进行校正、对图像中的目标物大小进行测量等，如遥感图像的几何校正。由于图像阵列很大，直接在空间域中进行处理，涉及的计算量很大。因此，往往采用各种图像变换的方法，如傅里叶变换、沃尔什变换、离散余弦变换等间接处理技术，将空间域的处理转换为频域处理，不仅可减少计算量，而且可获得更有效的处理。

2. 图像增强

图像增强是有目的地强调图像的整体或局部特性，将原来不清晰的图像变得清晰或强调某些感兴趣的特征，扩大图像中不同物体特征之间的差别，抑制不感兴趣的特征，使之改善图像质量、丰富信息量，加强图像判读和识别效果，满足某些特殊分析的需要。常见的图像增强技术有图像代数运算、图像的空间域平滑、空间域锐化等。

3. 三维重建

图像重建是根据二维平面图像数据构造出三维物体的图像。例如，医学影像技术中的

CT 成像技术，就是将多幅断层二维平面数据重建成可描述的人体组织器官三维结构的图像。又如在倾斜航空摄影测量中，利用同一区域多幅图像进行三维场景重建。三维重建技术目前已成为虚拟现实及三维可视化技术的理论基础。

4. 图像分割

图像分割是按照具体的应用要求将图像中有意义或感兴趣的部分分离或提取出来，这种分离或提取通常是根据图像的各种特征或属性进行的。图像分割往往不是最终目的，它可以帮助我们进一步理解、分析或识别图像的内容，因而图像分割经常是模式识别和图像分析的预先处理步骤。在图像分割方面，虽然目前已研究出不少边缘提取、区域分割的方法，但还没有一种普遍适用于各种图像的有效方法。因此，对图像分割的研究还在不断深入之中，它是数字图像处理研究的热点问题之一。

5. 二值图像处理与形状分析

二值图像处理是为了去除特殊噪声，主要包括腐蚀和膨胀算法，以及在此基础上建立的开运算和闭运算，通过多次迭代的开运算和闭运算，实现目标区域内部和外部特征的提取，因此二值图像处理是形状分析的重要内容之一。

6. 图像纹理分析

图像纹理分析是针对局部区域内呈现不规则性，而在整体上表现出某种规律性的图像。图像纹理分析就是将这一特征反映或测量出来。为了定量描述纹理，多年来人们建立了许多纹理算法以测量纹理特性。这些方法大体可以分为两大类：统计分析法和结构分析法。前者从图像有关属性的统计分析出发；后者则着力找出纹理基元，然后从结构组成上探索纹理的规律。图像纹理分析是现代数字图像处理中的热点和难点问题之一。

7. 模板匹配与模式识别

模板匹配是一种最原始、最基本的模式识别方法，研究某一特定对象物的图案位于图像的什么地方，进而识别对象物，这实质是一个匹配问题。它是图像处理中最基本、最常用的匹配方法。模式识别就是用计算的方法根据样本的特征将样本划分到一定的类别中，它是通过计算机结合数学技术方法来研究模式的自动处理和判读。

8. 人工神经网络图像处理

基于人工神经网络图像处理是人工智能领域兴起的一项重要理论和应用技术。它从信息处理角度对人脑神经元的网络进行抽象和模仿，建立某种网络模型，按不同的连接方式组成不同的信息处理网络，已在数字图像处理领域得到广泛应用，表现出了良好的智能特性和高效性。

1.2.4 数字图像处理应用

数字图像处理和计算机、多媒体、智能机器人、专家系统等技术的发展密切相关。近年来计算机识别、理解图像的技术发展很快，图像处理除了直接供人观看外，还发展了与计算机视觉有关的应用，如邮件自动分拣、车辆自动驾驶等。

近十年来，数字图像处理技术得到了迅猛发展，并已应用到许多领域，如工业、农业、国防军事、社会和日常生活、生物医学、通信等。今天，几乎不存在与数字图像处理无关的技术领域，其广泛应用在如下几个方面。

1. 宇宙探测

在宇宙探测中，有许多星体的图片需要获取、传送和处理，这些都依赖于数字图像处理技术，如"祝融号"火星车获取的火星影像、嫦娥五号获取的月球影像等均需进行数字化处理，以还原天体的原貌。

2. 通信

数字图像处理技术在通信中的应用主要包括图像信息的传输、电视电话、卫星通信、数字电视等。传输的图像信息包括静态图像和动态序列（视频）图像，通信应用需要解决的主要问题是图像压缩编码。

3. 遥感

遥感包括航空遥感和卫星遥感。人们应用数字图像处理技术对通过卫星或飞机摄取的遥感图像进行处理和分析，以获取其中的有用信息。遥感应用包括地形、地质、资源的勘测，自然灾害的监测、预报和调查，自然环境的监测、调查等，图1.3是不同波段摄取的同一地区遥感影像。

4. 生物医学

生物医学是数字图像处理应用最早、发展最快、应用最广泛的领域，主要包括细胞分析、染色体分类、放射图像处理、血球分类、各种 CT 和核磁共振图像分析、DNA 显示分析、显微图像处理、癌细胞识别、心脏活动的动态分析、超声图像成像、生物进化的图像分析等。

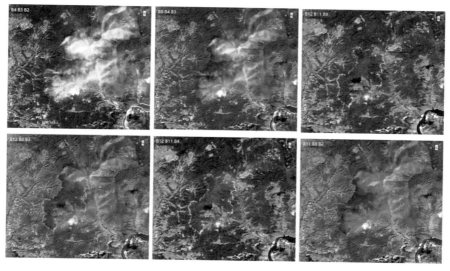

图 1.3　遥感影像

5. 工业生产

工业生产离不开数字图像处理，典型的应用是模具和零件优化设计及制造、印制板质量和缺陷的检测、无损探伤、石油气勘测、交通管制和机场监控、纺织物的图案设计、光的弹性场分析、运动工具的视觉反馈控制、流水线零件的自动监测识别、邮件自动分拣和包裹的自动分拣识别等。

6. 军事及公安

在任何时候，最先进的技术总是先应用在军事中，数字图像处理技术也不例外，主要包括军事目标的侦察和探测、导弹制导、各种侦察图像的判读和识别，雷达、声呐图像处理、指挥自动化系统等。公安方面的应用包括现场实景照片、指纹、足迹的分析与鉴别，人像、印章、手迹的识别与分析，集装箱内物品的核辐射成像检测，人随身携带物品的 X 射线检查等。

7. 其他

数字图像处理技术还可应用于天气云图、气象卫星云图的处理和识别，考古中稀有名画的电子化保存，珍贵文物图片、名画、壁画修复，当前流行的各类新媒体、自媒体海量图像处理等场景。

1.2.5　数字图像处理发展简史

数字图像处理的历史可追溯至 20 世纪 20 年代。最早应用于报纸业。1929 年，利用巴特兰电缆图片传输系统，第一次通过海底电缆横跨大西洋，从伦敦往纽约传送一幅图片（图 1.4）。用电缆传输图片，首先要进行编码，然后在接收端用特殊的打印设备重现该图片。按照 20 世纪 20 年代的技术水平，如果不采用压缩技术，图像传送需要一个多星期，压缩后传输时间减少到 3 个小时。

图 1.4　世界上第一幅海底传输数字图像

早期的数字图像处理工作并没有涉及计算机。第一台可以执行有图像处理意义的大型计算机出现在 20 世纪 60 年代早期。1964 年美国宇航局的喷气推进实验室，对"徘徊者 7 号"探测器发来的几千张月球照片进行了几何校正、灰度变换、去除噪声等处理，并考虑到太阳位置和月球环境的影响，利用计算机绘制了月球表面的照片。在以后的宇航空间技术，如对火星、土星等星球的探测研究中，数字图像处理技术都发挥了巨大的作用。

进行空间应用的同时，数字图像处理技术在 20 世纪 60 年代末和 20 世纪 70 年代初开始扩展到生物医学、遥感监测和天文学等领域。1972 年，英国 EMI 公司工程师 Housfield 发明了用于头颅诊断的 X 射线计算机轴向断层摄影（Computer Tomography，CT）装置。这种无损伤诊断技术的基本方法是根据人的头部截面的投影，经计算机处理来重建截面图像，称为图像重建，这是数字图像处理在医学诊断领域重要的应用之一。从 20 世纪 70 年代中期开始，随着计算机技术、人工智能和思维科学研究的迅速发展，数字图像处理向更高、更深层次发展，代表事件是 1976 年出版了第一本图像处理的专著。20 世纪 70 年代末，麻省理工学院（Massachusetts Institute of Technology，MIT）的 Marr 教授提出了视觉计算理论。这个理论成为计算机视觉领域其后十多年的主导思想。80 年代，随着高速计算机和大规模集成电路的发展，图像处理技术更趋成熟，数字图像处理从 2D 图像处理发展到 3D 图像处理。90 年代，以多媒体技术为代表，数字图像处理的应用涉及人类生活的各个方面。图像压缩和多媒体技术的突破和发展、文本图像的分析和理解、文字的识别取得重大的进展，全球通信技术的蓬勃发展使图像通信和传输广泛应用，各种数字图像处理技术取得广泛的开拓性的发展，进入成熟应用阶段。进入 21 世纪，数字图像处理得到了爆炸式加速发展，人们在各自应用领域提出了各种精准化、智能化算法，代表性算法是各类人工智能算法。智能化数字图像处理彻底改变了人们的生活方式，如高清摄影测量影像已用于驾驶导航，基于移动端的识别算法实现了人脸识别、扫码付款等功能，给人们的生活带来了极大的便捷。

1.3 计算机视觉与 OpenCV 开源库

随着数字图像处理技术的不断发展，近年来出现了深度学习、虚拟现实交互式处理方法和计算机视觉处理等新方法。本节主要阐述计算机视觉的概念、发展，以及当今较为流行的 OpenCV 计算机视觉开源库。

1.3.1 计算机视觉

计算机视觉是指用计算机实现人的视觉功能，它是对客观世界三维场景的感知、识别和理解，这意味着计算机视觉技术的研究目标是使计算机具有通过二维图像认知三维环境信息的能力。因此不仅需要使机器能感知三维环境中物体的几何信息（形状、位置、姿态、运动等），而且能对它们进行描述、存储、识别与理解。计算机视觉与研究人类或动物的视觉是不同的：它借助于几何、物理和学习技术来构筑模型，从而用统计的方法来处理数据。计算机视觉处理问题主要有两类方法：一类是仿生学的方法，即参照人类视觉系统的结构原理，建立相应的处理模块完成类似的功能和工作；另一类是工程的方法，即从分析人类视觉过程的功能着手，并不去刻意模拟人类视觉系统内部结构，而仅考虑系统的输入和输出，并采用任何现有的可行的手段实现系统功能。上述第二类方法是目前计算机视觉技术研究的趋势和方向，目前已经发展起一套独立的计算理论与算法。

计算机视觉成为一门独立的学科，至少可以从 Marr 教授这一代人所做的奠基工作开始追溯。1977 年，Marr 教授提出了不同于"积木世界"分析方法的计算视觉理论——Marr

视觉理论，该理论在 20 世纪 80 年代成为计算机视觉研究领域中的一个十分重要的理论框架。到 80 年代中期，计算机视觉获得了迅速发展，主动视觉理论框架、基于感知特征群的物体识别理论框架等新概念、新方法、新理论不断涌现。而到 90 年代，计算机视觉在工业环境中得到了广泛应用，同时基于多视几何的视觉理论得到迅速发展。进入 21 世纪，伴随着机器学习、人工智能的发展，一大批计算机视觉算法被提出和实现，计算机视觉发展到历史最高水平，出现了一批诸如 OpenCV 的优秀计算机视觉开源库。

1.3.2　OpenCV 开源库

OpenCV（Open Source Computer Vision Library）是开源的计算机视觉和机器学习库，提供了 C++、C、Python、Java 接口，并支持 Windows、Linux、Android、Mac OS 平台。OpenCV 自 1999 年问世以来，就已经成为计算机视觉领域学者和开发人员的首选工具。OpenCV 最初是由 Intel 的小组进行开发的，在发布了一系列 Beta 版本后，1.0 版本终于在 2006 年面世，2009 年发布了重要的版本 OpenCV 2.X，从 2014 年开始，在继续更新 OpenCV 2.X 版本的同时，发布了 OpenCV 3.X 版本。2018 年，发布了 OpenCV 4.0 版本。

OpenCV 库主要用于图像处理和计算机视觉领域。它提供了大量的函数和类，可用于图像和视频的读取、写入、显示和处理。在图像和视频处理方面，OpenCV 库可以读取、写入和处理图像和视频。它提供了一些图像处理函数，如滤波、阈值处理、形态学处理和边缘检测等。同时，OpenCV 库还提供了一些视频处理函数，如视频捕获、视频压缩和视频编解码等。在特征检测与匹配方面，OpenCV 库提供了一些特征检测和匹配函数，如 SIFT、SURF 和 ORB 等。这些函数可以用于在图像中检测和描述特征，以及在不同图像之间匹配特征。在目标检测跟踪方面，OpenCV 库提供了一些目标检测和跟踪函数，如 Haar 特征检测器、HOG 特征检测器和卡尔曼滤波器等。这些函数可以用于检测和跟踪图像中的目标，例如人脸、行人和汽车等。在人脸检测方面，OpenCV 库提供了一些三维重建函数，如立体匹配和三维重建等。这些函数可以用于从双目图像中计算深度信息，并重建出三维场景。在机器学习方面，OpenCV 库提供了一些机器学习函数，如支持向量机、随机森林和神经网络等。这些函数可以用于分类、回归和聚类等任务。在虚拟现实方面，OpenCV 库可以用于计算相机的位置和姿态，并生成虚拟场景。

OpenCV 实现了绝大多数数字图像处理功能，因此本书在介绍数字图像处理理论的同时，运用 Python+OpenCV 方法实现数字图像处理。

📝 本章小结

本章从图像引申到数字图像，进一步引申到数字图像处理和 OpenCV 计算机视觉开源库。数字图像处理是本章的重点内容，尤其是数字图像处理的研究内容和应用，需要深入学习和领会，必要时需阅读相关文献，建议在完成后续章节学习后再回顾一下本章内容，可以起到巩固和画龙点睛的作用。

第 2 章

数字图像处理基础知识

在第 1 章学过，数字图像是在二维空间上亮度值用有限数字表示的图像。数字图像是如何表达的，以及数字图像有哪些基本特征等问题是本章研究的内容。本章首先基于人眼的视觉特性描述了对图像的感知，然后讲解了数字图像的概念和属性、获取数字图像的方法和灰度直方图。

☑ 本章学习目标

理解人眼的视觉特性，能够解释人眼的光谱感受特征；掌握数字图像的表示和属性，尤其是能说清数字图像的数字、排列方法和颜色空间，做到深入理解数字图像本质；掌握灰度直方图的定义，能自述灰度直方图的特征并举例说明；了解噪声的定义和分类。

☑ 本章思维导图

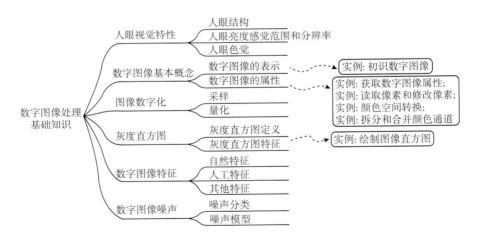

2.1　人眼视觉特性

人眼是感受图像的器官，也是数字图像处理结果的判断器官，因此本节首先描述人眼的生理结构，接下来基于人眼结构提出人眼亮度感觉范围和分辨率两个问题，最后描述人眼色觉，即人眼的光谱感受特性。人眼视觉特性是判断数字图像处理和分析的直接依据，因此研究这种特性十分必要。

2.1.1 人眼结构

图 2.1 是人眼剖面图，可以看出人的眼睛近似球状。眼球分为外、中、内三层。外层由巩膜和角膜组成，其中巩膜位于最外层的后端，即眼白部分，眼球前端为透明的角膜，角膜是接收信息的最前端入口，巩膜和角膜还起到维持眼球形状和保护眼内组织的作用。

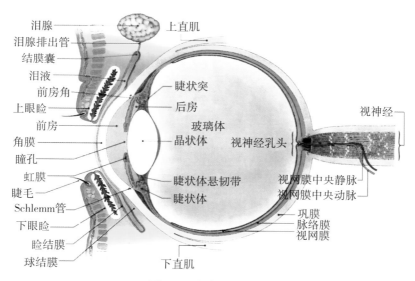

图 2.1　人类眼睛结构

眼球中层具有丰富的色素和血管，由虹膜、睫状肌(包括睫状体和睫状突)和脉络膜三部分构成。虹膜位于眼球最前端，它是环形的且具有辐射状的纹理，它的颜色因种族不同而有差异。虹膜中间是瞳孔，瞳孔是光线进入的孔道，类似于照相机的光圈，可以控制进入眼球的光通量，它会随着光线的变强而自动缩小，避免眼睛被灼伤，也会随着光线的变暗而自动扩大，让更多的光线进入从而看清物体。脉络膜位于中层的后端，在巩膜内侧和视网膜的外侧，其中的血管可供给视网膜外层营养，色素起遮光的作用。睫状肌连接虹膜和脉络膜，内侧通过睫状体悬韧带与晶状体相连。

眼球内层为视网膜，是一层透明的膜，也是视觉神经信息传递的最敏锐的区域。视网膜所得到的视觉信息经视神经传送到大脑。晶状体属于眼的内容物，位于瞳孔后面，相当于一个可变焦距的凸透镜，可以通过睫状肌来改变自身的形状从而调节焦点。玻璃体也属于眼的内容物，它是无色透明胶状玻璃体，位于晶状体后面，充满于晶状体与视网膜之间，充满晶状体后面的空腔里，具有屈光、固定视网膜的作用。

人眼在观察景物时，光线通过角膜、晶状体、玻璃体的折射，在视网膜上显示出景物的倒像，产生光刺激。视网膜上的光敏细胞感受到强弱不同的光刺激，相应地产生强度不同的电脉冲，并经由神经纤维传送至视神经中枢，经过大脑皮层的综合分析后产生视觉，这就是人眼视觉原理。

人眼在看远方的物体时，控制肌肉使晶状体相对比较扁平，屈光能力减小；相反，在看近处的物体时，控制肌肉使晶状体变得较厚，屈光能力增大。当晶状体的聚焦中心与视网膜间的距离由 14mm 扩大到 17mm 时，晶状体的折射能力由最大变到最小。当眼睛聚焦到非常近的物体时，晶状体的折射能力最强；而当眼睛聚焦到远于 3m 的物体时，晶状体的折射能力最弱。利用这一信息可以计算出任何物体在视网膜上形成图像的大小。

2.1.2　人眼亮度感觉范围和分辨率

1. 亮度感觉范围

根据人眼视觉原理，人眼感知的主观亮度和实际的客观亮度之间并非完全相同，但是有一定的对应关系。人眼能够感觉的亮度范围（称为视觉范围）非常宽，从千分之几尼特到几百万尼特，这是由于瞳孔和光敏细胞具有一定的调节作用。瞳孔根据外界光的强弱调节其大小，使射到视网膜上的光通量尽可能是适中的。在强光和弱光下，分别由锥状细胞和杆状细胞调节，而后者的灵敏度是前者的 1 万倍。在不同的亮度环境下，人眼对于同一实际亮度所产生的相对亮度感觉是不相同的。另外，当人眼适应了某一环境亮度时，所能感觉的范围将变小很多。由于人眼能适应的平均亮度范围很大，因此说人眼的视觉范围是很宽的。

2. 人眼分辨率

人眼分辨率是指人眼在一定距离上能区分开相邻两点的能力，用能区分开的最小视角的倒数来描述，具体计算如式(2-1)，其中 θ 如式(2-2)所示。

$$\rho = \frac{1}{\theta} \tag{2-1}$$

$$\theta = \frac{d}{l} \tag{2-2}$$

式(2-2)中，d 为能区分的两点间的最小距离；l 为眼睛和这两点连线的垂直距离，其几何关系如图 2.2 所示。

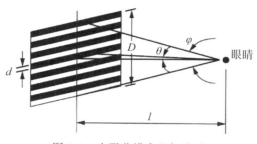

图 2.2　人眼分辨率几何关系

人眼的分辨率与环境照度有关,当照度太低时,只有杆状细胞起作用,则分辨率下降;照度太高,则可能引起"眩目"现象。人眼的分辨率还与被观察对象的相对对比度有关,当相对对比度小时,对象和背景亮度很接近,使得人眼的分辨率下降,反之,人眼分辨率提高。

2.1.3　人眼色觉

正常人的眼睛不仅能够感受光线的强弱,而且还能辨别不同的颜色。通过理论研究和实验结果分析,人们对颜色的物理本质已有了相当深入的理解。牛顿是首个发现并揭示颜色本质的人。早在 17 世纪,牛顿利用三棱镜将白光分解成一系列从紫到红的连续光谱,从而证明白光是由不同颜色(这些颜色并不能再进一步被分解)的色光混合而成的。这些不同色光实际上就是不同频率的电磁波,人的大脑和眼睛将不同频率的电磁波感知为不同的颜色。

人辨别颜色的能力叫色觉,它是指视网膜对不同波长光的感受特性,即在一般自然光线下分辨各种不同颜色的能力。这主要是人眼黄斑区中的锥体感光细胞的功劳,它非常灵敏,只要可见光波长相差 3~5nm,人眼即可分辨。

颜色和彩色严格来说并不等同。颜色可分为无彩色和有彩色两大类。无彩色是指白色、黑色和各种深浅程度不同的灰色。以白色为一端,通过一系列从浅到深排列的各种灰色,到达另一端的黑色,这些可以组成一个黑白系列。彩色指除去上述黑白系列以外的各种颜色。我们通常所说的颜色一般指彩色。

区分颜色常用 3 种基本特性量:色调(色别)、辉度(亮度)和饱和度(色彩度)。色调与混合光谱中主要光波长相关。辉度与物体的反射率成正比。对彩色光来说,颜色中掺入白色越多,辉度越大(越明亮),掺入黑色越多,辉度就越小(越黑暗)。饱和度与一定色调的纯度有关,纯光谱色是完全饱和的,随着白光的加入,饱和度逐渐减少。

正常人色觉光谱的范围为 400(紫色)~760 nm(红色),其间大约可以区别出 16 个色调。红、绿、蓝(R、G、B)三种光以不同比例混合，就可形成不同的颜色，从而产生各种色觉，因此 R、G、B 被称为三原色。色觉正常的人在明亮条件下能看到可见光谱的各种颜色，它们从长波一端向短波一端的顺序是：红色、橙色、黄色、绿色、蓝色、靛色、紫色。此外，人眼还能在上述任两个相邻颜色范围的过渡区域看到各种中间颜色。

2.2　数字图像基本概念

如前所述，既然数字图像是用数字表示的不连续图像，那么它是由哪些数字、哪种排列方法、哪种颜色系统表示的呢？这就是本节研究的问题，即数字图像的表示、数字图像属性和颜色空间。数字图像的表示描述的是数字图像的数字特征。数字图像属性主要包括分辨率、行数、列数、宽、高、通道数和坐标等几何属性，以及有关数据量的存储属性。颜色空间则是数字图像采用的色彩系统，即图像采用的颜色表示方法。

2.2.1　数字图像的表示

数字图像采用数字阵列表示，阵列中的元素称为像素(pixel)或像点，像素的幅值(数值的大小)对应于该点的灰度级。以灰度图为例，图 2.3 所示为用一个数字阵列表示的一幅物理图像示意图，在该图中图像被划分为若干方形网格，其中每个格子为 1 个像素，对每个像素赋予一定数值，可以反映物理图像上对应点的亮度，用 $f(x, y)$ 代表点 (x, y) 的灰度值，即亮度值。灰度图像分为 0~255，总计 256 个等级。数字图像上一点的像素由该点的横坐标、纵坐标和像素值共同组成。

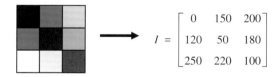

$$I = \begin{bmatrix} 0 & 150 & 200 \\ 120 & 50 & 180 \\ 250 & 220 & 100 \end{bmatrix}$$

图 2.3　数字图像(灰度图)示意图

如图 2.4 所示，彩色图像是每个像素由 R、G、B 三原色构成的图像，其中 R、G、B 是由不同的灰度级来描述的，也就是说图像中某点的像素值相当于该点 R、G、B 灰度值相叠加，如"1"号像素位置相当于 $R = 255$、$G = 0$、$B = 0$ 三个色彩叠加的颜色。由于彩色图像是由 R、G、B 三原色共同决定的，因此像素的 R、G、B 组合被称为该像素的三个通道。与彩色图像相比，灰度图像只有一个通道，因此灰度图像也称为单通道图像。

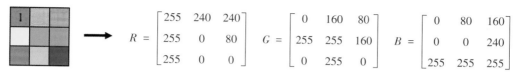

图 2.4 数字图像(彩色图)示意图

一般地，数字图像 $f(i, j)$ 可以表示为式(2-3)所示的 $m \times n$ 矩阵，其中 i、j 分别为图像的第 i 行第 j 列($i \in [0, m-1]$，$j \in [0, n-1]$，也称为以像素为单位的像素坐标)。由上述可知，$f(i, j)$ 为图像第 i 行第 j 列的像素值，也称为灰度。灰度的种类数称为灰度级，在计算机中灰度级一般为 2^k 个，其中 k 为整数，如 8 位灰度图像灰度级为 $2^8 = 256$ 个。

$$I = [f(i, j)] = \begin{bmatrix} f_{0,0} & f_{0,1} & \cdots & f_{0,n-1} \\ f_{1,0} & f_{1,1} & \cdots & f_{1,n-1} \\ \vdots & \vdots & \vdots & \vdots \\ f_{m-1,0} & f_{m-1,1} & \cdots & f_{m-1,n-1} \end{bmatrix}_{m \times n} \tag{2-3}$$

将数字图像与其对应矩阵列出，展示结果如图 2.5 所示，由于图 2.5 是一幅 128×128 的数字影像，展示的矩阵仅为图像左上角的一部分。

176 177 176 175 177 174 175 172 176 172 …
177 177 175 173 178 175 170 177 178 172…
173 175 174 173 179 182 177 175 176 174…
172 175 177 177 178 173 177 175 176 168…
174 174 173 179 174 174 170 171 175 168…
173 176 173 170 173 174 170 171 169 168…
168 170 169 163 170 169 163 163 166 164…
169 169 173 167 167 169 166 167 162 160…
………………

(a)灰度图像矩阵

(207, 137, 130) (220, 179, 163) (215, 169, 161) …
(207, 154, 146) (217, 124, 121) (226, 144, 133) …
(227, 151, 136) (227, 151, 136) (226, 159, 142) …
(231, 178, 163) (231, 178, 163) (231, 178, 163) …
(239, 195, 176) (239, 195, 176) (240, 205, 187) …
(217, 124, 121) (215, 169, 161) (216, 179, 170) …
(159, 51, 71) (189, 89, 101) (216, 111, 110) …
(227, 151, 136) (226, 159, 142) (226, 159, 142) …
………………

(b)彩色图像矩阵

图 2.5 数字图像及其矩阵

✍ 实例 2.1　初识数字图像

工具:　Python，PyCharm，OpenCV。

步骤:

➤　导入 OpenCV 库；

➤　读取图像；

➤　打印图像。

▦　**调用函数:**　OpenCV 提供了用于读取图像的 imread( )方法，其语法格式如下:

image=cv2. imread(filename，flags)

参数说明:

❖　filename: 要读取的图像的完整文件名，可以是相对路径和绝对路径。例如，要读取当前项目目录下的 1.1. jpg，filename 的值为"1.1. jpg"；要读取磁盘绝对路径，filename 的值可以为"D：/sunflower. jpg"。(注意用"/"符号或"//"，不用"＼"符号，且双引号是英文半角格式的)。

❖　flags: 读取图像颜色类型的标记。flags 的默认值为 1，表示读取的是彩色图像，此时的 flags 值可以省略；当 flags 的值为 0 时，表示读取的是灰度图像(此时如果读取的是彩色图像，也将转换为与彩色图像对应的灰度图像)。

❖　image: 是 imread( )方法的返回值，返回的是读取到的图像。

功能说明:　以 flags 提供的读取方式将 filename 图像文件读取出来，并返回给 image。

实现代码:

在"D：＼ sunflower. jpg"目录下，有一幅名为 sunflower. jpg 的图像，首先导入 OpenCV 库，然后利用 imread( )函数读取该图像，最后利用 print( )函数打印该图像。代码如下:

```
import cv2 as cv        #导入 OpenCV 库
image=cv.imread("D:/sunflower.jpg",1)    #读取图像
print(image)    #打印图像
```

结果与分析:　在"D：＼sunflower. jpg"目录下的向日葵图像如图 2.6(a)所示，打印该图像的输出结果为三通道数字矩阵，数值如图 2.6(b)所示，从而验证了数字图像的本质是数字矩阵。

　　　　（a）原图　　　　　　　　　　（b）原图的打印结果

图 2.6　打印数字图像

实践拓展： 载入一幅灰度图像，打印该图像，看看是否和预想的结果一致。

2.2.2　数字图像的属性

1. 几何属性

数字图像的几何属性包括分辨率、行数、列数、宽、高、通道数和坐标。对于一幅 m 行 n 列的数字图像，m 表示图像的高度，n 表示图像的宽度。宽度与高度的乘积 ($n \times m$) 称为数字图像的分辨率，其值越大图像越清晰，如同一幅图像，3840×2160 的分辨率优于 1920×1080 的分辨率。通道数表示图像的维度，灰度图像有 1 个通道，彩色图像有 3 个或 4 个通道，如 4 通道 png 格式图像除了 R、G、B 通道外，还有一个 alpha 通道，表示图像透明度。在 OpenCV 中，像素值用该点通道数个元组表示，如图 2.6(a) 所示三通道向日葵图像第一个像素的像素值是[57，51，56]。

数字图像像素点在图像中的位置称为像素坐标。通常，当讨论图像的数学运算时，采用如图 2.7(a) 所示的坐标系，它的原点 O 位于图像的左下角，横轴为 x 轴，纵轴为 y 轴；当讨论图像在屏幕上显示时，采用如图 2.7(b) 所示的坐标系，它的原点 O 位于图像的左上角，横坐标 x 方向不变，纵坐标 y 则垂直向下。位于第 i 行第 j 列的某像素，在该坐标系下的像素坐标为 (j, i)，这一点初学者容易出错。为了避免这种混乱，OpenCV 的像素坐标采用 y 在前 x 在后的表示方法，坐标为 (i, j) 的像素表示 $y=i$，$x=j$。

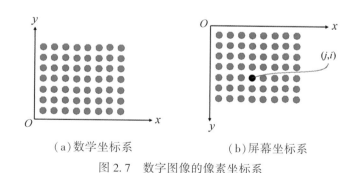

（a）数学坐标系　　　　　　（b）屏幕坐标系

图 2.7　数字图像的像素坐标系

2. 存储属性

数字图像每个通道像素值范围是 0~255，在计算机中可以用 8 位无符整型类型存储，占用空间为一个字节(Byte)，也就是某一通道某一像素容量是 1Byte，对于一幅 $m \times n$ 的数字图像，如果它有 c 个通道，则该图像的数据量为 $m \times n \times c$ Byte，如一幅 1920×1080 的

RGB 三通道图像，其数据量为 1920×1080×3 = 6220800Byte = 6075KB = 5.93MB，因此数据量庞大是数字图像的一个显著特征。我们熟知的 1080P 高清电影，如果时长为 1.5 小时，帧率为 30 帧(FPS)，其图像原始容量为 1920×1080×3×30×3600×1.5÷1024÷1024÷1024 = 938.56GB，数据量之大超乎了想象，因此图像压缩是非常必要的。

✍ 实例 2.2　获取数字图像属性

工具：Python，PyCharm，OpenCV。

步骤：

➤　导入 OpenCV 库；

➤　调用 imread( ) 函数，分别以灰度和彩色方式读取图像；

➤　分别输出 shape、size、dtype 属性。

　　📖　调用属性：OpenCV 提供图像的 shape、size、dtype 属性，这里的图像指的是调用 imread( ) 函数读取的图像。

shape、　size、　dtype 属性说明：

❖　shape：如果是彩色图像，那么获取的是一个由图像的像素列数、像素行数和通道数所组成的数组；如果是灰度图像，那么获取的是一个包含图像的像素列数、像素行数的数组，即(像素行数，像素列数)。

❖　size：获取的是图像包含的像素个数，其值为"像素列数×像素行数×通道数"(灰度图像的通道数为 1)。OpenCV 中的 size 量纲是字节。

❖　dtype：获取的是图像的数据类型。OpenCV 中的 dtype 是 8 位无符整型 uint8。

实现代码：

在"D：\ sunflower.jpg"目录下，有一幅名为 sunflower.jpg 的图像，分别以灰度和彩色图像读入，通过调用 print( ) 函数实现 shape、size、dtype 三个属性的输出。代码如下：

```
import cv2 as cv
image_Gray = cv.imread("D:/sunflower.jpg",0)   #读取与彩色图像对应的灰度图像
print("获取灰度图像的属性:")
print("shape =", image_Gray.shape)   #打印灰度图像的(像素行数,像素列数)
print("size =", image_Gray.size)   #打印灰度图像包含的像素个数(字节数)
print("dtype =", image_Gray.dtype)   #打印灰度图像的数据类型
image_Color = cv.imread("D:/sunflower.jpg")   #读取彩色图像
print("获取彩色图像的属性:")
print("shape =", image_Color.shape)   #打印彩色图像的(像素列数,像素行数,通道数)
```

```
print("size =", image_Color.size)   #打印彩色图像包含的像素个数
print("dtype =", image_Color.dtype)   #打印彩色图像的数据类型
```

结果与分析：图 2.6(a)所示图像的 shape、size、dtype 三个属性的打印结果如图 2.8 所示，与前述分析完全一致。

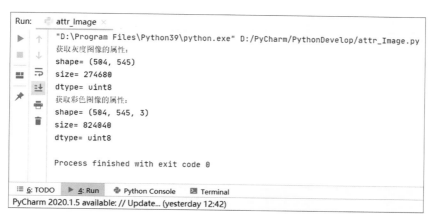

图 2.8　图像的几何与存储特征属性

实践拓展：查阅相关材料，设计方法载入一幅四通道的 png 图像，并查看它的 shape、size、dtype 属性。

3. 颜色空间

颜色空间也称彩色模型和彩色空间，较为常用的颜色空间主要有 RGB 颜色空间、CIE XYZ 颜色空间、Lab 颜色空间以及 HSV 颜色空间等，这里仅对 RGB 颜色空间和 HSV 颜色空间加以说明。

（1）RGB 颜色空间。

RGB 颜色空间以 R、G、B 三种基本色为基础，进行不同程度的叠加，产生丰富而广泛的颜色，其等量叠加结果如图 2.9(a)所示，红绿等量叠加为黄色，绿蓝等量叠加为青色，红蓝等量叠加为品红色，红绿蓝等量叠加为白色。在大自然中有无穷多种不同的颜色，而人眼只能分辨有限种不同的颜色，RGB 颜色空间在人眼看来已非常接近大自然的颜色，故又称为真彩色。红、绿、蓝代表可见光谱中的三种基本颜色，每一种颜色按其亮度不同分为 2^8（即 256）个等级。当色光三原色重叠时，由于不同的混色比例能产生各种中间色，总共可表示 $2^8 \cdot 2^8 \cdot 2^8$（即 16777216）种不同的颜色。

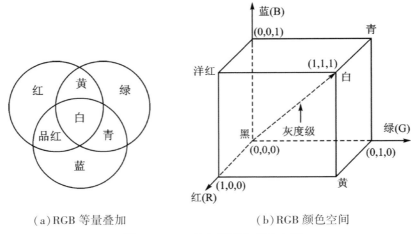

（a）RGB 等量叠加　　　　　　（b）RGB 颜色空间

图 2.9　RGB 叠加原理与颜色空间

　　RGB 颜色空间可以用三维坐标来表达，如图 2.9（b）所示，在三维空间中确定原点并绘制相互垂直的 R、G、B 三轴，按右手坐标系建立三维坐标，绘制一个单位立方体，使 R、G、B 坐标分别为（1，0，0）、（0，1，0）和（0，0，1），且保证立方体在第一卦限。立方体的六个面上的点为两色叠加颜色，立方体内的点为三色叠加颜色，混合比例为该点到 R、G、B 三轴的垂直距离之比。单位立方体内有一条特殊对角线，即（0，0，0）—（1，1，1）对角线，该线为 R、G、B 颜色等量叠加线，其结果是一条从黑到白的灰度线。RGB 颜色空间的另一种表示方法为 256 阶模方法，沿着 R、G、B 三轴分别绘制 256 个单位立方体，用一个 256×256×256 的立方体表示 RGB 空间所有颜色。

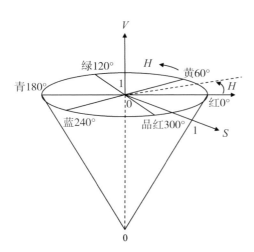

图 2.10　HSV 颜色空间

　　（2）HSV 颜色空间。

　　RGB 色彩叠加方式不符合人类识别习惯，因为对于任意比例的 R、G、B 值，叠加出来的颜色是不易预知的，相比之下，HSV 则是一种比较直观的颜色模型，因此在许多图像编辑工具中广泛应用，这个颜色空间中颜色的参数分别是色调（H，Hue）、饱和度（S，Saturation）和明度（V，Value）。HSV 颜色空间可用图 2.10 表示。

　　色调表示颜色的类别。在图 2.10 中，色调 H 用角度度量，从倒圆锥的底面圆中心出发，到圆面边线做极坐标轴并规定它为 0°方向，代表的颜色为红色，从红色开始按逆时针方向计算，绿色为120°，蓝色为240°。红、绿、蓝的补色：黄色为60°，青色为180°，品红为300°。色调 H 取值范围为0°~360°。

饱和度 S 表示颜色接近光谱色的程度。一种颜色，可以看成某种光谱色与白色混合的结果。其中光谱色所占的比例愈大，颜色接近光谱色的程度就愈高，颜色的饱和度也就愈高。饱和度越高，则颜色越深越艳。光谱色的白光成分为0，饱和度达到最高。饱和度 S 的轴线是从倒圆锥内 V 轴上的一点引向侧面一点的直线，S 值逐渐增大。饱和度 S 的取值范围为0~1，值越大，颜色越饱和。

明度 V 表示颜色明亮的程度。对于光源色，明度值与发光体的光亮度有关，对于物体色，此值和物体的透射比或反射比有关。通常取值范围为0(黑)到1(白)。明度轴线起点为倒圆锥顶点，终点为底面圆圆心，从0至1逐渐增大。

从RGB到HSV的转换算法是：首先将 R、G、B 像素进行归一化，得到 $R'=R/255$、$G'=G/255$、$B'=B/255$，然后选取归一化像素最大值为 $C_{max}=\max(R',G',B')$，最小值为 $C_{min}=\min(R',G',B')$，并计算极差 $\Delta=C_{max}-C_{min}$，最后按照公式组(2-4)计算转换后的 H、S、V 值。

$$H = \begin{cases} 0, & \Delta = 0 \\ 60 \times \left(\dfrac{G'-B'}{\Delta}+0\right), & C_{max}=R' \\ 60 \times \left(\dfrac{B'-R'}{\Delta}+2\right), & C_{max}=G' \\ 60 \times \left(\dfrac{R'-G'}{\Delta}+4\right), & C_{max}=B' \end{cases} \tag{2-4}$$

$$S = \begin{cases} 0, & C_{max}=0 \\ \dfrac{\Delta}{C_{max}}, & C_{max} \neq 0 \end{cases}$$

$$V = C_{max}$$

实例2.3 读取像素和修改像素

工具：Python，PyCharm，OpenCV。

步骤：

➢ 导入 OpenCV 库；

➢ 读取图像；

➢ 根据像素坐标获取像素值；

➢ 打印像素值；

➢ 修改像素值(矩形区域);

➢ 显示图像。

調用函数: OpenCV 提供了用于显示图像的 imshow( )、waitKey( )、destroyAll Windows( )方法,其语法格式如下:

① cv2. imshow(winname, mat)

参数说明:

❖ winname:显示图像的窗口名称,字符串类型。用英文字符,汉字会出现乱码。

❖ mat:矩阵类,即图像对象。

❖ 该函数无返回值。

功能说明: 创建一个窗口显示 mat 图像,该窗口标题名称为 winname。

② retval = cv2. waitKey(delay)

参数说明:

❖ delay:延迟时间,以毫秒为单位。如果为 0 或默认不写,程序会一直延迟(等待)。

❖ retval:函数返回值,按下任意键后返回该键的 ASCll 码。

功能说明: 该函数根据 delay 提供的时间使 OpenCV 程序延迟或停止,一般在图像处理后为了查看结果,让程序暂停一段时间。如果按下任意键,该函数会终止延迟,执行程序后面的代码,并返回按键的 ASCll 码。该函数常与 imshow( )配合使用,通过调用这个函数控制图像显示时间。

③ cv2. destroyAllWindows( )

参数说明:

❖ 该函数无参数。

❖ 该函数无返回值。

功能说明: 销毁程序中运行的所有窗口。

实现代码:

在"D:\ sunflower. jpg"目录下,有一幅名为 sunflower. jpg 的图像,函数读取该图像后利用像素坐标获取(200,300)点像素的 BGR 值(OpenCV 的图像三通道按照 BGR 顺序组建而非 RGB 顺序组建,如无特殊强调,后文中对 RGB 和 BGR 不再作区分),调用 print( )函数打印该点 BGR 值;然后遍历图像的一个矩形区域,将该区域像素值设为白色,最后显示图像并销毁窗口。代码如下:

```
import cv2 as cv
image=cv.imread("D:/sunflower.jpg")        #以彩色方式读取图像
cv.imshow("original image",image)          #显示读取的原始图像
```

26

```
pix=image[200,300]                              #读取(200,300)点的像素值
print("坐标(200,300)像素点BGR值是:",pix)          #打印(200,300)点的像素值
pix=image[300,400]                              #读取(300,400)点的像素值
print("坐标(300,400)像素点BGR值是:",pix)          #打印(300,400)点的像素值
pix=image[400,500]                              #读取(400,500)点的像素值
print("坐标(400,500)像素点BGR值是:",pix)          #打印(400,500)点的像素值
for i in range(200,400):                        #i表示纵坐标,在[200,400]内取值
    for j in range(200,500):                    #j表示横坐标,在[200,500]内取值
        image[i,j]=[255,255,255]                #像素修改为白色
cv.imshow("modified image",image)               #显示修改的图像
cv.waitKey()                                    #等待处理,参数为默认,一直等下去
cv.destroyAllWindows()                          #销毁所有窗口
```

结果与分析: 程序加载的原图像如图 2.11(a)所示,修改像素的图像如图 2.11(b)所示,打印的指定点坐标的 BGR 像素值如图 2.11(c)所示。实例证明,使用 image[200,300]语句可以获取图像中指定点的像素值,而运用循环遍历方法可以修改矩形区域内的像素值。

（a）原始图像

（b）修改像素值后的图像

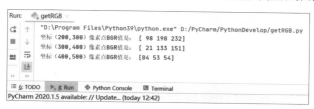
（c）读取指定点像素值

图 2.11　读取像素和修改像素

27

实践拓展：　如何将一幅图像的上半部分修改为绿色，试着编程实现。

✍ 实例 2.4　颜色空间转换

工具：　Python，PyCharm，OpenCV。

步骤：

➤ 导入 OpenCV 库；

➤ 读取图像；

➤ 调用颜色空间转换函数；

➤ 显示转换后的图像；

➤ 程序等待；

➤ 销毁窗口。

▦　调用函数：　OpenCV 提供了图像颜色空间转换函数 cvtColor( )，其语法格式如下：

➤ **dst = cv2. cvtColor(src，code，dst = None，dstCn = None)**

参数说明：

❖　src：转换前的原始图像。

❖　code：颜色空间转换码，对于 OpenCV4 版本，code 有几十种编码，其中 cv2. COLOR_BGR2GRAY 和 cv2. COLOR_BGR2HSV 最常用，分别进行灰度转换和 HSV 转换。

❖　dst：输出与 src 大小和位数相同的图像，默认值为空。

❖　dstCn：目标图像的通道数；如果参数值默认为空，则通道数自动从 src 和 code 产生。

❖　返回值 dst：转换后的图像。

功能说明：　利用一个原始图像 src，根据指定的转换码 code，将原始图像 src 转换为指定颜色空间的目标图像 dst，并返回转换后的图像。

实现代码：

目前已经学习了 RGB 颜色空间(OpenCV 为 BGR)、HSV 空间和灰度空间，下面将 RGB 空间图像转换到灰度空间和 HSV 空间图像。在"D：\ sunflower. jpg"目录下，有一幅名为 sunflower. jpg 的图像，读取该图像后，调用 cvtColor( )转换颜色空间，并显示原始图像和转换颜色空间后的图像，最后销毁所有窗口。代码如下：

```
importcv2 as cv
image=cv.imread("D:/sunflower.jpg")
cv.imshow("Original Image",image)                #显示原始 RGB(BGR)图像
dst_gray=cv.cvtColor(image,cv.COLOR_BGR2GRAY)    #将图像转换为灰度图像
```

```
cv.imshow("Gray Image",dst_gray)
dst_HSV=cv.cvtColor(image,cv.COLOR_BGR2HSV)
cv.imshow("HSV Image",dst_HSV)
cv.waitKey()
cv.destroyAllWindows()
```

#显示转换后的灰度图像
#将图像转换为 HSV 图像
#显示转换后的 HSV 图像
#等待处理,参数为默认值,一直等下去
#销毁所有窗口

结果与分析：RGB 原始图像如图 2.12(a)所示，转换后的灰度图像如图 2.12(b)所示，转换后的 HSV 图像如图 2.12(c)所示。cvtColor() 函数可以进行很多类型颜色空间转换，但不是任意两个空间均可转换，如 BGR 可以转换为灰度图像，但灰度图像不可以转换为 BGR 图像，因为灰度图像中 BGR 比例信息已经丢失。此外，由于算法不同，OpenCV 中 HSV 空间的 H、S、V 参数值与式(2-4)并不一致，OpenCV 中 $H \in [0, 180]$，单位为"°"，$S \in [0, 255]$、$V \in [0, 255]$，无量纲。

（a）原始图像　　　　　（b）转换后的灰度图像　　　　　（c）转换后的HSV图像

图 2.12　颜色空间的转换

实践拓展： 读取一幅 RGB 图像，尝试将它转换为 Lab 颜色空间图像。

实例 2.5　拆分和合并颜色通道

工具： Python，PyCharm，OpenCV。

步骤：

➢　导入 OpenCV 库；

➢　读取图像；

➢　调用颜色通道拆分函数；

➢　显示拆分后的图像；

➢　合并拆分后的通道；

➢ 显示合并通道后的图像;

➢ 程序等待;

➢ 销毁窗口。

🔢　**调用函数**:　OpenCV 提供了通道拆分函数 split( )和通道合并函数 merge( ), 其语法格式分别如下:

① **b, g, r = cv2. split(m, mv = None)**

参数说明:

❖　m: 输入的多通道图像(矩阵)。

❖　mv: 输出矩阵向量, 如果需要, 矩阵本身将被重新分配, 该参数值默认为空。

❖　返回值 b, g, r: 拆分后的 b, g, r 图像。

功能说明:　利用一个原始图像 m, 将其拆分为 b、g、r 三个通道, 并输出三个通道图像。如果设置了 mv, 将按照 mv 进行拆分。

② **bgr = cv2. merge(mv, dst = None)**

参数说明:

❖　mv: 待合并图像输入矩阵向量(单通道图像); mv 中的所有矩阵向量必须具有相同的大小和位数。

❖　dst: 与 mv 具有相同大小和位数的输出矩阵(多通道图像); 通道数是各合并矩阵向量的通道数总和。

❖　返回值 bgr: 合并后的图像, 如果 mv 以 B→G→R 顺序合并, 即 mv = [b, g, r]时, 返回的是 BGR 合并图像; 如果 mv 以 R→G→B 顺序合并, 即 mv = [r, g, b]时, 返回的是 RGB 合并图像。

功能说明:　将单通道图像 mv 合并为多通道图像 bgr。OpenCV 提供了 BGR 和 RGB 两种合并顺序, 相应地, 合并产生的图像也不同。

实现代码:

载入"D: \ sunflower. jpg" 目录下 sunflower. jpg 的图像, 调用 split( )函数, 将图像通道进行拆分, 然后调用 merge( )函数对拆分后的图像分别按照 BGR 和 RGB 两种顺序进行合并。在图像通道拆分和合并过程中, 调用 imshow( )函数显示操作过程中生成的单通道和多通道图像。代码如下:

```
importcv2 as cv
image=cv.imread("D:/sunflower.jpg")
cv.imshow("Orignal Image",image)
b,g,r=cv.split(image)              #将图像拆分为 BGR 三个通道
cv.imshow("B Channel",b)          #显示拆分后的蓝色通道图像
cv.imshow("G Channel",g)          #显示拆分后的绿色通道图像
```

```
cv.imshow("R Channel",r)          #显示拆分后的红色通道图像
bgr=cv.merge([b,g,r])             #按照BGR顺序合并图像
cv.imshow("BGR order",bgr)        #显示按照BGR顺序合并图像
rgb=cv.merge([r,g,b])             #按照BGR顺序合并图像
cv.imshow("RGB order",rgb)        #显示按照RGB顺序合并图像
cv.waitKey()
cv.destroyAllWindows()
```

结果与分析: 图 2.13(a)为实验原始图像,该图像被拆分为 B、G、R 三通道后分别如图 2.13(b)、(c)、(d)所示,按照 B、G、R 顺序合并的图像如图 2.13(e)所示,按照 R、G、B 顺序合并的图像如图 2.13(f)所示。实例证明,原图被拆分为 B、G、R 三个通道后,三个单通道图像均为灰度图像,但灰度值各不相同。将拆分后的 B、G、R 三个通道进行合并,按照 B、G、R 顺序合并方式完美恢复了原图,而按照 R、G、B 顺序合并方式没有恢复原图,这是因为 OpenCV 是按照 B、G、R 顺序组建图像的,如果在 OpenCV 开发环境中显示 R、G、B 顺序通道的图像,必须进行通道翻转才能正确显示。

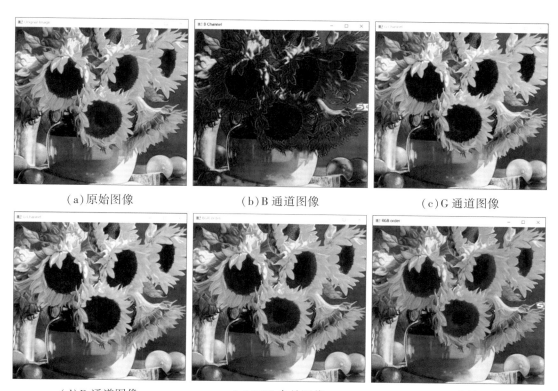

(a)原始图像　　　　　　　(b)B 通道图像　　　　　　　(c)G 通道图像

(d)R 通道图像　　　　　　(e)BGR 合并图像　　　　　(f)RGB 合并图像

图 2.13　数字图像通道拆分与合并

实践拓展：　查阅相关学习资料，在 HSV 颜色空间中进行图像通道拆分与合并。

2.3　图像数字化

图像数字化是将一幅画面转化成计算机可以处理的数字图像的过程。具体来说，就是把一幅图像分割成如图 2.14 所示的一个个小区(像素)，并将各小区灰度用整数来表示，形成一幅数字图像。图像数字化通常包括采样和量化两个过程，其结果为式(2-3)所示的数字矩阵。把纸质图像通过扫描或拍摄的方式转变为计算机识别的图像，就是图像数字化的一个典型例子。

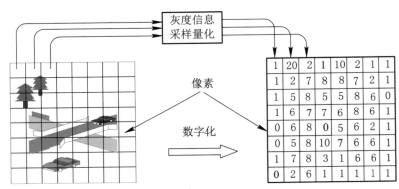

图 2.14　图像数字化示意图

2.3.1　采样

图像在空间上的离散化称为采样。用空间上部分点的灰度值代表图像，这些点称为采样点。图像是一种二维分布的信息，为了对它进行采样操作，需要先将二维信号变为一维信号，再对一维信号完成采样，如先沿垂直方向采样，再沿水平方向采样。对于运动图像，即时间域上的连续图像，需要先在时间轴上采样，再沿垂直方向采样，最后沿水平方向采样。当对一幅图像采样时，若每行(横向)像素为 m 个，每列(纵向)像素为 n 个，则图像大小为 $m \times n$ 个像素。

2.3.2　量化

把采样后所得的各像素的灰度值从模拟量到离散量的转换称为图像灰度的量化。一幅图像中不同灰度值的个数称为灰度级，像素灰度取值范围为 0~255 之间的整数，像素值量化后用一个字节(8 位)来表示。如图 2.15 所示，把黑→灰→白连续变化的灰度值量化为 256 级灰度值，灰度值的范围为 0~255，表示亮度从深到浅，对应图像中的颜色为从黑到白。

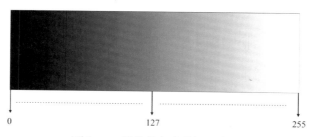

0   127   255

图 2.15 量化的灰度等级示意图

对于一幅图像，当量化级数一定时，采样点数 $m \times n$ 对图像质量有着显著的影响。如图 2.16 所示，采样点数越多，图像质量越好；当采样点数减少时，图上的块状效应就逐渐明显。同理，当图像的采样点数一定时，采用不同量化级数的图像质量也不一样。量化级数越多，图像质量越好，当量化级数越少时，图像质量越差，量化级数最小的极端情况就是二值图像。图 2.17 给出了当采样点数一定的情况下，量化等级变化对于图像质量的影响。因此要获取高质量数字图像，必须保证足够的采样点和量化级数。

（a）原图   （b）降低1/2   （c）降低1/4   （d）降低1/8

图 2.16 量化等级一定采样点变化对图像质量的影响

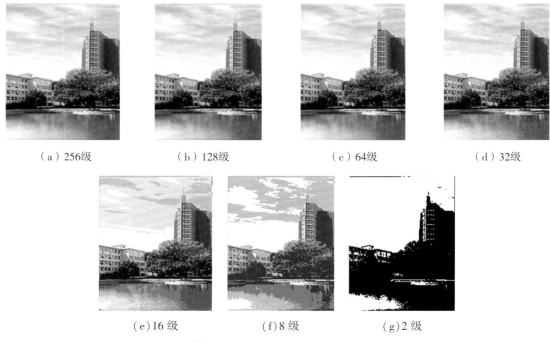

|（a）256级|（b）128级|（c）64级|（d）32级|

（e）16 级　　　　　　　（f）8 级　　　　　　　（g）2 级

图 2.17　采样点—定量化级数变化对图像质量的影响

2.4　灰度直方图

数字图像处理中，灰度直方图（density histogram）是一个最简单、最有用的工具。它概括了一幅图像的灰度级内容。任何一幅图像的直方图都包括可观测的信息，有些类型的图像还可由其直方图完全描述。灰度直方图的形状能说明图像灰度分布的总体信息。灰度直方图是数字图像多种空间域处理技术的基础，是一种十分重要的图像分析工具，灰度直方图操作有助于实现图像增强、图像压缩和边缘检测等处理。

2.4.1　灰度直方图定义

灰度直方图是灰度级的函数，它表示图像中具有每种灰度级的像素的个数，反映图像中每种灰度出现的频率。如图 2.18（a）所示，将数字图像各像素的灰度值进行分类统计，得到图 2.18（b）上方所示的频数分布表，将该表绘制成下方的直方图，就是灰度直方图。灰度直方图是以灰度级为横坐标、灰度级的频率为纵坐标的柱状关系图，它是图像的重要特征之一，反映了图像灰度分布的情况。灰度直方图频率计算如式（2-5）所示。

$$v_i = \frac{n_i}{n} \tag{2-5}$$

式中，n_i 为图像中灰度级为 i 的像素数，n 为图像的总像素数。

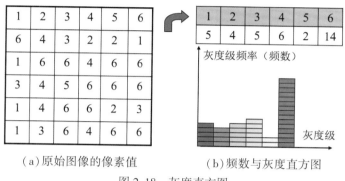

(a) 原始图像的像素值　　　　(b) 频数与灰度直方图

图 2.18　灰度直方图

2.4.2　灰度直方图特征

1. 频率确定位置不确定

直方图是一幅图像中各像素灰度值出现频率(或频数)的统计结果，它只反映该图像中不同灰度值出现的频率(或频数)，而不能反映某一灰度值像素所在位置。也就是说，它只包含该图像中某一灰度值的像素出现的概率，而无法确定其所在位置的信息。如图 2.19 所示，图像中移动物体对直方图没有影响，因此图(a)和图(b)具有相同的灰度直方图。

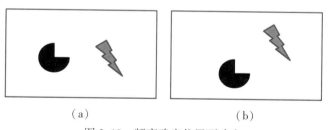

(a)　　　　　　　　　(b)

图 2.19　频率确定位置不确定

2. 具有多对一特性

任一幅图像，都能唯一地确定出一幅与它相对应的直方图，但是不同的图像，可能有相同的直方图。即图像与直方图之间是多对一的映射关系。如图 2.20 所示，在一幅图像中移动某个物体，虽然像素的位置发生了变化，但图像的直方图不会改变，此时出现图（a）、（b）、（c）三幅图像对应同一个灰度直方图的情形。

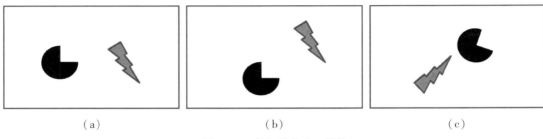

| （a） | （b） | （c） |

图 2.20　直方图多对一特性

实例 2.6　绘制图像直方图

工具：　Python，PyCharm，matplotlib，OpenCV。

步骤：

➢　导入 OpenCV、matplotlib 库；

➢　以灰度模式读取图像；

➢　显示灰度图；

➢　计算直方图；

➢　绘制画布；

➢　绘制直方图（折线图）；

➢　显示直方图。

📖　调用函数：　OpenCV 提供了 calcHist( ) 函数，其语法格式如下：

hist = calcHist(images，channels，mask，histSize，ranges，hist = None，accumulate = None)

参数说明：

❖　images：原图像。当传入函数时应用中括号 [ ] 括起来，例如：[img]。

❖　channels：如果输入图像是灰度图，它的值就是 [0]；如果是彩色图像的话，传入的参数可以是 [0]，[1]，[2]，它们分别对应着通道 B，G，R。

❖　mask：掩膜图像。要统计整幅图像的直方图就把它设为 None，但是如果想统计图像某一部分的直方图的话，就需要制作一个掩膜图像并使用它。掩膜图像就是和待统计图像具有一样尺寸的图像，其上附有感兴趣区域和非感兴趣区域，像素统计时相当于将掩膜图像覆盖到统计图像上方，此时仅对感兴趣区域内像素进行统计，掩膜在数字图像处理中的应用十分广泛。

❖ histSize：组距的数目。用中括号括起来，例如：[256]。

❖ ranges：像素值范围，通常为[0, 256]。

❖ hist：可选参数，如果直方图作为函数结果返回，该参数为 None，否则需要设置。

❖ accumulate：可选参数，它是一个布尔值，当统计多幅图像时用来表示是否累计计算像素值个数。

❖ 返回值 hist：直方图对象(数组)。

功能说明： 根据图像、通道、掩膜、组距和像素值范围等参数计算直方图数组，并作为结果返回。

matplotlib 库说明： pyplot 是 matplotlib 的子库，提供了与 MATLAB 类似的绘图 API。pyplot 是常用的绘图模块，能很方便地让用户绘制 2D 图表。pyplot 包含一系列绘图函数的相关函数，每个函数会对当前的图像进行一些修改，例如：给图像加上标记，在图像中产生新的绘图区域等。

实现代码：

以灰度模式读入"D：\ sunflower. jpg"目录下 sunflower. jpg 图像，调用 calcHist( )函数获取直方图数组，然后绘制出灰度直方图。代码如下：

```
import cv2 as cv
import matplotlib.pyplot as plt          #导入 matplotlib
image=cv.imread("D: /sunflower.jpg", 0)  #读取灰度图像
plt.imshow(image, cmap=plt.cm.gray)      #绘制灰度图像
hist=cv.calcHist(image, [0], None, [256], [0, 256]) #计算灰度直方图
plt.figure(figsize=(12, 9))              #绘制画布
plt.plot(hist)                           #绘制直方图
plt.show()                               #显示直方图
```

结果与分析： 图 2.21(a)为读入的灰度图像，实例中利用 calcHist( )函数进行了灰度直方图绘制，结果如图 2.21(b)所示，从图 2.21(a)可以看出该图像低像素值(像素值小于 127)的像素较多，高像素值(像素值大于 127)的像素较少，而图 2.21(b)的输出结果也很好印证了这一点，这说明 calcHist( )绘制的直方图是正确的。需要注意的是，calcHist( )函数参数较多，调用时不要漏选，其中 channels、histSize、ranges 在调用时须用[ ]将其括起，这是由开发底层决定的，与以往的函数调用方法有所不同。

实践拓展： 参考相关学习资料编写一个小程序，实现彩色图像的直方图绘制。

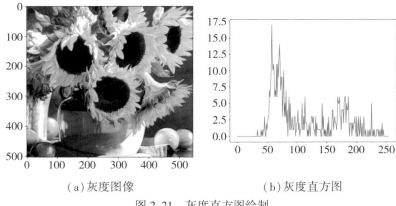

(a)灰度图像　　　　　　　　(b)灰度直方图

图 2.21　灰度直方图绘制

2.5　数字图像特征

数字图像特征是图像分析的重要依据，它可以是视觉能分辨的自然特征，也可以是人为定义的某些特性或参数，即人工特征。数字图像的像素亮度、边缘轮廓等属于自然特征，图像经过变换得到的频谱和灰度直方图等属于人工特征。

2.5.1　自然特征

图像是空间景物反射或者辐射的光谱能量的记录，因而具有光谱特征、几何特征和时相特征。

1. 光谱特征

同一景物对不同波长的电磁波具有不同的反射率，不同景物对同一波长也可能具有不同的反射率。因而不同类型的景物在各个波段的数字成像，就构成了数字图像的光谱特征。在遥感影像中，多波段图像的光谱特征是识别目标的重要依据。

2. 几何特征

几何特征主要表现为图像的空间分辨率、图像纹理结构及图像变形等几个方面。空间分辨率反映了所采用设备的性能。比如，SPOT 卫星全色图像地面分辨率设计为 10m。

3. 时相特征

时相特征主要反映在不同时间获取同一目标的各图像之间存在的差异，是对目标进行监测、跟踪的主要依据。

2.5.2 人工特征

数字图像的人工特征很多，主要包括以下几种。

1. 直方图特征

图像的直方图是图像的重要统计特征，它可以认为是图像灰度密度函数的近似。直方图虽然不能直接反映出图像内容，但对它进行分析可以得出图像的一些有用特征，这些特征能反映出图像的特点。例如，较暗的图像由于存在较多的低灰度值像素，因此它的直方图的主体出现在低值灰度区间上，其在高值灰度区间上的像素值较小或为零（图 2.22 (a)），而较亮的图像情况正好相反（图 2.22(b)）。又如，在图 2.22(c) 中，当图像对比度较大时，它的灰度直方图几乎分布在整个灰度轴上。

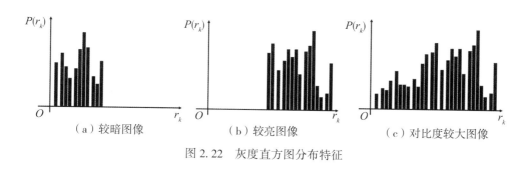

（a）较暗图像　　　　　　（b）较亮图像　　　　　　（c）对比度较大图像

图 2.22　灰度直方图分布特征

2. 灰度边缘特征

图像边缘特征是图像的重要特征，是图像中特性(如像素灰度、纹理等)分布的不连续处，图像周围特性有阶跃变化或屋脊状变化的那些像素集合。图像的边缘部分集中了图像的大部分信息，一幅图像的边缘结构与特点往往是决定图像特质的重要部分。

3. 角点和线特征

角点是图像的一种重要局部特征，它决定了图像中目标的形状。在图像匹配、目标描述与识别以及运动估计、目标跟踪等领域，角点提取具有十分重要的意义。在计算机视觉和图像处理中，对于角点的定义有不同的表述，如图像边界上曲率足够高的点、图像边界上曲率变化明显的点、图像边界方向变化不连续的点、图像中梯度值和梯度变化率都很高的点，等等。由于角点理解存在多样性，因此也产生了多种角点检测的方法。

线是面与面的分界线、体与体的分割线，存在于两个面的交接处、立体图形的转折处、两种色彩交接处等。

4. 纹理特征

纹理是指某种结构在比它更大的范围内大致呈现重复排列的特征，这种结构称为纹理基元，如草地、森林构成的自然纹理，又如砖墙、建筑群等构成的人工纹理。

2.5.3　其他特征

图像的特征有很多，但在实际的图像分析与应用中，重视何种特征主要依赖于图像处理的目的，如按描述特征的范围大小可将图像特征分为以下类型。

1. 点特征

点特征指仅由各个像素就能决定的性质。如单色图像中的灰度值，彩色图像中的红（R）、绿（G）、蓝（B）成分的值。

2. 局部特征

局部特征指在小邻域内所具有的性质，如线和边缘的强度、方向、密度和统计量（平均值、方差等）等。

3. 区域特征

在图像内的对象物（一般是指与该区域外部有区别的、具有一定性质的区域）的点或者局部的特征分布或者统计量，以及区域的几何特征（面积、形状）等。

4. 整体特征

整体特征是指整个图像作为一个区域看待时的统计性质和结构特征。该特征具有尺度性，即所视整体图像相对于研究目标要处于一个合适的尺度。

2.6　数字图像噪声

从现实生活中获得的图像一般都会由于某些原因而含有一定程度的干扰，将其统称为噪声，即"妨碍人们感觉器官对所接收的信源信息理解的因素"。理论上，噪声定义为"不可预测的，只能用概率统计方法来认识的随机误差"。因此把图像噪声看成多维随机过程是比较恰当的，进而可以借用随机过程及其概率分布函数和概率密度函数来描述噪声。但在很多情况下，这种描述噪声的方法很复杂，甚至不可能，而且在实际应用中也没有必要。通常用其数字特征，即均值、方差和相关函数等来表征噪声，将其称为噪声模型。噪声模型的建立是有效去除噪声的重要前提。噪声和图像息息相关，通过自然图像的统计性质建立图像噪声模型对图像去噪是十分有意义的。

2.6.1 噪声分类

1. 按产生原因分类

按噪声产生的原因可将其分为外部噪声和内部噪声。外部噪声是指系统外部干扰，如电磁波或通过电源进入系统内部而引起的噪声。内部噪声可以分为由光和电的基本性质引起的噪声、机械运动产生的噪声、元器件噪声和系统内部电路噪声四类。

2. 按统计理论分类

按统计理论观点可将噪声分为平稳和非平稳噪声两种。统计特性不随时间变化的噪声称为平稳噪声；统计特性随时间变化的噪声称为非平稳噪声。

3. 按噪声幅度分布形状分类

按噪声幅度分布形状可以分为高斯噪声、泊松噪声和颗粒噪声。泊松噪声一般出现在照度非常小及高倍电子线路放大的情况下，椒盐噪声可看成泊松噪声，其他情况通常都是加性高斯噪声；而颗粒噪声可看成一个白噪声过程，在密度域中是高斯分布的加性噪声，在强度域中是乘性噪声。

4. 按噪声频谱形状分类

频谱分布均匀的叫白噪声，频谱与频率成反比的称为 $\frac{1}{f}$ 噪声，而与频率平方成正比的称为三角噪声。

5. 按噪声和信号之间的关系分类

按噪声和信号之间的关系可以分为加性噪声和乘性噪声。加性噪声和图像信号强度是不相关的，如图像在传输过程中引进的"信道噪声"，电视摄像机扫描图像的噪声等。这类带有噪声的图像可看成无噪声图像 f 和噪声 n 之和，即：$g = f + n$。乘性噪声和图像信号强度是相关的，往往随图像信号的变化而变化，如飞点扫描图像中的噪声、电视扫描光栅噪声、胶片颗粒噪声等，这类噪声和图像的关系是：$g = f + fn$。

2.6.2　噪声模型

人们对噪声模型进行了大量的研究，但至今尚无法完全弄明白其中的物理机理，只好用一些特定分布的随机过程来模拟和逼近污染图像的信号，称为随机噪声。下面将介绍椒盐噪声和高斯噪声两种噪声模型。

1. 椒盐噪声

椒盐噪声是由图像传感器、传输信道、解码处理等产生的黑白相间的亮暗点噪声，另外，打雷闪电、大功率设备的突然启动、胶片的物理损伤也会产生椒盐噪声。它的特征是噪声点亮度与其邻域的图像亮度具有明显的不同，在图像上会造成黑白亮暗点干扰，严重影响图像的质量。用于工程方面的图像，往往对质量要求非常高，图像的细节应尽可能地保持完整清晰，以便能够进一步对图像进行分割、特征提取、识别等操作。因此，如何能够有效地去除图像中的椒盐噪声，又尽可能地不让图像变模糊，保存完整的细节信息，成为图像处理中极为重要的技术问题。

椒盐噪声是指两种噪声：盐噪声（salt noise）及椒噪声（pepper noise）。盐噪声一般是白色噪声，椒噪声一般是黑色噪声，前者属于高灰度噪声，后者属于低灰度噪声，一般两种噪声同时出现，呈现在图像上就是黑白杂点。椒盐噪声又称为脉冲噪声，其概率密度函数满足下列公式：

$$p(x) = \begin{cases} p_a & x = a \\ p_b & x = b \\ 0 & \text{其他} \end{cases} \tag{2-6}$$

上式表明，如果灰度值 $x = a$，对应概率密度函数为 p_a；灰度值 $x = b$，对应概率密度函数为 p_b。当 $b > a$ 时，灰度值 b 在图像中将显示为一个亮点，即盐噪声；反之，将显示为一个暗点，即椒噪声。如果 p_a 或 p_b 为零，则噪声变成单极脉冲。图 2.23（a）为原始图像，其具有的椒盐噪声效果如图 2.23（b）所示。

2. 高斯噪声

高斯噪声是指概率密度函数服从高斯分布的一类噪声。假设一个噪声幅度（像素值）分布服从高斯分布，则称这个噪声为高斯噪声。高斯噪声概率密度分布函数如下所示。

$$f(x) = \frac{1}{\sqrt{2\pi}\,\sigma} e^{\left(\frac{-(x-\mu)^2}{2\sigma^2}\right)}$$

(2-7)

式中，x 为灰度值；μ 为 x 的平均值或期望值；σ 为 x 的标准差。标准差的平方 σ^2 称为 x 的方差。

高斯噪声的产生原因可能是图像传感器在拍摄时现场不够明亮、亮度不够均匀，也可能是电路各元器件自身噪声和相互影响，或者是图像传感器长期工作，温度过高。对于图 2.23(a) 所示图像，含有高斯噪声效果如图 2.23(c) 所示。

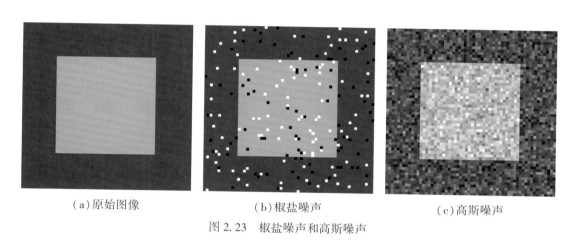

（a）原始图像　　　　　　（b）椒盐噪声　　　　　　（c）高斯噪声

图 2.23　椒盐噪声和高斯噪声

📝 本章小结

本章从人眼色觉特性出发，说明了人眼感受图像的原理，进而说明人眼的光谱感受特性。重点描述了数字图像的表示和属性，其中数字图像的表示以灰度图像和 RGB 三通道图像为例，分别描述了数字特征和颜色空间特征。数字图像的属性分别描述了几何属性和存储属性，这些都是数字图像的基本特性。灰度直方图是数字图像处理的重点内容，然而本章只做定性描述，不做深入说明，后续章节将学习更多的有关灰度直方图的内容。最后，本章讲解了噪声，对噪声的定义、产生的原因和分类做了简要说明。

第3章
图 像 变 换

数字图像既能在空间域处理，也能在频率域处理。图像空间域处理是基于坐标变换像素值，实现变换目标。频率域把图像信息转换为波谱信息，也就是图像从空域变换到频域，可以更好地分析、加工和处理图像信息。本章主要介绍图像的空域平移、旋转等几何变换和频域傅里叶变换。

✍ 本章学习目标

图像变换主要包括几何变换和频域变换，几何变换是空域变换，符合人的视觉认知特征，几何变换学习内容应重点掌握平移、缩放、旋转、错切、仿射和透视变换；频域变换须掌握傅里叶变换的数学基础和方法。在几何变换中，像素需要重采样，因此需要理解像素插值的原理。

✍ 本章思维导图

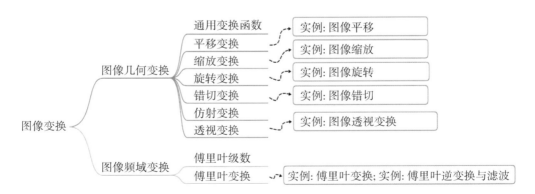

3.1 图像几何变换

几何变换是图像变换的基本方法，包括图像的比例缩放、空间平移、旋转、仿射变换和透视变换等。图像几何变换的实质是改变像素的空间位置，并估算新空间位置上的像素值，其中像素值的估算也叫像素插值。

3.1.1 通用变换函数

图像几何变换就是建立一幅图像与其变换后的图像中所有各点之间的映射关系，用通用数学表示方式可表示为：

$$[u, v] = [X(x, y), Y(x, y)] \tag{3-1}$$

式中，$[u, v]$ 为变换后图像像素的笛卡儿坐标；(x, y) 为原始图像中像素的笛卡儿坐标。$X(x, y)$ 和 $Y(x, y)$ 分别定义了在水平和垂直两个方向上的空间变换的映射函数。这样就得到了原始图像与变换后图像的像素对应关系。如果 $X(x, y) = x$，$Y(x, y) = y$，则有 $[u, v] = [x, y]$，此时变换后图像仅仅是原图像的简单拷贝，即图像复制。

3.1.2 平移变换

如果像素点 (x, y) 平移到该像平面另外一点 $(x + \Delta x, y + \Delta y)$，则通用变换式(3-1)的具体形式为 $u = X(x, y) = x + x_0$，$v = Y(x, y) = y + y_0$，写成矩阵形式如式(3-2)所示。

$$\begin{bmatrix} u \\ v \end{bmatrix} = \begin{bmatrix} x \\ y \end{bmatrix} + \begin{bmatrix} x_0 \\ y_0 \end{bmatrix} \tag{3-2}$$

在 OpenCV 中，如果水平移动距离 x_0 为正数，图像会向右移动，如果为负数，图像会向左移动；如果垂直移动的距离 y_0 为正数，图像会向下移动，如果为负数，图像会向上移动；若水平移动距离 x_0 和垂直移动距离 y_0 的值为 0，则图像不会发生移动。

📝 实例 3.1 图像平移

工具：Python，PyCharm，numpy，OpenCV。

步骤：

➢ 读取图像；

➢ 构造平移矩阵；

➢ 平移变换；

➢ 显示图像。

🖽 调用函数：OpenCV 提供了用于平移图像的 warpAffine() 函数，其语法格式如下：

dst = warpAffine (src , M , dsize , dst = None , flags = None , borderMode = None , border Value = None)

参数说明:

❖ src: 要原始图像。

❖ M: 一个2行3列的矩阵,根据此矩阵的值变换原图中的像素位置。

❖ dsize: 输出图像的尺寸大小,表示方法为(宽,高)。

❖ dst: 输出图像,可选参数,默认值为None,它与src的尺寸和类型相同。

❖ flags: 可选参数,插值的方法组合。

❖ borderMode: 可选参数。像素外插方法,即边界类型。例如,当选择BORDER_ TRANSPARENT时,表示目标图像中与原图像对应的像素"异常值"不会被该函数修改。

❖ borderValue: 边界值,默认值为0。

❖ 返回值dst: 平移变换后的图像。

功能说明: 根据各种参数对图像进行平移,并返回平移变换后的图像。

实现代码:

在"D:\lena.jpg"目录下,有一幅名为lena.jpg的图像,运用warpAffine()函数进行图像平移变换,最后显示变换前和变换后的图像,代码如下:

```
importcv2 as cv
import numpy as np                    #导入numpy
img=cv.imread("D:/lena.jpg")          #读入图像
rows=len(img)                         #获取图像行数(高)
cols=len(img[0])                      #获取图像列数(宽)
M=np.float32([[1,0,50],[0,1,50]])     #构造平移矩阵
dst=cv.warpAffine(img,M,(cols,rows))  #平移变换
cv.imshow("Original Image",img)       #显示原始图像
cv.imshow("Move Image",dst)           #显示平移后图像
cv.waitKey()
cv.destroyAllWindows()
```

结果与分析: 原图像如图3.1(a)所示,平移后的图像如图3.1(b)所示,由于图像分别向右、向下移动50个像素,因此平移变换后图像右侧和下侧像素移到画布之外,而左部上部由于像素移出,造成的空值以0值进行填充。

实践拓展: 对一幅图像进行平移变换,使平移后的图像保持完整。

（a）原图 　　　　　　　　　　（b）平移图像

图 3.1　图像平移变换

疑点解析： 此处对获取图像的宽和高、numpy 生成矩阵 M 和矩阵 M 的使用进行疑点解析。

（1）图像高、宽的获取。原图像的高、宽获取方法是 rows = len（img）和 cols = len（img[0]）两个代码，对于读入的 img 图像，len（img）获取的是图像的高（行数），而增加索引"0"获取的是图像的宽（列数），这一点要尤为注意。

（2）numpy 是 Python 语言的一个扩展程序库，支持大量的维度数组与矩阵运算，此外也针对数组运算提供大量的数学函数库，因此特别适用于矩阵计算。代码"M = np. float32（[[1，0，50]，[0，1，50]]）"是生成一个 2 行 3 列的 32 位浮点型矩阵，即矩阵中 6 个元素均为 float32 类型。

（3）代码中矩阵 M 维度与公式（3-2）并不一致，这是因为 OpenCV 将平移矩阵转换为齐次形式，其推导过程：将 $\begin{bmatrix} u \\ v \end{bmatrix} = \begin{bmatrix} x \\ y \end{bmatrix} + \begin{bmatrix} x_0 \\ y_0 \end{bmatrix}$ 改写为 $\begin{bmatrix} u \\ v \end{bmatrix} = \begin{bmatrix} 1 & 0 \\ 0 & 1 \end{bmatrix} \begin{bmatrix} x \\ y \end{bmatrix} + \begin{bmatrix} x_0 \\ y_0 \end{bmatrix}$，然后改写为齐次形式 $\begin{bmatrix} u \\ v \\ 1 \end{bmatrix} = \begin{bmatrix} 1 & 0 & x_0 \\ 0 & 1 & y_0 \\ 1 & 1 & 1 \end{bmatrix} \begin{bmatrix} x \\ y \\ 1 \end{bmatrix}$，变换矩阵 $N = \begin{bmatrix} 1 & 0 & x_0 \\ 0 & 1 & y_0 \\ 1 & 1 & 1 \end{bmatrix}$，此矩阵的最后一行对平移变换不起作用，因此矩阵 N 可简化为 $M = \begin{bmatrix} 1 & 0 & x_0 \\ 0 & 1 & y_0 \end{bmatrix}$，这与本实例代码"M = np. float32（[[1，0，50]，[0，1，50]]）"一致，对比可知，本实例中 $x_0 = 50$，$y_0 = 50$。

3.1.3　缩放变换

如果图像坐标 $(x，y)$ 缩放了 $(f_x，f_y)$ 倍，则缩放变换函数如式（3-3）所示。

$$\begin{bmatrix} u \\ v \end{bmatrix} = \begin{bmatrix} f_x & 0 \\ 0 & f_y \end{bmatrix} \begin{bmatrix} x \\ y \end{bmatrix} \tag{3-3}$$

式中, f_x, f_y 为放大比例因子, 当其值大于 1 表示放大, 等于 1 表示不变, 小于 1 表示缩小。无论放大还是缩小, 原图像尺寸均会发生变化; 如果放大, 要增加一些像素, 如果缩小, 要减少一些像素, 这就涉及像素插值问题, 插值方法有很多种, 这里主要讲解最邻近插值、双线性插值和双三次插值 3 种方法, 插值方法适用于所有类型的几何变换。

1. 最邻近插值

以图像缩放为例, 最邻近插值的基本原理就是一种映射, 即缩小后或者放大后的图像像素位置向原图的一个映射。简单理解就是, 将放大或者缩小后图像的坐标(长宽)拉伸或者压缩到和原图一样大时, 其像素坐标点对应在原图上的位置就是其映射位置。对于图像放大而言, 图 3.2(a) 为 3×3 原图, 欲放大为图 3.2(b) 的 5×5 像素图像, 需要放大画布(像素大小确定), 此时会增加一些没有像素值的点, 最邻近插值就是求出这些点的像素值。把 5×5 图像缩小为 3×3, 并覆盖到如图 3.2(c) 所示的 3×3 原始图像上, 这时无像素值的点(非重合点)被 3×3 图像上的像素包围, 找出与其最邻近的那个像素点, 其像素值就是插值大小, 这就是最邻近插值法。图像缩小的情况也是这个原理, 不同的是原图像要减少一些像素, 详情如图 3.2(d)~(f) 所示。通俗地说, 最邻近插值就是选取与采样点最邻近的像素作为插值大小, 因此该法也称为自然邻近插值法, 这种插值方法容易出现"局部像素不连续"的失真现象, 尤其是在图像放大时, 容易出现马赛克。

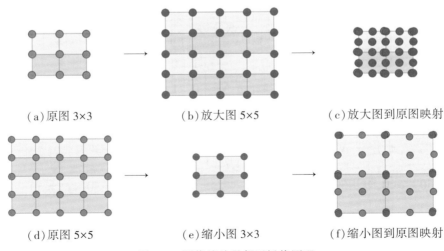

(a) 原图 3×3   (b) 放大图 5×5   (c) 放大图到原图映射

(d) 原图 5×5   (e) 缩小图 3×3   (f) 缩小图到原图映射

图 3.2 图像缩放最邻近插值原理

2. 双线性插值

为了解决最邻近插值精度不高问题，人们提出了双线性插值方法，它兼顾考虑了插值精度和计算机开销问题，在二者之间做到了较好的平衡。在图 3.3 中，如果 P 点邻近的 4 个格网点为 (i, j)、$(i, j+1)$、$(i+1, j)$、$(i+1, j+1)$，那么在 $(i, j) \rightarrow (i, j+1)$ 的过程中，P_0 点处的像素值为 $Z(P_0) = Z(i, j)t + Z(i, j+1)(1-t)(0 \leq t \leq 1)$，同理在 $(i+1, j) \rightarrow (i+1, j+1)$ 的过程中，P_1 点的像素值为 $Z(P_1) = Z(i+1, j)t + Z(i+1, j+1)(1-t)(0 \leq t \leq 1)$，在点 P_0、P_1 确定的水平方向上，最终可得 P 点的像素值为

$$Z(P) = Z(P_0)\xi + Z(P_1)(1-\xi)(0 \leq \xi \leq 1) \tag{3-4}$$

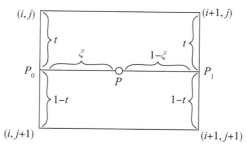

图 3.3 双线性插值

3. 双三次插值

双三次多项式拟合插值需要根据 16 个已知像素进行插值计算。要计算变换后目标图像 P 点的像素值，必须先找到原图像对应点 P' 的坐标值，并选择 P' 点最邻近的 16 个像素，运用公式(3-5)构建一个连续插值空间，分别在水平和垂直两个方向上依据距离(坐标)进行插值，最终计算出 P 点处的像素值 Z_p。

$$Z_p = \sum_{i=0}^{3} \sum_{j=0}^{3-i} a_{ij} x_p^i y_p^j \tag{3-5}$$

实例3.2 图像缩放

工具：Python，PyCharm，OpenCV。

步骤：

➤ 读取图像；

➤ 缩放图像；

➢ 显示图像。

📖 调用函数： OpenCV 提供了用于缩放图像的 resize( )方法，其语法格式如下：

dst = resize(src， dsize， dst = None， fx = None， fy = None， interpolation = None)

参数说明：

❖ src：原始图像。

❖ dsize：输出图像的大小，格式为(宽，高)，单位为像素。

❖ dst：输出图像，可选参数，默认值为 None(函数有返回值时设置 None)，当它为非 None 时，与 dsize 设置的尺寸相同或与 src. size( )、fx、fy 计算的尺寸相同，dst 的图像类型与 src 相同。

❖ fx、fy：可选参数。分别表示水平和垂直方向的缩放比例。

❖ interpolation：可选参数。缩放的插值方式，在图像缩小或放大时需要删减或补充像素，该参数可以指定使用哪种算法对像素进行增减。该参数有多种算法，如 INTER_NEAREST(最近邻插值)、INTER_LINEAR(线性插值，默认值)、INTER_AREA(利用像素区域关系的重采样插值)、INTER_CUBIC(区域插值，超过 4 * 4 像素邻域内的双三次插值)、INTER_LANCZOS4(超过 8 * 8 像素邻域内的 Lanczos 插值)。建议使用默认值。

❖ 返回值 dst：缩放变换后的图像。

功能说明： 根据各种参数对图像进行缩放，并返回缩放变换后的图像。

实现代码：

在"D： \ lena. jpg"目录下，有一幅名为 lena. jpg 的图像，运用 resize( )函数进行缩放变换，然后利用 imshow( )函数显示变换前和变换后的图像，代码如下：

```
import cv2 as cv
img = cv.imread("D:/lena.jpg")
dst1 = cv.resize(img,None,fx=1/3,fy=1/2)    #水平变为1/3,垂直变为1/2
dst2 = cv.resize(img,None,fx=1.5,fy=1.5)   #水平变为1.5倍,垂直变为1.5倍
cv.imshow("Original Image",img)
cv.imshow("reduction Image",dst1)
cv.imshow("enlarge image",dst2)
cv.waitKey()
cv.destroyAllWindows()
```

结果与分析： 原图像如图 3.4(a)所示，设置 fx、fy 缩小变换的该图像如图 3.4(b)所示，由于水平和垂直方向的缩小因子不一致，出现了拉伸变形效果。放大变换的图像如图 3.4(c)所示，由于 fx、fy 均采用了 1.5 倍放大，因此图像无变形。

（a）原图　　　（b）缩小图像　　　（c）放大图像

图 3.4　图像缩放变换

实践拓展：读入一幅图像，看看不同的插值方法效果有何不同。

3.1.4　旋转变换

以原始图像上某点为圆心，逆时针旋转 θ 角度进行变换，所得图像的坐标如式（3-6）所示。

$$\begin{bmatrix} u \\ v \end{bmatrix} = \begin{bmatrix} \cos\theta & -\sin\theta \\ \sin\theta & \cos\theta \end{bmatrix} \begin{bmatrix} x \\ y \end{bmatrix} \tag{3-6}$$

实例3.3　图像旋转

工具：Python，PyCharm，OpenCV。

步骤：

➤ 读取图像；

➤ 获取仿射矩阵；

➤ 旋转变换；

➤ 显示图像。

■ **调用函数：**图像旋转也是通过 M 矩阵实现的，但这个矩阵的获取需要复杂计算，因此 OpenCV 提供了 getRatationMatrix2D（）函数自动计算 M，然后调用 warpAffine（）函数进行旋转变换，getRatationMatrix2D（）函数其语法格式如下：

retval＝getRotationMatrix2D（center，angle，scale）

参数说明:

❖ center: 旋转中心点坐标。

❖ angle: 旋转角度(非弧度),正数为顺时针旋转,负数为逆时针旋转。

❖ scale: 缩放比例,浮点类型。如果取值为1,说明旋转时不进行缩放。

❖ 返回值 retval: retval 即仿射矩阵 M。

功能说明: 通过旋转中心、旋转角度和缩放比例,求取图像旋转矩阵,并返回该矩阵。

实现代码:

在"D: \ lena. jpg"目录下,有一幅名为 lena. jpg 的图像,调用 getRatationMatrix2D( ) 函数求出仿射矩阵 M,调用 warpAffine( ) 函数进行图像旋转变换,最后显示变换前和变换后的图像,代码如下:

```
import cv2 as cv
img = cv.imread("D:/lena.jpg")
rows = len(img)                          #获取图像行数(高)
cols = len(img[0])                       #获取图像列数(宽)
center = (int(rows/2),int(cols/2))       #获取图像中心
M = cv.getRotationMatrix2D(center,30,0.8) #计算仿射矩阵
print(M)
dst = cv.warpAffine(img,M,(cols,rows))   #旋转变换
cv.imshow("Original Image",img)          #显示原始图像
cv.imshow("Rotate Image",dst)            #显示旋转变换后的图像
cv.waitKey()
cv.destroyAllWindows()
```

结果与分析: 原图像如图 3.5(a)所示,旋转后的图像如图 3.5(b)所示,由于旋转后的图像画布增大,因此 getRatationMatrix2D( ) 函数中缩放系数设置为 0.8,尽管如此,旋转后图像的四个角点处像素仍然有缺失。

疑点解析: 函数 getRatationMatrix2D( ) 调用后,执行了 print(M) 以查看矩阵 M 的值,结果显示,矩阵 M = [[0.69282032, 0.4, −10.82459489], [−0.4, 0.69282032, 76.98976447]],与公式(3-6)表示不同,即使将式(3-6)改写成齐次形式,仍与 M 不同,原因是 OpenCV 旋转变换时,所计算的 M 是仿射变换矩阵而不是旋转变换矩阵。

实践拓展: 对一幅图像进行旋转变换,实现图像信息不丢失。

（a）原图　　　　　　　　　　（b）旋转图像

图 3.5　图像旋转变换

3.1.5　错切变换

图像的错切变换实际上是平面景物在投影平面上的非垂直投影效果。图像错切变换也称为图像剪切、错位或错移变换。图像错切的原理是保持图像上某个轴各点的坐标不变，将另一些轴上的点的坐标进行线性变换，坐标不变的轴称为依赖轴，坐标变换的轴称为方向轴。图像错切一般分为两种情况：水平方向错切（图 3.6（a））和垂直方向错切（图 3.6（b）），水平方向错切的角度为水平错切角，如图 3.6(a)所示的 α 角；垂直方向错切的角度为垂直错切角，如图 3.6(b)所示的 β 角。水平错切和垂直错切如式(3-7)所示。

$$\begin{cases} \begin{bmatrix} u \\ v \end{bmatrix} = \begin{bmatrix} 1 & \tan\alpha \\ 0 & 1 \end{bmatrix} \begin{bmatrix} x \\ y \end{bmatrix} & (a) \\ \begin{bmatrix} u \\ v \end{bmatrix} = \begin{bmatrix} 1 & 0 \\ \tan\beta & 1 \end{bmatrix} \begin{bmatrix} x \\ y \end{bmatrix} & (b) \end{cases} \tag{3-7}$$

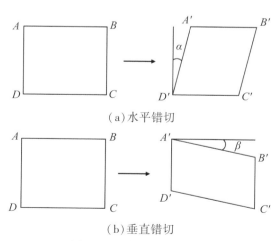

（a）水平错切

（b）垂直错切

图 3.6　图像错切变换原理

实例 3.4　图像错切

工具： Python，PyCharm，numpy，OpenCV。

步骤：

➢ 读取图像；

➢ 获取旋转矩阵；

➢ 构造变换前后图像上的 3 个点；

➢ 计算仿射矩阵；

➢ 错切变换；

➢ 显示图像。

**　调用函数：** 图像错切也是通过 M 矩阵实现的，这个矩阵的获取需要复杂计算，因此 OpenCV 提供了 getAffineTransform( ) 函数自动计算 M，然后调用 warpAffine( ) 函数进行错切变换，getAffineTransform( ) 函数其语法格式如下：

retval＝getAffineTransform(src，dst)

参数说明：

❖ src：原图像上的 3 个点坐标，为 3 行 2 列浮点型列表，如[[0,1],[1,0],[1,1]]。

❖ dst：错切图像上对应的 3 点坐标，类型与 src 相同。

❖ 返回值 retval：retval 即仿射矩阵 M。

功能说明： 通过计算原始图像和目标图像上 3 个对应点坐标，计算出仿射矩阵并返回。

实现代码：

在"D：\ lena. jpg"目录下，有一幅名为 lena. jpg 的图像，调用 getAffineTransform( ) 求出仿射矩阵 M，再调用 warpAffine( ) 函数进行图像错切变换，最后显示变换前和变换后的图像，代码如下：

```
importcv2 as cv
import numpy as np
img＝cv. imread( "D:/lena. jpg")
rows＝len(img)                        #获取原始图像行数
cols＝len(img[0])                     #获取原始图像列数
p1＝np. zeros((3,2),np. float32)      #构造出原始图像三个点
p1[0]＝[0,0]                          #对第一点进行坐标赋值
p1[1]＝[cols-1,0]                     #对第二点进行坐标赋值
p1[2]＝[0,rows-1]                     #对第三点进行坐标赋值
p2＝np. zeros((3,2),np. float32)      #构造错切图像上三点
p2[0]＝[200,0]                        #对第一点进行坐标赋值
```

```
p2[1]=[1.5*cols-1,0]                              #对第二点进行坐标赋值
p2[2]=[0,1.5*rows-1]                              #对第三点进行坐标赋值
M=cv.getAffineTransform(p1,p2)                    #计算仿射矩阵
dst=cv.warpAffine(img,M,(int(cols*1.5),int(rows*1.5)))    #仿射变换
cv.imshow("Original Image",img)
cv.imshow("Shearing Image",dst)
cv.waitKey()
cv.destroyAllWindows()
```

结果与分析： 原图像如图 3.7(a)所示，错切变换后的图像如图 3.7(b)所示，由于错切变换会改变图像大小，因此变换后的尺寸设为原图像的 1.5 倍。原图像和目标图像的坐标对应关系是：$[0,0] \rightarrow [200,0]$，$[cols-1,0] \rightarrow [1.5*cols-1,0]$，$[0,rows-1] \rightarrow [0,1.5*rows-1]$，也就是说两图像同名点对应关系分别为左上角、右上角和左下角，其他像素根据几何关系在目标图像画布中进行填充，没有像素的部分，填充为黑色。与旋转变换类似，错切变换的 M 矩阵与公式(3-7)也不一致。

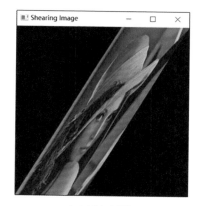

(a)原图　　　　　　　　　　(b)错切图像

图 3.7　图像错切变换

实践拓展： 编写一个小程序，实现图像垂直错切变换。

3.1.6 仿射变换

从实例 3.1、3.2、3.3、3.4 可以看出，图像的平移、缩放、旋转和错切均需要计算一个转换矩阵，而且都是 2 行 3 列矩阵，OpenCV 在平移、旋转和错切变换实现时均调用

warpAffine( )函数，这说明这些变换方法是相通的。事实上，平移、缩放、旋转和错切均是仿射变换的特殊情况，仿射变换的一般表达式为：

$$\begin{bmatrix} u \\ v \end{bmatrix} = \begin{bmatrix} a_2 a_1 a_0 \\ b_2 b_1 b_0 \end{bmatrix} \begin{bmatrix} x \\ y \\ 1 \end{bmatrix}$$

（3-8）

仿射变换是图像几何变换的重要内容之一，其特点为：

（1）仿射变换只有 6 个自由度（对应变换中的 6 个系数），因此，仿射变换后互相平行的直线仍然为平行直线，三角形映射后仍是三角形。但却不能保证将四边形以上的多边形映射为等边数的多边形。

（2）仿射变换的乘积和逆变换仍是仿射变换。

（3）仿射变换能够实现平移、旋转、缩放、错切等几何变换。

仿射变换可以看作各种几何变换的复合，将图像先进行平移，然后进行比例变换，最后进行旋转，这种复合几何变换表达式如下：

$$\begin{bmatrix} u \\ v \end{bmatrix} = \begin{bmatrix} \cos\theta & -\sin\theta \\ \sin\theta & \cos\theta \end{bmatrix} \begin{bmatrix} f_x & 0 \\ 0 & f_y \end{bmatrix} \left\{ \begin{bmatrix} x \\ y \end{bmatrix} + \begin{bmatrix} x_0 \\ y_0 \end{bmatrix} \right\}$$

$$= \begin{bmatrix} f_x\cos\theta & -f_y\sin\theta \\ f_x\sin\theta & f_y\cos\theta \end{bmatrix} \begin{bmatrix} x \\ y \end{bmatrix} + \begin{bmatrix} f_x x_0\cos\theta - f_y y_0\sin\theta \\ f_x x_0\sin\theta + f_y y_0\cos\theta \end{bmatrix}$$

（3-9）

进一步整理可得

$$\begin{bmatrix} u \\ v \end{bmatrix} = \begin{bmatrix} a_2 & a_1 \\ b_2 & b_1 \end{bmatrix} \begin{bmatrix} x \\ y \end{bmatrix} + \begin{bmatrix} a_0 \\ b_0 \end{bmatrix}$$

（3-10）

对照式（3-9）和式（3-10）可知，$a_2 = f_x\cos\theta$，$b_2 = f_x\sin\theta$，$a_1 = -f_y\sin\theta$，$b_1 = f_y\cos\theta$，$a_0 = f_x x_0\cos\theta - f_y y_0\sin\theta$，$b_0 = f_x x_0\sin\theta + f_y y_0\cos\theta$，由式（3-9）和式（3-10）可知，平移、比例缩放和旋转变换是仿射变换的特殊情况。设定不同的加权因子 a_i 和 b_i 值，可以得到不同的变换。

3.1.7 透视变换

透视变换原理如图 3.8 所示，从投影中心 S 在 α 平面观察的图形为三角形 ABC，把它投影到 β 平面，变成三角形 $A'B'C'$，这种变换称为透视变换，它是把一个平面的图像投影到一个新的平面的过程，然而它并不是在平面上直接转换，而是把一个二维坐标系 $O - xy$（三角形 ABC 所在平面坐标）转换为三维坐标系 $O - u'v'w'$，然后再把三维坐标系 $O - u'v'w'$ 投影到新的二维坐标系 $O - uv$ 中（三角形 $A'B'C'$ 所在平面坐标）。

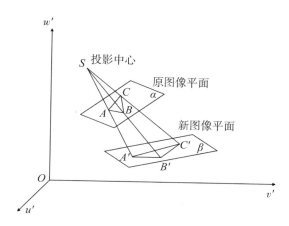

图 3.8   透视变换原理

α 平面直角坐标系 $O-xy$ 向空间三维坐标系 $O-u'v'w'$ 转换的公式为:

$$\begin{bmatrix} u' \\ v' \\ w' \end{bmatrix} = \begin{bmatrix} a_{11} & a_{12} & a_{13} \\ a_{21} & a_{22} & a_{23} \\ a_{31} & a_{32} & a_{33} \end{bmatrix} \begin{bmatrix} x \\ y \\ 1 \end{bmatrix} \quad\quad (3\text{-}11)$$

空间三维坐标系 $O-u'v'w'$ 向 β 平面直角坐标系 $O-uv$ 转换的计算公式为:

$$\begin{cases} u = \dfrac{u'}{w'} = \dfrac{a_{11}x + a_{12}y + a_{13}}{a_{31}x + a_{32}y + a_{33}} \\[4mm] v = \dfrac{v'}{w'} = \dfrac{a_{21}x + a_{22}y + a_{23}}{a_{31}x + a_{32}y + a_{33}} \end{cases} \quad\quad (3\text{-}12)$$

式 (3-12) 中,$a_{31}x + a_{32}y + a_{33} \neq 0$,进一步分析可知,式 (3-11) 是二维坐标向三维坐标转换,增加了一个维度"1",公式 (3-12) 是三维坐标向二维坐标转换,除以 w' 减少一个维度。与仿射变换类似,透视变换也是一种平面映射,并且正变换和逆变换都是单值的,而且可以保证任意方向上的直线经过透视变换后仍然保持是直线,但由于透视变换是一种非线性变换,且具有 9 个自由度(其变换系数为 9 个),故一个平行四边形经过透视变换后只能得到四边形,但不一定平行,这与仿射变换是不同的。

✎ 实例 3.5   图像透视变换

工具: Python,PyCharm,numpy,OpenCV。

步骤:

➤ 读取图像;

➤ 构造变换前后图像上 4 个点;

> ➢ 计算仿射矩阵；
> ➢ 透视变换；
> ➢ 显示图像。

　　■ **调用函数**：　图像透视变换也是通过 *M* 矩阵实现的，这个矩阵的获取需要复杂计算，因此 OpenCV 提供了 getPerspectiveTransform（ ）函数自动计算 *M*，然后调用 warpPerspective（ ）进行透视变换，这两个函数其语法格式如下：

　　① **retval＝getPerspectiveTransform（src，dst，solveMethod＝None）**

　　参数说明：

　　❖　src：原图像上 4 个点坐标，为 4 行 2 列浮点型列表，如 [[0,0],[0,1],[1,0],[1,1]]。

　　❖　dst：透视图像上对应的 4 个点坐标，类型与 src 相同。

　　❖　solveMethod：矩阵分解方法，传递给 cv2.solve（DecompTypes）求解线性方程组或解决最小二乘问题，默认值为 None，表示使用 DECOMP_LU。

　　❖　返回值 retval：retval 即仿射矩阵 *M*。

　　功能说明：　通过计算原始图像和目标图像上 4 个对应点的坐标，计算出仿射矩阵并返回。

　　② **dst＝warpPerspective（src，M，dsize，dst＝None，flags＝None，borderMode＝None，borderValue＝None）**

　　参数说明：

　　❖　src：原始图像。

　　❖　M：一个 3 行 3 列的矩阵，根据此矩阵确定原图像中的像素位置。

　　❖　dsize：输出图像的大小。

　　❖　dst：输出图像，类型和尺寸与 src 相同。

　　❖　flags：插值方式，可选参数，建议使用默认值。

　　❖　borderMode：边界类型，为可选参数，建议使用默认值。

　　❖　borderValue：边界值，为可选参数，建议使用默认值。

　　❖　返回值 dst：dst 即透视变换图像。

　　功能说明：　根据仿射矩阵 *M* 等参数对原图像进行透视变换，并返回变换后的图像。

　　实现代码：

　　在"D：\ lena.jpg"目录下，有一幅名为 lena.jpg 的图像，调用 getPerspectiveTransform（ ）求出仿射矩阵 *M*，再调用 warpPerspective（ ）函数进行图像透视变换，最后显示变换前后的图像，实现代码如下：

```
importcv2 as cv
import numpy as np
img＝cv.imread("D：/lena.jpg")
```

```
rows=len(img)
cols=len(img)
p1=np.zeros((4,2),np.float32)          #构造出原始图像四点
p1[0]=[0,0]
p1[1]=[cols-1,0]
p1[2]=[0,rows-1]
p1[3]=[cols-1,rows-1]
p2=np.zeros((4,2),np.float32)          #构造出透视变换图像四点
p2[0]=[90,0]
p2[1]=[cols-90,0]
p2[2]=[0,rows-1]
p2[3]=[cols-1,rows-1]
M=cv.getPerspectiveTransform(p1,p2)    #计算仿射矩阵
dst=cv.warpPerspective(img,M,(cols,rows))    #透视变换
cv.imshow("Original Image",img)
cv.imshow("Perspective Image",dst)
cv.waitKey()
cv.destroyAllWindows()
```

结果与分析： 原图像如图 3.9(a)所示，透视变换后的图像如图 3.9(b)所示，实例中为了增加视觉效果，将对应的 4 点设置为模拟从图像底部观察的透视效果。需要注意的是，仿射矩阵 **M** 的构造一定要有应用意义，否则可能会出现图像翻转等不良视觉效果。

　　　　　（a）原图　　　　　　　　　　　（b）透视变换图像

图 3.9　图像透视变换

实践拓展: 编写一个小程序,通过不断变换仿射矩阵 M,对比透视变换效果。

3.2 图像频域变换

为了有效和快速地对图像进行处理和分析,常常将离散的图像信号以某种形式转换到另外一个空间(频域空间),在此空间处理图像后进行反变换,再转换到图像原空间。这类变换方法主要有傅里叶变换、余弦变换、K-L 变换和小波变换等,本章只讨论傅里叶变换。

3.2.1 傅里叶级数

1. 三角级数与三角函数系的正交性

正弦函数是一种常见且简单的周期函数,例如,描述简谐振动的函数

$$y = A\sin(\omega t + \varphi)$$

就是一个以 $\dfrac{2\pi}{\omega}$ 为周期的正弦函数,其中 y 为动点的位置,t 为时间,A 为振幅,ω 为频率,φ 为初相。

在实际问题中,除了正弦函数外,还会遇到非正弦函数的周期函数,它们反映了较复杂的周期运动。如电子技术中常用的周期为 T 的矩形波(图 3.10),就是一个非正弦周期函数的例子。

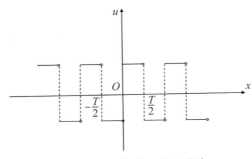

图 3.10 周期为 T 的矩形波

如何深入研究非正弦周期函数呢?将周期函数展开成由简单的周期函数例如三角函数组成的级数,具体地说,将周期为 $T\left(\dfrac{2\pi}{\omega}\right)$ 的周期函数用一系列以 T 为周期的正弦函数

$A_n \sin(nwt + \varphi_n)$ 组成的级数来表示，记为式(3-13)。

$$f(t) = A_0 + \sum_{n=1}^{\infty} A_n \sin(n\omega t + \varphi_n) \tag{3-13}$$

其中，A_0，A_n，$\varphi_n (n = 1, 2, 3, \cdots)$ 都是常数。

为了以后讨论方便，我们将正弦函数 $A_n \sin(nwt + \varphi_n)$ 按三角公式变形，得

$$A_n \sin(nwt + \varphi_n) = A_n \sin\varphi_n \cos n\omega t + A_n \cos\varphi_n \sin n\omega t$$

并令 $\dfrac{a_0}{2} = A_0$，$a_n = A_n \sin\varphi_n$，$b_n = A_n \cos\varphi_n$，$\omega = \dfrac{\pi}{l}$，（即 $T = 2l$），则式(3-13)右端的级数就可以改写为

$$\frac{a_0}{2} + \sum_{n=1}^{\infty} \left(a_n \cos\frac{n\pi t}{l} + b_n \sin\frac{n\pi t}{l} \right) \tag{3-14}$$

形如式(3-14)的级数叫作三角级数，其中 a_0，a_n，$b_n (n = 1, 2, 3, \cdots)$ 都是常数。令 $\dfrac{\pi t}{l} = x$，则式(3-14)变为式(3-15)，这就把以 $2l$ 为周期的三角级数转换成以 2π 为周期的三角级数。

$$\frac{a_0}{2} + \sum_{n=1}^{\infty} (a_n \cos nx + b_n \sin nx) \tag{3-15}$$

下面讨论三角级数公式(3-15)的收敛问题，以及给定周期为 2π 的周期函数如何把它展开成三角级数公式(3-15)，为此，我们首先介绍三角函数系的正交性。

所谓三角函数系

$$1, \cos x, \sin x, \cos 2x, \sin 2x, \cdots, \cos nx, \sin nx, \cdots \tag{3-16}$$

在区间 $[-\pi, \pi]$ 上正交，是指在三角函数系中任何不同的两个函数的乘积在区间 $[-\pi, \pi]$ 上的积分等于零，即

$$\int_{-\pi}^{\pi} \cos nx \mathrm{d}x = 0 (n = 1, 2, 3, \cdots)$$

$$\int_{-\pi}^{\pi} \sin nx \mathrm{d}x = 0 (n = 1, 2, 3, \cdots)$$

$$\int_{-\pi}^{\pi} \sin kx \cos nx \mathrm{d}x = 0 (k, n = 1, 2, 3, \cdots)$$

$$\int_{-\pi}^{\pi} \cos kx \cos nx \mathrm{d}x = 0 (k, n = 1, 2, 3, \cdots, k \neq n)$$

$$\int_{-\pi}^{\pi} \sin kx \sin nx \mathrm{d}x = 0 (k, n = 1, 2, 3, \cdots, k \neq n)$$

以上 5 个等式均需通过计算定积分来验证，这里仅证明第 4 式，其余 4 个等式自行证明。利用三角函数中积化和差的公式

$$\cos kx \cos nx = \frac{1}{2}\big[\cos(k+n)x + \cos(k-n)x\big]$$

当 $k \neq n$ 时，有

$$\int_{-\pi}^{\pi} \cos kx \cos nx \, dx = \frac{1}{2}\int_{-\pi}^{\pi}\big[\cos(k+n)x + \cos(k-n)x\big]dx$$

$$= \frac{1}{2}\left[\frac{\sin(k+n)x}{k+n} + \frac{\sin(k-n)x}{k-n}\right]_{-\pi}^{\pi}$$

$$= 0 \, (k, \, n = 1, \, 2, \, 3, \, \cdots, \, k \neq n)$$

在三角函数系中，两个相同函数的乘积在区间 $[-\pi, \pi]$ 上的积分不等于零，即

$$\int_{-\pi}^{\pi} 1^2 dx = 2\pi, \quad \int_{-\pi}^{\pi} \sin^2 nx \, dx = \pi, \quad \int_{-\pi}^{\pi} \cos^2 nx \, dx = \pi \, (n = 1, \, 2, \, 3, \, \cdots)_{\circ}$$

2. 函数展开成傅里叶级数

设 $f(x)$ 是周期为 2π 的周期函数，且能展开成三角级数

$$f(x) = \frac{a_0}{2} + \sum_{k=1}^{\infty}(a_k \cos kx + b_k \sin kx) \tag{3-17}$$

我们自然要问：系数 a_0，a_1，b_1，$\cdots$ 与函数 $f(x)$ 之间存在着怎样的关系？换句话说，如何利用 $f(x)$ 把 a_0，a_1，b_1，$\cdots$ 表达出来？为此，我们进一步假设式（3-17）右端的级数可以逐项积分。

先求 a_0，对式（3-17）从 $-\pi$ 到 π 积分，由于假设式（3-17）右端级数可逐项积分，因此有

$$\int_{-\pi}^{\pi} f(x) \, dx = \int_{-\pi}^{\pi}\frac{a_0}{2}dx + \sum_{k=1}^{\infty}\left[a_k\int_{-\pi}^{\pi}\cos kx \, dx + b_k\int_{-\pi}^{\pi}\sin kx \, dx\right]$$

根据三角函数系的正交性，等式右端除第一项外，其余各项均为零，因此

$$\int_{-\pi}^{\pi} f(x) \, dx = \frac{a_0}{2} \cdot 2\pi$$

于是得

$$a_0 = \frac{1}{\pi}\int_{-\pi}^{\pi} f(x) \, dx$$

其次再求 a_n，用 $\cos nx$ 乘以式（3-17）两端，再从 $-\pi$ 到 π 积分，得到

$$\int_{-\pi}^{\pi} f(x) \cos nx \, dx$$

$$= \frac{a_0}{2}\int_{-\pi}^{\pi}\cos nx \, dx + \sum_{k=1}^{\infty}\left[a_k\int_{-\pi}^{\pi}\cos kx \cos nx \, dx + b_k\int_{-\pi}^{\pi}\sin kx \cos nx \, dx\right]$$

根据三角函数系的正交性，等式右端除 $k = n$ 这一项外，其余各项均为 0，因此有

$$\int_{-\pi}^{\pi} f(x)\cos nx\,\mathrm{d}x = a_n \int_{-\pi}^{\pi} \cos^2 nx\,\mathrm{d}x = a_n \pi$$

于是，得

$$a_n = \frac{1}{\pi}\int_{-\pi}^{\pi} f(x)\cos nx\,\mathrm{d}x \quad (n = 1, 2, 3, \cdots)$$

用类似方法，将式(3-17)两端同时乘以 $\sin nx$，并从 $-\pi$ 到 π 积分，得

$$b_n = \frac{1}{\pi}\int_{-\pi}^{\pi} f(x)\sin nx\,\mathrm{d}x \quad (n = 1, 2, 3, \cdots)$$

当 $n = 0$ 时，a_n 的表达式正给出 a_0，因此，已得到的结果可以合并为式(3-18)。

$$\begin{cases} a_n = \dfrac{1}{\pi}\int_{-\pi}^{\pi} f(x)\cos nx\,\mathrm{d}x & (n = 0, 1, 2, \cdots) \\[3mm] b_n = \dfrac{1}{\pi}\int_{-\pi}^{\pi} f(x)\sin nx\,\mathrm{d}x & (n = 1, 2, 3, \cdots) \end{cases} \tag{3-18}$$

如果式(3-18)中的积分都存在，这时它们定出的系数 a_0，a_1，b_1，$\cdots$ 叫作函数 $f(x)$ 的傅里叶(Fourier)系数，将这些系数代入式(3-17)右端，所得的三角级数

$$\frac{a_0}{2} + \sum_{n=1}^{\infty} (a_n\cos nx + b_n\sin nx)$$

叫作函数 $f(x)$ 的傅里叶级数。

一个定义在 $(-\infty, \infty)$ 上周期为 2π 的函数 $f(x)$，如果它在一个周期上可积，那么一定可以作出 $f(x)$ 的傅里叶级数。然而，函数 $f(x)$ 的傅里叶级数是否一定收敛？如果它收敛，是否一定收敛于函数 $f(x)$？一般来说，这两个问题的答案都不是肯定的，那么，$f(x)$ 在怎样的条件下，它的傅里叶级数不仅收敛，而且收敛于 $f(x)$？也就是说，$f(x)$ 满足什么条件可以展开成傅里叶级数？

这个问题狄利克雷(Dirichlet)充分条件定理给出了答案。

设 $f(x)$ 是周期为 2π 的周期函数，如果它满足：

(1)在一个周期内连续或只有有限个第一类间断点；

(2)在一个周期内至多只有有限个极值点，那么 $f(x)$ 的傅里叶级数收敛，并且当 x 是 $f(x)$ 的连续点时，级数收敛于 $f(x)$；当 x 是 $f(x)$ 的间断点时，级数收敛于 $\frac{1}{2}[f(x^-) + f(x^+)]$。

收敛定理告诉我们：只要函数在 $[-\pi, \pi]$ 上至多有有限个第一类间断点，并且不做无限次振动，函数的傅里叶级数在连续点处就收敛于该点的函数值，在间断点处收敛于该点左极限与右极限的算术平均值。可见，函数展开成傅里叶级数的条件比展开成幂级数的条件低得多，记

$$C = \left\{ x \,\middle|\, f(x) = \frac{1}{2}[f(x^-) + f(x^+)] \right\}$$

在 C 上就成立 $f(x)$ 的傅里叶级数展开式

$$f(x) = \frac{a_0}{2} + \sum_{n=1}^{\infty} (a_n \cos nx + b_n \sin nx), \quad x \in C \tag{3-19}$$

例 1　设 $f(x)$ 是周期为 2π 的周期函数，它在 $[-\pi, \pi]$ 上的表达式为

$$f(x) = \begin{cases} -1, & -\pi \leqslant x < 0 \\ 1, & 0 \leqslant x < \pi \end{cases}$$

将 $f(x)$ 展开成傅里叶级数，并做出级数的和函数图形。

解：所给函数满足收敛定理的条件，它在点 $x = k\pi(k = 0, \pm 1, \pm 2, \cdots)$ 处不连续，在其他点处连续，从而由收敛定理知道 $f(x)$ 的傅里叶级数收敛，并且当 $x = k\pi$ 时，级数收敛于

$$\frac{-1+1}{2} = 0$$

当 $x \neq k\pi$ 时，级数收敛于 $f(x)$。

计算傅里叶系数如下：

$$a_n = \frac{1}{\pi}\int_{-\pi}^{\pi} f(x)\cos nx\,\mathrm{d}x = \frac{1}{\pi}\int_{-\pi}^{0}(-1)\cos nx\,\mathrm{d}x + \frac{1}{\pi}\int_{0}^{\pi} 1 \cdot \cos nx\,\mathrm{d}x = 0 \ (n = 0, 1, 2, \cdots)$$

$$b_n = \frac{1}{\pi}\int_{-\pi}^{\pi} f(x)\sin nx\,\mathrm{d}x = \frac{1}{\pi}\int_{-\pi}^{0}(-1)\sin nx\,\mathrm{d}x + \frac{1}{\pi}\int_{0}^{\pi} 1 \cdot \sin nx\,\mathrm{d}x$$

$$= \frac{1}{\pi}\left[\frac{\cos nx}{n}\right]_{-\pi}^{0} + \frac{1}{\pi}\left[-\frac{\cos nx}{n}\right]_{0}^{\pi} = \frac{2}{n\pi}[1 - (-1)^n] = \begin{cases} \dfrac{4}{n\pi}(n = 1, 3, 5, \cdots) \\ 0 \ (n = 2, 4, 6, \cdots) \end{cases}$$

将求得的系数代入式 (3-19)，就得到 $f(x)$ 的傅里叶级数展开式为

$$f(x) = \frac{4}{\pi}\left[\sin x + \frac{1}{3}\sin 3x + \cdots + \frac{1}{2k-1}\sin(2k-1)x + \cdots\right]$$

$$= \frac{4}{\pi}\sum_{k=1}^{n} \frac{1}{2k-1}\sin(2k-1)x \quad (-\infty < x < +\infty, \ x \neq 0, \ \pm\pi, \ \pm 2\pi, \cdots)$$

级数的和函数图形如图 3.11 所示：

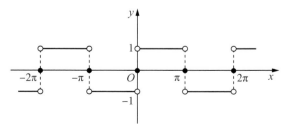

图 3.11　级数的和函数图形

3. 周期为 $2l$ 的周期函数的傅里叶级数

前面讨论的周期函数都是以 2π 为周期的，但是实际问题中所遇到的周期函数，它的周期不一定是 2π。例如前面提到的矩形波，它的周期是 $T = \dfrac{2\pi}{\omega}$，因此，我们这里讨论周期为 $2l$ 的周期函数的傅里叶级数，根据前面讨论的结果，经过自变量的变量代换 $\omega = \dfrac{\pi}{l}(T = 2l)$，设周期为 $2l$ 的周期函数 $f(x)$ 满足狄利克雷收敛定理的条件，则它的傅里叶级数展开式为

$$f(x) = \frac{a_0}{2} + \sum_{n=1}^{\infty}\left(a_n\cos\frac{n\pi x}{l} + b_n\sin\frac{n\pi x}{l}\right)(x \in C) \tag{3-20}$$

其中

$$\begin{cases} a_n = \dfrac{1}{l}\displaystyle\int_{-l}^{l}f(x)\cos\dfrac{n\pi x}{l}\mathrm{d}x & (n = 0,\ 1,\ 2,\ \cdots) \\[2mm] b_n = \dfrac{1}{l}\displaystyle\int_{-l}^{l}f(x)\sin\dfrac{n\pi x}{l}\mathrm{d}x & (n = 1,\ 2,\ 3,\ \cdots) \\[2mm] C = \left\{x \mid f(x) = \dfrac{1}{2}\left[f(x^-) + f(x^+)\right]\right\} \end{cases} \tag{3-21}$$

当 $f(x)$ 为奇函数时，

$$f(x) = \sum_{n=1}^{\infty}b_n\sin\frac{n\pi x}{l}(x \in C) \tag{3-22}$$

其中

$$b_n = \frac{2}{l}\int_{0}^{l}f(x)\sin\frac{n\pi x}{l}\mathrm{d}x \quad (n = 1,\ 2,\ 3,\ \cdots) \tag{3-23}$$

当 $f(x)$ 为偶函数时，

$$f(x) = \frac{a_0}{2} + \sum_{n=1}^{\infty}a_n\cos\frac{n\pi x}{l}(x \in C) \tag{3-24}$$

其中

$$a_n = \frac{2}{l}\int_{0}^{l}f(x)\cos\frac{n\pi x}{l}\mathrm{d}x \quad (n = 0,\ 1,\ 2,\ \cdots) \tag{3-25}$$

式(3-20)是可以证明的，过程如下：

证明：作变量代换 $z = \dfrac{\pi x}{l}$，于是区间 $-l \leqslant x \leqslant l$ 就变换成 $-\pi \leqslant z \leqslant \pi$。设函数 $f(x) = f\left(\dfrac{lz}{\pi}\right) = F(z)$，从而 $F(z)$ 是周期为 2π 的周期函数，并且它满足收敛定理的条件，将

$F(z)$ 展开成傅里叶级数

$$F(z) = \frac{a_0}{2} + \sum_{n=1}^{\infty} (a_n \cos nz + b_n \sin nz)$$

其中

$$\begin{cases} a_n = \dfrac{1}{\pi} \displaystyle\int_{-\pi}^{\pi} F(z) \cos nz \, \mathrm{d}z \quad (n = 0,\ 1,\ 2,\ \cdots) \\[3mm] b_n = \dfrac{1}{\pi} \displaystyle\int_{-\pi}^{\pi} F(z) \sin nz \, \mathrm{d}z \quad (n = 1,\ 2,\ 3,\ \cdots) \end{cases}$$

在上式中令 $z = \dfrac{\pi x}{l}$，并注意到 $f(x) = F(z)$，于是有

$$f(x) = \frac{a_0}{2} + \sum_{n=1}^{\infty} \left(a_n \cos \frac{n\pi x}{l} + b_n \sin \frac{n\pi x}{l} \right)$$

而且

$$a_n = \frac{1}{l} \int_{-l}^{l} f(x) \cos \frac{n\pi x}{l} \mathrm{d}x, \quad b_n = \frac{1}{l} \int_{-l}^{l} f(x) \sin \frac{n\pi x}{l} \mathrm{d}x$$

类似地，可以证明其余部分。

例 2 设 $f(x)$ 是周期为 4 的周期函数，它在 [−2，2) 上的表达式为

$$f(x) = \begin{cases} 0, & -2 \leqslant x < 0 \\ h, & 0 \leqslant x < 2 \end{cases} (h \neq 0)$$

将 $f(x)$ 展开成傅里叶级数。

解：这时 $l = 2$，按式(3-21)有

$$a_n = \frac{1}{2} \int_0^2 h \cos \frac{n\pi x}{2} \mathrm{d}x = \left[\frac{h}{n\pi} \sin \frac{n\pi x}{2} \right]_0^2 = 0 \ (n \neq 0)$$

$$a_0 = \frac{1}{2} \int_{-2}^0 0 \, \mathrm{d}x + \frac{1}{2} \int_0^2 h \mathrm{d}x = h$$

$$b_n = \frac{1}{2} \int_0^2 h \sin \frac{n\pi x}{2} \mathrm{d}x = \left[-\frac{h}{n\pi} \cos \frac{n\pi x}{2} \right]_0^2 = \frac{h}{n\pi} (1 - \cos n\pi) = \begin{cases} \dfrac{2h}{n\pi}, & = 1,\ 3,\ 5,\ \cdots \\[3mm] 0, & n = 2,\ 4,\ 6,\ \cdots \end{cases}$$

将求得的系数 a_n、b_n 代入式(3-20)，得

$$f(x) = \frac{h}{2} + \frac{2h}{\pi} \left(\sin \frac{\pi x}{2} + \frac{1}{3} \sin \frac{3\pi x}{2} + \frac{1}{5} \sin \frac{5\pi x}{2} + \cdots + \frac{1}{2n-1} \sin \frac{(2n-1)\pi x}{2} + \cdots \right)$$

$$(-\infty < x < +\infty,\ x \neq 0,\ \pm 2,\ \pm 4,\ \cdots)$$

4. 傅里叶级数的复数形式

傅里叶级数还可以用复数形式表示。设周期为 $2l$ 的周期函数 $f(x)$ 的傅里叶级数为

$$\frac{a_0}{2} + \sum_{n=1}^{\infty} \left(a_n \cos \frac{n\pi x}{l} + b_n \sin \frac{n\pi x}{l} \right) \tag{3-26}$$

其中系数 a_n 与 b_n 分别为

$$\begin{cases} a_n = \dfrac{1}{l} \displaystyle\int_{-l}^{l} f(x) \cos \dfrac{n\pi x}{l} \mathrm{d}x & (n = 0, 1, 2, \cdots) \\ b_n = \dfrac{1}{l} \displaystyle\int_{-l}^{l} f(x) \sin \dfrac{n\pi x}{l} \mathrm{d}x & (n = 1, 2, 3, \cdots) \end{cases} \tag{3-27}$$

由欧拉公式

$$\mathrm{e}^{\mathrm{i}t} = \cos t + \mathrm{i}\sin t$$

$$\cos t = \frac{\mathrm{e}^{t\mathrm{i}} + \mathrm{e}^{-t\mathrm{i}}}{2}, \quad \sin t = \frac{\mathrm{e}^{t\mathrm{i}} - \mathrm{e}^{-t\mathrm{i}}}{2\mathrm{i}}$$

把式（3-26）化为

$$\frac{a_0}{2} + \sum_{n=1}^{\infty} \left[\frac{a_n}{2}(\mathrm{e}^{\frac{n\pi x}{l}\mathrm{i}} + \mathrm{e}^{-\frac{n\pi x}{l}\mathrm{i}}) - \frac{b_n \mathrm{i}}{2}(\mathrm{e}^{\frac{n\pi x}{l}\mathrm{i}} - \mathrm{e}^{-\frac{n\pi x}{l}\mathrm{i}}) \right] = \frac{a_0}{2} + \sum_{n=1}^{\infty} \left[\frac{a_n - b_n \mathrm{i}}{2} \mathrm{e}^{\frac{n\pi x}{l}\mathrm{i}} + \frac{a_n + b_n \mathrm{i}}{2} \mathrm{e}^{-\frac{n\pi x}{l}\mathrm{i}} \right] \tag{3-28}$$

记

$$\frac{a_0}{2} = c_0, \quad \frac{a_n - b_n \mathrm{i}}{2} = c_n, \quad \frac{a_n + b_n \mathrm{i}}{2} = c_{-n}, \quad (n = 1, 2, 3, \cdots) \tag{3-29}$$

则式（3-28）就表示为

$$c_0 + \sum_{n=1}^{\infty} \left[c_n \mathrm{e}^{\frac{n\pi x}{l}\mathrm{i}} + c_{-n} \mathrm{e}^{-\frac{n\pi x}{l}\mathrm{i}} \right] = (c_n \mathrm{e}^{\frac{n\pi x}{l}\mathrm{i}})_{n=0} + \sum_{n=1}^{\infty} (c_n \mathrm{e}^{\frac{n\pi x}{l}\mathrm{i}} + c_{-n} \mathrm{e}^{-\frac{n\pi x}{l}\mathrm{i}})$$

即得傅里叶级数的复数形式为

$$\sum_{n=-\infty}^{\infty} c_n \mathrm{e}^{\frac{n\pi x}{l}\mathrm{i}} \tag{3-30}$$

为得出系数 c_n 的表达式，把式（3-27）代入式（3-29），得

$$c_0 = \frac{a_0}{2} = \frac{1}{2l} \int_{-l}^{l} f(x) \mathrm{d}x$$

$$c_n = \frac{a_n - b_n \mathrm{i}}{2} = \frac{1}{2} \left[\frac{1}{l} \int_{-l}^{l} f(x) \cos \frac{n\pi x}{l} \mathrm{d}x - \frac{\mathrm{i}}{l} \int_{-l}^{l} f(x) \sin \frac{n\pi x}{l} \mathrm{d}x \right]$$

$$= \frac{1}{2l} \int_{-l}^{l} f(x) \left(\cos \frac{n\pi x}{l} - \mathrm{i}\sin \frac{n\pi x}{l} \right) \mathrm{d}x$$

$$= \frac{1}{2l}\int_{-l}^{l} f(x)\,\mathrm{e}^{-\frac{n\pi x_i}{l}}\mathrm{d}x \quad (n = 1,\ 2,\ 3,\ \cdots)$$

同理

$$c_{-n} = \frac{a_n + b_n\mathrm{i}}{2} = \frac{1}{2l}\int_{-l}^{l} f(x)\,\mathrm{e}^{\frac{n\pi x_i}{l}}\mathrm{d}x \quad (n = 1,\ 2,\ 3,\ \cdots)$$

将已得的结果合并为式(3-31)，这就是傅里叶系数的复数形式：

$$c_n = \frac{1}{2l}\int_{-l}^{l} f(x)\,\mathrm{e}^{-\frac{n\pi x_i}{l}}\mathrm{d}x \quad (n = 0,\ \pm 1,\ \pm 2,\ \cdots) \tag{3-31}$$

傅里叶级数的两种形式本质上是一样的，但复数形式比较简洁，且只用一个算式计算系数。

例 3　把宽为 τ、高为 h、周期为 T 的矩形波(图 3.12)展开成复数形式的傅里叶级数。

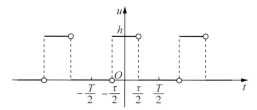

图 3.12　级数的和函数图形

解：在一个周期 $\left[-\dfrac{T}{2},\ \dfrac{T}{2} \right]$ 内矩形波的函数表达式为

$$u(t) = \begin{cases} 0, & -\dfrac{T}{2} \leqslant t < -\dfrac{\tau}{2} \\[2mm] h, & -\dfrac{\tau}{2} \leqslant t < \dfrac{\tau}{2} \\[2mm] 0, & \dfrac{\tau}{2} \leqslant t < \dfrac{T}{2} \end{cases}$$

按照式(3-31)，有

$$c_n = \frac{1}{T}\int_{-\frac{T}{2}}^{\frac{T}{2}} u(t)\,\mathrm{e}^{-\frac{2n\pi t_i}{T}}\mathrm{d}t = \frac{1}{T}\int_{-\frac{\tau}{2}}^{\frac{\tau}{2}} h\,\mathrm{e}^{-\frac{2n\pi t_i}{T}}\mathrm{d}t = \frac{h}{T}\left[\frac{-T}{2n\pi\mathrm{i}}\mathrm{e}^{-\frac{2n\pi t_i}{T}} \right]_{-\frac{\tau}{2}}^{\frac{\tau}{2}}$$

$$= \frac{h}{n\pi}\sin\frac{n\pi\tau}{T} \quad (n = \pm 1,\ \pm 2,\ \cdots)$$

$$c_0 = \frac{1}{T}\int_{-\frac{T}{2}}^{\frac{T}{2}} u(t)\,\mathrm{d}t = \frac{1}{T}\int_{-\frac{\tau}{2}}^{\frac{\tau}{2}} h\,\mathrm{d}t = \frac{h\tau}{T}$$

将求得的 c_n 代入式(3-30)，得

$$u(t) = \frac{h\tau}{T} + \frac{h}{\pi} \sum_{\substack{n=-\infty \\ n \neq 0}}^{\infty} \frac{1}{n} \sin \frac{n\pi\tau}{T} e^{\frac{2n\pi t}{T}i}$$

$$\left(-\infty < t < +\infty,\ t \neq nT \pm \frac{\tau}{2},\ n = 0,\ \pm 1,\ \pm 2,\ \cdots \right)$$

3.2.2 傅里叶变换

傅里叶变换的目的是将时域(即时间域)上的信号转变为频域(即频率域)上的信号，随着域的不同，对同一个事物的了解角度也就随之改变，因此在时域中某些不好处理的地方，在频域中就可以较为简单地处理。

1. 傅里叶变换原理

设函数 $f(x)$ 的周期为 $T(T = 2l)$，那么可以表示为 $f_T(x) = f(x + T)$。该函数的图像如图 3.13 所示。因为 $T = 2l = \dfrac{2\pi}{\omega_0}$，所以 $l = \dfrac{\pi}{\omega_0}$ (为了推导方便，这里先用基频率 ω_0 代替 ω，然后再代回)，将 $l = \dfrac{\pi}{\omega_0}$ 代入式(3-30)，可得式(3-32)。将 $l = \dfrac{T}{2}$ 和 $l = \dfrac{\pi}{\omega_0}$ 代入式(3-31)，可得式(3-33)。

$$f_T(x) = \sum_{n=-\infty}^{\infty} c_n e^{\frac{n\pi x}{l}i} = \sum_{n=-\infty}^{\infty} c_n e^{in\omega_0 x} \tag{3-32}$$

$$c_n = \frac{1}{T} \int_{-\frac{T}{2}}^{\frac{T}{2}} f_T(x) e^{-in\omega_0 x} \mathrm{d}x \tag{3-33}$$

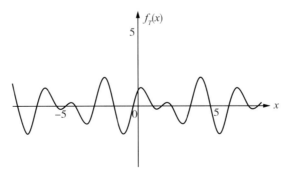

图 3.13 周期为 T 的函数

式(3-32)表明，不同周期函数的傅里叶级数区别在于 c_n，式(3-33)积分计算出的 c_n 为复数，以 $n\omega_0$ 为横轴，c_n 的实轴 $R(c_n)$ 和虚轴 $I(c_n)$ 建立坐标系，得到如图 3.14 所示的三维坐标角频率图。对于不同的 $n\omega_0$，c_n 都对应有不同的复数，复数的模 $|c_n|$ 表示频域值，如 c_{-1}、c_0、c_1、c_2 等。图 3.13 表示的是 $f_T(x)$ 是时间 x 的函数，为时域表达，图 3.14 表示的是 c_n 是 $n\omega_0$ 的函数，为频域表达，也称为图 3.13 的频谱图。

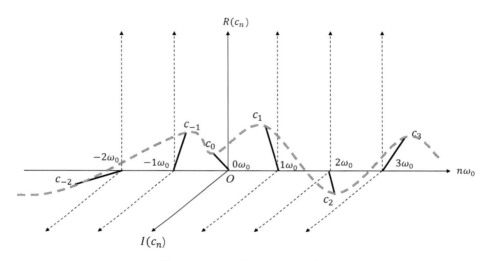

图 3.14　c_n 与角频率关系示意图

对于非周期函数 $f(x)$，可以认为存在无限周期，即 $T \to \infty$，此时有 $f(x) = \lim\limits_{T \to \infty} f_T(x)$。图 3.14 中频谱的距离 $\Delta\omega = (n+1)\omega_0 - n\omega_0 = \omega_0 = \dfrac{2\pi}{T}$，随着 T 的不断增大，$\Delta\omega$ 的值不断减小，图 3.14 中各频率值(复平面之间的距离)越来越近，当 $T \to \infty$ 时各频率值变为连续值，因此离散的 $n\omega_0$ 变为连续的 ω，此时离散的频率值转换为图 3.14 所示的连续曲线。

将式(3-33)代入式(3-32)，可得到式(3-34)。考虑到 $\dfrac{1}{T} = \dfrac{\Delta\omega}{2\pi}$，将它代入式(3-34)，得到式(3-35)。当 $T \to \infty$ 时，$f(x) = f_T(x)$，$\displaystyle\int_{-\frac{T}{2}}^{\frac{T}{2}} \mathrm{d}x = \int_{-\infty}^{\infty} \mathrm{d}x$，$n\omega_0 = \omega$，$\displaystyle\sum_{n=-\infty}^{\infty} \Delta\omega = \int_{-\infty}^{\infty} \mathrm{d}\omega$，将这 4 个式子代入式(3-35)，得式(3-36)。

$$f_T(x) = \sum_{n=-\infty}^{\infty} \frac{1}{T} \int_{-\frac{T}{2}}^{\frac{T}{2}} f_T(x) \mathrm{e}^{-\mathrm{i}n\omega_0 x} \mathrm{d}x \, \mathrm{e}^{\mathrm{i}n\omega_0 x} \tag{3-34}$$

$$f_T(x) = \sum_{n=-\infty}^{\infty} \frac{\Delta\omega}{2\pi} \int_{-\frac{T}{2}}^{\frac{T}{2}} f_T(x) \mathrm{e}^{-\mathrm{i}n\omega_0 x} \mathrm{d}x \, \mathrm{e}^{\mathrm{i}n\omega_0 x} \tag{3-35}$$

$$f(x) = \frac{1}{2\pi}\int_{-\infty}^{\infty}\int_{-\infty}^{\infty}f(x)\,e^{-i\omega x}\mathrm{d}x\,e^{i\omega x}\mathrm{d}\omega \tag{3-36}$$

式（3-36）中，内层积分 $\int_{-\infty}^{\infty}f(x)\,e^{-i\omega x}\mathrm{d}x$ 计算结果是一个关于 ω 的函数，可记为 $\mathscr{F}(\omega)$。这个变换就是傅里叶变换，如式（3-37）所示。把式（3-37）回代到式（3-36），可得 $f(x) = \frac{1}{2\pi}\int_{-\infty}^{\infty}\mathscr{F}(\omega)\,e^{i\omega x}\mathrm{d}\omega$，式（3-38）就是傅里叶逆变换公式。

$$\mathscr{F}(\omega) = \int_{-\infty}^{\infty}f(x)\,e^{-i\omega x}\mathrm{d}x \tag{3-37}$$

$$f(x) = \frac{1}{2\pi}\int_{-\infty}^{\infty}\mathscr{F}(\omega)\,e^{i\omega x}\mathrm{d}\omega \tag{3-38}$$

2. 连续傅里叶变换

（1）一维连续傅里叶变换

数字图像处理中频域变量一般为频率 u，且 $u = \frac{1}{T} = \frac{\omega}{2\pi}$，因此 $\omega = 2\pi u$，把它代入式（3-37），并用 j 作为虚数单位，令 $F(u) = F(\omega)$，易推算出式（3-39）。式（3-39）就是基于频率的傅里叶变换，转换为数学语言为：设 $f(x)$ 为变量 x 的连续可积函数，则定义 $f(x)$ 的傅里叶变换为 $F(u) = \int_{-\infty}^{\infty}f(x)\,e^{-j2\pi ux}\mathrm{d}x$。

$$F(u) = \int_{-\infty}^{\infty}f(x)\,e^{-j2\pi ux}\mathrm{d}x \tag{3-39}$$

式（3-39）中 u 为频域变量，j 为虚数单位，x 为空域变量。从 $F(u)$ 恢复 $f(x)$ 称为傅里叶逆变换，定义为

$$f(x) = \int_{-\infty}^{\infty}F(u)\,e^{j2\pi ux}\mathrm{d}u \tag{3-40}$$

傅里叶逆变换式（3-40）可由式（3-38）推导，因 $f(x) = \frac{1}{2\pi}\int_{-\infty}^{\infty}\mathscr{F}(\omega)\,e^{j\omega x}\mathrm{d}\omega = \frac{1}{2\pi}\int_{-\infty}^{\infty}F(u)\,e^{j2\pi ux}\mathrm{d}(2\pi u) = \int_{-\infty}^{\infty}F(u)\,e^{j2\pi ux}\mathrm{d}u$。

实函数的傅里叶变换，其结果多为复函数，$R(u)$ 和 $I(u)$ 分别为 $F(u)$ 的实部和虚部，则

$$F(u) = R(u) + jI(u) \tag{3-41}$$

$$\varphi(u) = \arctan\frac{I(u)}{R(u)} \tag{3-42}$$

$$|F(u)| = \sqrt{R^2(u) + I^2(u)} \tag{3-43}$$

式中，$\varphi(u)$ 为复数 $F(u)$ 的相位谱，$|F(u)|$ 称为 $f(x)$ 的傅里叶谱，谱的平方称为 $f(x)$ 的能量谱。

（2）二维连续傅里叶变换

傅里叶变换可以推广到两个变量连续可积的函数 $f(x,y)$。若 $F(u,v)$ 是可积的，则存在如下傅里叶变换对，表示为

$$F(u,v) = \int_{-\infty}^{\infty}\int_{-\infty}^{\infty} f(x,y)\mathrm{e}^{-\mathrm{j}2\pi(ux+vy)}\,\mathrm{d}x\mathrm{d}y \tag{3-44}$$

$$f(x,y) = \int_{-\infty}^{\infty}\int_{-\infty}^{\infty} F(u,v)\mathrm{e}^{\mathrm{j}2\pi(ux+vy)}\,\mathrm{d}u\mathrm{d}v \tag{3-45}$$

二维函数的傅里叶谱、相位谱和能量谱分别表示为

$$|F(u,v)| = \sqrt{R^2(u,v) + I^2(u,v)} \tag{3-46}$$

$$\varphi(u,v) = \arctan\frac{I(u,v)}{R(u,v)} \tag{3-47}$$

$$E(u,v) = |F(u,v)|^2 = R^2(u,v) + I^2(u,v) \tag{3-48}$$

3. 离散傅里叶变换

（1）一维离散傅里叶变换

对于一个连续函数 $f(x)$ 等间隔采样可以得到一个离散序列。设采样点数为 N，则这个离散序列可表示为 $\{f(0),f(1),f(2),\cdots,f(N-1)\}$。令 x 为离散时变量，u 为离散频率变量，则可以将离散傅里叶变换对定义为

$$F(u) = \sum_{x=0}^{N-1} f(x)\mathrm{e}^{-\frac{\mathrm{j}2\pi ux}{N}} \quad (u=0,1,2,\cdots,N-1) \tag{3-49}$$

$$f(x) = \frac{1}{N}\sum_{u=0}^{N-1} F(u)\mathrm{e}^{\frac{\mathrm{j}2\pi ux}{N}} \quad (x=0,1,2,\cdots,N-1) \tag{3-50}$$

离散傅里叶变换的矩阵形式为

$$
\begin{bmatrix} F(0) \\ F(1) \\ \vdots \\ F(N-1) \end{bmatrix} =
\begin{bmatrix}
W^0 & W^0 & W^0 & \cdots & W^0 \\
W^0 & W^{1\times1} & W^{2\times1} & \cdots & W^{(N-1)\times1} \\
\vdots & \vdots & \vdots & \vdots & \vdots \\
W^0 & W^{1\times(N-1)} & W^{2\times(N-1)} & \cdots & W^{(N-1)\times(N-1)}
\end{bmatrix}
\begin{bmatrix} f(0) \\ f(1) \\ \vdots \\ f(N-1) \end{bmatrix}
\tag{3-51}
$$

$$
\begin{bmatrix} f(0) \\ f(1) \\ \vdots \\ f(N-1) \end{bmatrix} =
\begin{bmatrix}
W^0 & W^0 & W^0 & \cdots & W^0 \\
W^0 & W^{-1\times1} & W^{-1\times2} & \cdots & W^{-1\times(N-1)} \\
\vdots & \vdots & \vdots & \vdots & \vdots \\
W^0 & W^{-(N-1)\times1} & W^{-(N-1)\times2} & \cdots & W^{-(N-1)\times(N-1)}
\end{bmatrix}
\begin{bmatrix} F(0) \\ F(1) \\ \vdots \\ F(N-1) \end{bmatrix}
\tag{3-52}
$$

式中，$W = \mathrm{e}^{-\mathrm{j}\frac{2\pi}{N}}$ 称为变换核。

（2）二维离散傅里叶变换

二维离散傅里叶变换的正变换和逆变换分别表示为

$$F(u, v) = \sum_{x=0}^{M-1} \sum_{y=0}^{N-1} f(x, y) \mathrm{e}^{-\mathrm{j}2\pi\left(\frac{ux}{M}+\frac{vy}{N}\right)} \tag{3-53}$$

$$f(x, y) = \frac{1}{MN} \sum_{u=0}^{M-1} \sum_{v=0}^{N-1} F(u, v) \mathrm{e}^{\mathrm{j}2\pi\left(\frac{ux}{M}+\frac{vy}{N}\right)} \tag{3-54}$$

上式中 $x = 0, 1, 2, \cdots, M-1$；$y = 0, 1, 2, \cdots, N-1$，当 $M = N$ 时，正、逆变换对具有下列对称的形式

$$F(u, v) = \frac{1}{N} \sum_{x=0}^{N-1} \sum_{y=0}^{N-1} f(x, y) \mathrm{e}^{-\mathrm{j}2\pi\frac{(ux+vy)}{N}} \tag{3-55}$$

$$f(x, y) = \frac{1}{N} \sum_{u=0}^{N-1} \sum_{v=0}^{N-1} F(u, v) \mathrm{e}^{\mathrm{j}2\pi\frac{(ux+vy)}{N}} \tag{3-56}$$

二维离散傅里叶变换是数字图像傅里叶变换的基础，仿照二维连续傅里叶变换，定义 $\{f(x, y)\}$ 的功率谱为 $F(u, v)$ 与其共轭复数 $F^*(u, v)$ 的乘积，即 $F(u, v)$ 的实部平方加虚部平方。功率谱是图像的重要特征，反映图像的灰度分布。例如，具有精细结构和细微结构的图像其高频分量较丰富，而低频分量反映图像的概貌。

在数字图像处理系统上实现离散傅里叶变换，利用以下性质可以简化运算。

1）可分离性

可分离性由式（3-55）导出，对 x、y 分别进行求和运算，则傅里叶变换及其逆变换可表示为

$$F(u, v) = \frac{1}{N} \sum_{x=0}^{N-1} \mathrm{e}^{-\mathrm{j}2\pi\frac{ux}{N}} \sum_{y=0}^{N-1} f(x, y) \mathrm{e}^{-\mathrm{j}2\pi\frac{vy}{N}} \quad (u, v = 0, 1, 2, \cdots, N-1) \tag{3-57}$$

$$f(x, y) = \frac{1}{N} \sum_{u=0}^{N-1} \mathrm{e}^{\mathrm{j}2\pi\frac{ux}{N}} \sum_{v=0}^{N-1} F(u, v) \mathrm{e}^{\mathrm{j}2\pi\frac{vy}{N}} \quad (x, y = 0, 1, 2, \cdots, N-1) \tag{3-58}$$

由式（3-58）可知，图像离散傅里叶变换的具体计算过程为：对图像 $\{f(x, y)\}$ 的每一行进行一维傅里叶变换后得到 N 个值，将其排在同一行位置，再对由逐行变换获得的矩阵的每一列进行一维傅里叶变换。离散傅里叶变换可以用快速傅里叶变换（Fast Fourier Transform，FFT）实现。

图像数据在计算机中存放的格式为按行存放，一维傅里叶变换执行后，得到 N 个值按行放回。在执行第二个一维傅里叶变换时，需要按列进行，取数速度减慢。因此，在执行行变换后要进行图像数据矩阵的转置，大矩阵的快速转置算法是二维图像 FFT 的关键。目前，已经出现用芯片进行图像 FFT，使得运算具有更高速度，具有实时处理功能。

从分离形式可知，一个二维傅里叶变换可以连续两次运用一维傅里叶变换来实现。例

如，式(3-57)可以分成(3-59)和(3-60)两式。

$$F(x, v) = N\left[\frac{1}{N}\sum_{y=0}^{N-1} f(x, y)\mathrm{e}^{-\mathrm{j}2\pi\frac{vy}{N}}\right] \quad (v = 0, 1, 2, \cdots, N-1) \tag{3-59}$$

$$F(u, v) = \frac{1}{N}\sum_{x=0}^{N-1} F(x, v)\mathrm{e}^{-\mathrm{j}2\pi\frac{ux}{N}} \quad (u, v = 0, 1, 2, \cdots, N-1) \tag{3-60}$$

对于每个 x 值，式(3-59)方括号中是一个一维傅里叶变换，因此 $F(x, v)$ 可以由按 $f(x, y)$ 的每一列求变换再乘以 N 得到。在此基础上，再对 $F(x, v)$ 每一行求傅里叶变换就可以得到 $F(u, v)$。上述过程可以描述为

$$f(x, y) \xrightarrow{\text{列变换} \times N} F(x, v) \xrightarrow{\text{行变换}} F(u, v)$$

注意到图像 $f(x, y)$ 是非负实数矩阵，即 $f(x, y) = f^*(x, y)$，因此对式(3-56)两边取共轭，可表示为

$$\begin{aligned} f^*(x, y) &= \left(\frac{1}{N}\sum_{u=0}^{N-1}\sum_{v=0}^{N-1} F(u, v)\mathrm{e}^{\mathrm{j}2\pi\frac{(ux+vy)}{N}}\right)^* \\ &= \frac{1}{N}\sum_{u=0}^{N-1}\sum_{v=0}^{N-1}(F(u, v)\mathrm{e}^{\mathrm{j}2\pi\frac{(ux+vy)}{N}})^*(x, y = 0, 1, \cdots, N-1) \end{aligned} \tag{3-61}$$

因为 $f(x, y) = f^*(x, y)$，所以

$$f(x, y) = \frac{1}{N}\sum_{u=0}^{N-1}\sum_{v=0}^{N-1}(F(u, v)\mathrm{e}^{\mathrm{j}2\pi\frac{(ux+vy)}{N}})^* = \frac{1}{N}\sum_{u=0}^{N-1}\sum_{v=0}^{N-1} F(u, v)^*\mathrm{e}^{-\mathrm{j}2\pi\frac{(ux+vy)}{N}} \tag{3-62}$$

式(3-62)的推导中用到了复数取共轭法则，即：若存在复数 $A = a + bi(a, b \in R)$，$B = c + di(c, d \in R)$，其中 i 为虚数单位，则 $(AB)^* = A^*B^*$，证明过程如下：

$$(AB)^* = (a + bi)(c + di) = ((ac - bd) + (ad + bc)i)^* = (ac - bd) - (ad + bc)i$$

$$A^*B^* = (a - bi)(c - di) = (ac - bd) - (ad + bc)i = (AB)^*$$

推导式(3-62)时，$F(u,v)$ 和 $\mathrm{e}^{\mathrm{j}2\pi\frac{(ux+vy)}{N}}$ 均视为复数，运用上述结论 $(AB)^* = A^*B^*$ 可知，$(F(u,v)\mathrm{e}^{\mathrm{j}2\pi\frac{(ux+vy)}{N}})^* = F(u,v)^*(\mathrm{e}^{\mathrm{j}2\pi\frac{(ux+vy)}{N}})^*$，由欧拉公式，$\mathrm{e}^{\mathrm{j}2\pi\frac{(ux+vy)}{N}} = \cos\left[2\pi\frac{(ux+vy)}{N}\right] + \mathrm{j}\sin\left[2\pi\frac{(ux+vy)}{N}\right]$，因此 $(\mathrm{e}^{\mathrm{j}2\pi\frac{(ux+vy)}{N}})^* = \left\{\cos\left[2\pi\frac{(ux+vy)}{N}\right] + \mathrm{j}\sin\left[2\pi\frac{(ux+vy)}{N}\right]\right\}^* = \cos\left[2\pi\frac{(ux+vy)}{N}\right] - \mathrm{j}\sin\left[2\pi\frac{(ux+vy)}{N}\right] = \cos\left[-2\pi\frac{(ux+vy)}{N}\right] + \mathrm{j}\sin\left[-2\pi\frac{(ux+vy)}{N}\right] = \mathrm{e}^{-\mathrm{j}2\pi\frac{(ux+vy)}{N}}$，得出 $(F(u,v)\mathrm{e}^{\mathrm{j}2\pi\frac{(ux+vy)}{N}})^* = F(u,v)^*\mathrm{e}^{-\mathrm{j}2\pi\frac{(ux+vy)}{N}}$。

比较式(3-62)与式(3-55)可知，其形式完全相同。因此，求逆变换可以调用正变换程序执行，只要以 $F^*(u, v)$ 代替 $f(x, y)$ 即可完成。

2)坐标中心点位置

对图像矩阵 $\{f(x, y)\}$ 做快速傅里叶变换，得到 $F(u, v)$。通常希望将 $F(0, 0)$ 移到 $F\left(\dfrac{N}{2}, \dfrac{N}{2}\right)$，以得到傅里叶变换及其功率谱的完整显示。利用傅里叶变换的移频特性可以证明，对 $f(x, y)(-1)^{x+y}$ 进行傅里叶变换，可以得到将中心移到 $\left(\dfrac{N}{2}, \dfrac{N}{2}\right)$ 的傅里叶变换结果，即

$$
\begin{aligned}
F\left(\frac{u+N}{2}, \frac{v+N}{2}\right) &= \frac{1}{N}\sum_{x=0}^{N-1}\sum_{y=0}^{N-1} f(x, y)\mathrm{e}^{\left\{\frac{-j2\pi}{N}\left[\left(u+\frac{N}{2}\right)x+\left(v+\frac{N}{2}\right)y\right]\right\}} \\
&= \frac{1}{N}\sum_{x=0}^{N-1}\sum_{y=0}^{N-1} f(x, y)\mathrm{e}^{[-j\pi(x+y)]}\mathrm{e}^{\left[\frac{-j2\pi(ux+vy)}{N}\right]} \\
&= \frac{1}{N}\sum_{x=0}^{N-1}\sum_{y=0}^{N-1} f(x, y)(-1)^{x+y}\mathrm{e}^{\left[\frac{-j2\pi(ux+vy)}{N}\right]}
\end{aligned}
\tag{3-63}
$$

式(3-63)中，u，$v = 0, 1, 2, \cdots, N-1$，$\mathrm{e}^{[-j\pi(x+y)]}$ 经欧拉公式转换为 $(-1)^{x+y}$，读者可以自行证明。式(3-63)表明，对 $f(x, y)(-1)^{x+y}$ 进行傅里叶变换后得到了将中心移到 $\left(\dfrac{N}{2}, \dfrac{N}{2}\right)$ 的傅里叶变换。

图 3.15(a)为未经过频谱居中处理的原始频谱图，通过 $f(x, y)(-1)^{x+y}$ 运算后，实现了图 3.15(b)所示的低频居中效果。图 3.15(b)表明经频谱居中处理后，高频位于图像四周，低频位于中心，因此可以通过掩膜方法将高频信息或低频信息进行过滤，实现图像的滤波处理。

(a)原始图谱   (b)居中后图谱

图 3.15　傅里叶变换的频谱居中效果

(3)傅里叶变换的频谱特征

图像的频率是表征图像中灰度变化剧烈程度的指标，是灰度在平面空间上的梯度。灰度变化得快，频率就高；灰度变化得慢，频率就低。例如，大面积的沙漠在图像中是一片

灰度变化缓慢的区域，对应的频率值很低；而对于地表属性变换剧烈的边缘区域，在图像中是一片灰度变化剧烈的区域，对应的频率值较高。傅里叶变换在实际中有非常明显的物理意义，设 f 是一个能量有限的模拟信号，则其傅里叶变换就表示 f 的谱。从纯粹的数学意义上看，傅里叶变换是将一个函数转换为一系列周期函数来处理的。从物理效果看，傅里叶变换是将图像从空间域转换到频率域，其逆变换是将图像从频率域转换到空间域。换句话说，傅里叶变换的物理意义是将图像的灰度分布函数变换为图像的频率分布函数，傅里叶逆变换是将图像的频率分布函数变换为灰度分布函数。

傅里叶变换前，图像(未压缩的位图)是由在连续空间(现实空间)上的采样得到一系列点的集合，习惯用一个二维矩阵表示空间上各点，则图像可由 $Z = f(x, y)$ 来表示。由于空间是三维的，图像是二维的，因此空间中物体在另一个维度上的关系就由梯度来表示，这样可以通过观察图像得知物体在三维空间中的对应关系。这里之所以提到梯度，是因为实际上对图像进行二维傅里叶变换得到频谱图，就是图像梯度的分布图，当然频谱图上的各点与图像上的各点并不存在一一对应的关系。傅里叶频谱图上看到的明暗不一的亮点，实际上就是图像上某一点与邻域点灰度值差异的强弱，即梯度的大小，也即该点的频率大小。一般来讲，梯度大则该点的亮度强，否则该点亮度弱。

✍ 实例 3.6　傅里叶变换

工具： Python，PyCharm，numpy，matplotlib，OpenCV。

步骤：

➤　读取图像；

➤　图像格式转换；

➤　傅里叶变换；

➤　低频转移到中间位置；

➤　将实部和虚部转换到空间域；

➤　显示图像。

▥　调用函数： OpenCV 提供了用于傅里叶变换的 dft( ) 函数和计算模值(相位谱)的 magnitude( ) 函数，它们的语法格式如下：

① dst = dft(src，dst = None，flags = None，nonzeroRows = None)

参数说明：

❖　src：输入浮点型图像，可以是实数或虚数。

❖　dst：输出图像，其大小和类型取决于第三个参数 flags。

❖　flags：转换的标识符，默认值为 None，其他可取的值如表 3.1 所示。

表 3.1   **dft( ) 函数 flags 标识类型与应用说明**

DFT_INVERSE	用一维或二维逆变换取代默认的正向变换
DFT_SCALE	缩放比例标识符,根据数据元素个数平均求出其缩放结果,如有 N 个元素,则输出结果以 $1/N$ 缩放输出,常与 DFT_INVERSE 搭配使用
DFT_ROWS	对输入矩阵的每行进行正向或反向的傅里叶变换;此标识符可在处理多维矢量的时候用于减小资源的开销,这些处理常常是三维或高维变换等复杂操作
DFT_COMPLEX_ OUTPUT	对一维或二维的实数数组进行正向变换,这样的结果虽然是复数阵列,但拥有复数的共轭对称性(CCS),可以以一个与原数组尺寸大小相同的实数数组进行填充,这是最快的选择也是函数默认的方法。若要得到一个全尺寸复数数组(简单光谱分析等),通过设置该标识符可以使函数生成一个全尺寸的复数输出数组
DFT_REAL_OUTPUT	对一维二维复数数组进行逆向变换,结果通常是一个尺寸相同的复数矩阵,但是如果输入矩阵有复数的共轭对称性(比如一个带有 DFT_COMPLEX_OUTPUT 标识符的正变换结果),便会输出实数矩阵

❖   nonzeroRows:有默认参数值,当这个参数不选择默认值时,函数会假设只有输入数组(没有设置 DFT_INVERSE)的第一行或第一个输出数组(设置了 DFT_INVERSE)包含非零值。如此函数就可以对其他行进行更高效的处理,这项技术尤其是在采用 DFT 计算矩阵卷积时非常有效。

❖   返回值 dst:转换后的频谱图像。

功能说明: 根据输入图像 src,采用转换标识 flags 进行傅里叶变换,并返回转换后的频谱图像。

② **magnitude = magnitude(x, y, magnitude = None)**

参数说明:

❖   x:矢量 x 坐标的浮点型矩阵。

❖   y:矢量 y 坐标的浮点型矩阵,大小与 x 相同。

❖   magnitude:有默认值 None,与 x 大小相同的输出矩阵。

❖   返回值 magnitude:输出矩阵。

功能说明: 根据二维向量的 x、y 值,计算向量的模,也适用于复数的模计算。

实现代码:

在"D:\ lena. jpg"目录下,有一幅名为 lena. jpg 的图像,调用 dft( ) 函数实现傅里叶变换,再调用 magnitude( ) 函数求取频谱,最后显示变换前后的图像,实现代码如下:

```
import cv2 as cv
import numpy as np
```

```
from matplotlib import pyplot as plt
img=cv.imread("D:/lena.jpg",0) #读入图像
dft=cv.dft(np.float32(img),flags=cv.DFT_COMPLEX_OUTPUT) #傅里叶变换
dft_shift=np.fft.fftshift(dft) #将低频平移到中心
magnitude_spectrum=20 * np.log(cv.magnitude(dft_shift[:,:,0],dft_
shift[:,:,1])) #频谱图
plt.subplot(121),plt.imshow(img,cmap='gray') #本行以后代码均为显示变换
后的图像
plt.title('Original Image'),plt.xticks([]),plt.yticks([])
plt.subplot(122),plt.imshow(magnitude_spectrum,cmap='gray')
plt.title('Magnitude Spectrum'),plt.xticks([]),plt.yticks([])
plt.show()
```

结果与分析：原图像如图3.16(a)所示，傅里叶变换后的图像如图3.16(b)所示，从图上看，肉眼得不到频谱的任何有用信息，但通过与图3.15(b)相对比，可知图3.16(b)四周为高频信息，中间为低频信息。在OpenCV中，傅里叶变换后的复数采用两个通道表示，一个表示实部(dft_shift[:,:,0])，一个表示虚部(dft_shift[:,:,1])，二者对应位置上的数字取模就会产生频谱值(数组)，为了便于显示变换后的谱图，代码段"magnitude_spectrum=20 * np.log(cv.magnitude(dft_shift[:,:,0],dft_shift[:,:,1]))"对频谱值进行了调整，使之属于[0，255]区间。

 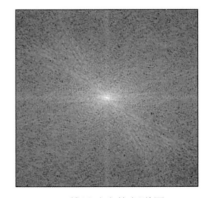

(a)原图   (b)傅里叶变换频谱图

图3.16 数字图像的傅里叶变换

实践拓展：对纯色、规则几何图形等多幅图像进行傅里叶变换，并查看变换结果，探索傅里叶变换规律。

疑点解析： 本实例涉及理论知识点较多，同时还调用了 numpy、matplotlib 库函数，可能会对初学者造成困惑，因此对这些疑点进行解析。

① dft 函数( ) 和 magnitude( ) 函数的使用。

dft( ) 函数的 src 参数要求是 32 位浮点类型，因此编写"np. float32(img)"代码对原图像格式进行了转换。代码段"cv. magnitude(dft_shift[: , : ,0],dft_shift[: , : ,1]"是获取转换后复数的模，如果转换后某位置复数是 $c = x + y\mathrm{i}$，那么它的模为 $\mathrm{magnitude} = \sqrt{x^2 + y^2}$，这与矢量的求模方法极其类似。

② numpy 库函数。

因 OpenCV 的 dft( ) 函数转换后的低频谱位于图像的左上角，而数字图像处理中常把它置于图像中心(频谱居中)，因此调用 numpy 库函数"np. fft. fftshift( )"，以实现低频谱向图像中心平移。事实上，numpy 数学功能强大，单独调用 numpy 库函数也可以实现傅里叶变换。

③ 图像显示。

代码最后 5 行是 matplotlib 绘图函数的调用，主要实现了子图划分、图名设置、坐标轴刻度设置、图像显示等功能，这里不再赘述，感兴趣的同学可以通过查阅资料学习 matplotlib 库函数的使用。

✍ 实例 3.7 傅里叶逆变换与滤波

工具： Python，PyCharm，numpy，matplotlib，OpenCV。

步骤：

➤ 读取图像；

➤ 傅里叶变换；

➤ 创建掩膜；

➤ 掩膜运算；

➤ 傅里叶逆变换；

➤ 还原像素；

➤ 显示图像。

田 调用函数： OpenCV 提供了用于傅里叶变换的 idft( ) 函数，idft( ) 函数的语法格式如下：

dst = idft(src，dst = None，flags = None，nonzeroRows = None)

参数说明：

❖ src：输入浮点型图像，可以是实数或虚数。

❖　dst：输出图像，其大小和类型取决于第三个参数 flags。

❖　flags：转换的标识符，默认值为 None，使用方法可参考表 3.1。

❖　nonzeroRows：有默认参数值，与 dft( ) 函数的 nonzeroRows 参数一样。

❖　返回值 dst：转换后的频谱图像。

功能说明：　根据输入图像 src，采用转换标识 flags 进行傅里叶变换，并返回转换后的频谱图像。

实现代码：

在"D：\ lena. jpg"目录下，有一幅名为 lena. jpg 的图像，先调用 dft( ) 函数实现傅里叶变换，再调用 idft ( ) 函数进行傅里叶逆变换，最后显示逆变换后的图像，实现代码如下：

```
import numpy as np
import cv2 as cv
from matplotlib import pyplot as plt
img = cv.imread("D:/lena.jpg",0)
rows, cols = img.shape          #获取图像的行列数
crow, ccol = rows //2, cols //2      #除法结果向下取整,找到图像中心
dft = cv.dft(np.float32(img), flags = cv.DFT_COMPLEX_OUTPUT) #傅里叶变换
dft_shift = np.fft.fftshift(dft)     #低频平移到中心
mask = np.ones((rows, cols, 2), np.uint8)     #创建掩膜矩阵
mask[crow-30:crow + 31, ccol - 30:ccol + 31,:] = 0 #中心 60×60 为 0, 余下为 1
fshift = dft_shift * mask     #变换后图像与掩膜乘法运算,滤掉边缘像素,实现高通滤波
f_ishift = np.fft.ifftshift(fshift)     #低频反向平移,移动到左上角
img_back = cv.idft(f_ishift)     #傅里叶逆变换,结果仍然是复数
img_back = cv.magnitude(img_back[:,:, 0], img_back[:,:, 1])     #实部和虚部还原为像素值
#以下为图像显示代码
plt.subplot(121), plt.imshow(img, cmap = 'gray')
plt.title('Original Image'), plt.xticks([]), plt.yticks([])
plt.subplot(122), plt.imshow(img_back, cmap = 'gray')
plt.title('High Pass Filter'), plt.xticks([]), plt.yticks([])
plt.show()
```

结果与分析： 原图像如图 3.17(a)所示，经过傅里叶变换、傅里叶逆变换和高通滤波后，处理的图像如图 3.17(b)所示。本实例表明高频谱表示的是图像中像素变化较大区域，这些区域多是噪声或者图像边缘，本实例还证明频谱的分布实际上就是梯度分布，梯度越大，频率越高，能量越低，在频谱图上就越暗。梯度越小，频率越低，能量越高，在频谱图上就越亮。换句话说，频率谱上越亮能量越高，频率越低，图像差异越小。

（a）原图　　　　　　　　　　（b）傅里叶变换频谱图

图 3.17　傅里叶逆变换和高通滤波

实践拓展： 设计一个傅里叶逆变换程序，实现低通滤波。结合本实例，分析图像高频特征和低频特征。

疑点解析： 本实例涉及掩膜处理，同时还调用了 numpy 库函数，学习的疑难点与解析如下：

① 掩膜。

数字图像处理中的掩膜也翻译为"蒙板"，掩膜一般与待处理图像具有相同的尺寸，在上面设置一些"裸露的区域"作为感兴趣区域(ROI)，数据处理只在此区域进行，同时也设置一些"遮掩的区域"作为不感兴趣区域，这部分数据不作处理，本例中的高通滤波就是通过掩膜实现的。

② numpy 库函数。

创建掩膜调用了 numpy 库的 np.ones( )函数，构建一个 1 矩阵，然后进行切片处理，获取一个 60×60 感兴趣区域。与实例 3.6 调用的 fft.fftshift( )函数类似，本例调用了 np.fft.ifftshift( )库函数，实现低频反向平移到图像左上角。

③ 图像显示。

idft( )函数的功能是傅里叶逆变换，但其结果仍然是复数，无法显示为图像，因此调用 OpenCV 的 magnitude( )实现了傅里叶逆变换后实部和虚部的像素值还原，进而显示高通滤波图像的处理结果。

✎ 本章小结

　　本章主要学习了图像的几何变换和频域变换，几何变换类型较多，主要包括平移、缩放、旋转、错切、仿射和透视变换等，对于几何变换，要掌握变换的本质，即变换矩阵。频域变换以傅里叶变换为例展开讨论，要重点掌握傅里叶变换的由来，以及傅里叶变换后得到的结果和变换特征。本章补充了傅里叶级数，如果基础较好可以忽略不学。其他频域变换本章未讨论，如想学习更多频域变换，可以参考其他文献或资料，本章的频域变换内容仅作入门学习之用。

第4章

图 像 增 强

在获取图像的过程中，由于多种因素的影响，导致图像质量多少会有所退化。图像增强的目的是采用一系列技术改善图像的视觉效果，提高图像的清晰度，或者将图像转换成一种更适合于人或机器进行分析处理的形式。它不是以图像保真度为原则，而是有选择地突出某些感兴趣的信息，抑制一些无用的信息，以提高图像的使用价值。

从增强的作用域出发，图像增强方法可分为空域增强和频域增强两种。空域增强直接对图像像素灰度值进行操作，使感兴趣信息得以增强；频域增强是通过频域变换实施频谱操作，在频域处理后经逆变换获得所需结果。

☑ 本章学习目标

掌握图像的代数加减运算，掌握数字图像空间域点的运算基本原理，重点掌握图像空间域两类处理方法：平滑和锐化。平滑重点掌握像素邻域、邻域平均法、高斯滤波和双边滤波；锐化主要掌握 Robert 梯度算子、Sobel 算子、Prewitt 算子、Laplacian 算子四类方法。

了解数字图像频域率增强和锐化的原理与方法，尤其是能够阐释其原理；理解色彩增强两种方法：伪彩色增强和真彩色增强，能够解释两项色彩增强的原理。

☑ 本章思维导图

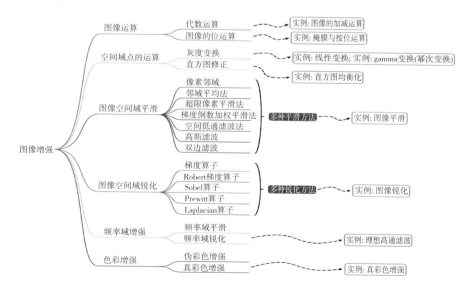

4.1 图像运算

图像的运算是基于像素的，由于数字图像是由数字矩阵组成的，且在十进制中其灰度值区间为 [0, 255]，因此图像之间可以通过对应的像素进行加减乘除运算。计算机的计算是基于二进制的，由于十进制可以转换为二进制，因此数字图像也可以进行二进制运算，称为图像的位运算。

4.1.1 代数运算

1. 加运算

若 $A(x, y)$ 和 $B(x, y)$ 为输入图像，则两幅图像的加法运算式为：

$$C(x, y) = A(x, y) + B(x, y) \tag{4-1}$$

式中，$C(x, y)$ 为输出图像，它是 $A(x, y)$ 和 $B(x, y)$ 两幅图像内容叠加的结果，加运算可以有效地削弱图像的加性随机噪声。一般地，图像 $A(x, y)$ 和 $B(x, y)$ 应具有相同的维度，否则无法实施计算。

2. 减运算

图像的减运算，又称减影技术，将 $A(x, y)$ 和 $B(x, y)$ 做减运算。与加运算一样，图像做相减运算时，必须使两个相减图像的对应像素对应于空间同一目标点，因此减运算前必须进行图像空间配准。减运算得到的差值图像提供了图像间的差异信息，若对同一景物在不同时间拍摄的图像配准后相减，可以得到变化信息，多用于动态监测、运动目标检测和跟踪、图像背景消除等。

在动态监测时，用差值图像可以发现森林火灾、洪水灾情，也能用于监测河口、河岸的泥沙淤积及监视江河、湖泊、海岸等的污染。利用减影技术消除图像背景相当成功，典型应用是在医学上利用减影技术实施肾脏疾病诊断。

3. 乘运算

乘运算是同维度图像 $A(x, y)$ 和 $B(x, y)$ 做乘运算，通过设定其中一幅图像像素值，对另一幅图像进行处理。该运算可用来遮掉图像的某些部分，故常用于掩膜运算。在第 3 章实例 3.7 中，掩膜图像是对需要被完整保留下来的区域，将像素值设置为 1，而对被抑制掉的区域设置为0，用掩膜乘以待处理图像，可抹去图像的抑制区域，即使该部分像素值为0，变成背景，正因为待处理图像部分信息被"掩掉"，因此被称作掩膜。

4. 除运算

图像 $A(x, y)$ 和 $B(x, y)$ 相除称作比值处理，是遥感图像处理中常用的方法。遥感中著名的归一化植被指数（NDVI），就是用近红外波段的反射值与红光波段的反射值的差除以它们的和表示的。图像的亮度可理解为是照射分量和反射分量的乘积，对多光谱图像而言，各波段图像的照射分量几乎相同，对它们作比值处理，就能把它去掉，而对反映地物细节的反射分量，经比值后能把差异扩大，有利于地物的识别。

4.1.2 图像的位运算

1. 按位与运算

按位与运算就是按照图像的二进制值进行判断，如果同一位置像素值都是1，则运算结果为1，否则取0，运算符为"&"。如 00101011&01110011 = 00100011，其运算规则是：一一为一，其余为零。

按位与运算有两个运算特征：如果某像素和纯白像素（值为1）做与运算，结果仍为该像素原值，如 00101011&11111111 = 00101011；如果某像素和纯黑像素（值为0）做与运算，结果为纯黑像素值，如 00101011&00000000 = 00000000。如果像素为0和1的掩膜图像与原图像做与运算，则白色区域覆盖的内容保留下来，黑色区域变为黑色背景。

2. 按位或运算

按位或运算是按照图像的二进制值进行判断，如果同一位置像素值都是0，则运算结果为0，否则取1，运算符为"｜"。如 00101011｜01110011 = 01111011，其运算规则是：零零为零，其余为一。

按位或运算也有两个运算特征：如果某像素和纯白像素（值为1）做或运算，结果仍为纯白像素值，如 00101011｜11111111 = 11111111；如果某像素和纯黑像素（值为0）做或运算，结果仍为该像素原值，如 00101011｜00000000 = 00101011。如果像素为0和1的掩膜图像与原图像做或运算，则黑色区域覆盖的内容保留下来，白色区域变为白色背景。

3. 按位取反运算

取反运算是一种单目运算，仅需一个数字参与运算就可以得出结果。取反运算也是按照二进制位进行判断，如果运算数某位上的数字是 0，则运算结果的相同位数字就取 1，否则取 0，运算符为"～"，例如 ~00101011 = 11010100，其运算规则是：零反为一，一反为零。

4. 按位异或运算

按位异或运算是按照图像的二进制值进行判断，如果同一位置像素值相同，则运算结果为 0，否则取 1，运算符为"^"。如 00101011 ^ 01110011 = 01011000，其运算规则是：相同为零，相异为一。

按位异或运算也有两个运算特征：如果某像素和纯白像素（值为 1）做异或运算，结果为原像素的取反值，如 00101011^11111111 = 11010100；如果某像素和纯黑像素（值为 0）做异或运算，结果仍为该像素原值，如 00101011^00000000 = 00101011。

📝 实例 4.1　图像的加减运算

工具：　Python，PyCharm，OpenCV。

步骤：

➤　读取图像；

➤　调用"+"运算符；

➤　调用 add( ) 函数；

➤　调用 addWeighted( ) 函数；

➤　调用"−"运算符；

➤　显示图像；

➤　销毁窗口。

📰　调用函数：　OpenCV 提供了用于图像加运算的函数 add( )，也提供了用于两幅图像权重相叠加的 addWeighted( ) 函数，其语法格式如下：

① **dst = add(src1，src2，mask，dtype)**

参数说明：

❖　src1：第一幅图像。

❖　src2：第二幅图像。

❖　mask：可选参数，掩膜，建议使用默认值。

❖　dtype：可选参数，输出图像位深，建议使用默认值。

❖　返回值 dst：相加后的图像。

功能说明：　将图像 src1 和 src2 做加运算，并返回运算后的图像。

② **dst = addWeighted(src1，alpha，src2，beta，gamma，dst = None，dtype = None)**

参数说明：

❖ src1：第一幅图像。

❖ alpha：第一幅图像的权重。

❖ src2：第二幅图像。

❖ beta：第二幅图像的权重。

❖ gamma：叠加运算结果上添加的标量，该值越大，结果图越亮，可以为负数。

❖ dst：输出图像，可选参数，与输入图像(src1 或 src2)具有相同的尺寸和通道数。

❖ dtype：可选参数，输出图像位深，建议使用默认值。当输入图像 src1 和 src2 具有相同的位深时，dtype 可设置为 -1。

❖ 返回值 dst：叠加后的图像。

功能说明： 将图像 src1 和 src2 采用不同权重进行叠加运算，使叠加后的图像具有 src1 和 src2 共同特征，并返回运算后的图像。

实现代码：

在"D:\peony.jpg"目录和"D:\clivia.jpg"目录下，存放一幅名为 peony.jpg 的牡丹花图像和名为 clivia.jpg 的君子兰图像，先运用"+"运算符对牡丹花图像进行自身加运算，然后调用 add()函数进行牡丹花图像自身加运算，接着调用 addWeighted()函数进行牡丹花图像和君子兰图像权重叠加(融合)，最后运用"-"运算符对牡丹花和君子兰图像进行减运算，并显示原始图像和运算后的图像，代码如下：

```
import cv2 as cv
img1=cv.imread("D:/peony.jpg")
img2=cv.imread("D:/clivia.jpg")
sum1=img1+img1                            #用"+"运算符直接相加
sum2=cv.add(img1,img1)                    #调用 add()函数相加
sum3=cv.addWeighted(img1,0.5,img2,0.5,0)  #权重叠加,产生融合效果
sum4=img1-img2                            #用"-"运算符直接相减
cv.imshow("Peony",img1)
cv.imshow("Clivia",img2)
cv.imshow("Plus",sum1)
cv.imshow("Add",sum2)
cv.imshow("Wght",sum3)
cv.imshow("Substract",sum4)
cv.waitKey()
cv.destroyAllWindows()
```

结果与分析：原图像如图 4.1(a)、(b)所示,利用"+"运算后的牡丹图像如图 4.1 (c)所示,调用 add()函数获取的牡丹图像如图 4.1(d)所示,调用 addWeighted()函数获取的牡丹与君子兰叠加图像如图 4.1(e)所示,利用"−"运算后的牡丹图像如图 4.1(f)所示。比较"+"运算符和 add()函数,发现二者(图 4.1(c)和图(d))处理图像的结果不一样,原因是"+"把对应像素值相加,如果和超过了 255,就会对 255 求余,也就是要减去 255,而 add()函数对这种溢出值进行了处理,如果像素和超过了 255,就取值 255,因此,调用"+"运算符存在像素值下翻转情况,那些相加后像素值较大的像素(大于 255)反而变成了较小的像素,出现了图像失真。由于 add()函数对这种溢出进行了处理,因此像素值不会向下翻转,但会使像素值整体变大,产生了亮度增强的效果。

利用"−"运算符做图像减运算,如果像素相减的差小于 0,则加上 255。与调用"+"运算符相似,利用"−"运算符做图像相减存在像素值上翻转情况,故也存在失真现象(图 4.1 (f))。利用 addWeighted()函数进行图像叠加,并非像素值求和,而是以不同比重将像素融合到新图像上(图 4.1(e)),产生图像融合效果。需要注意的是,基于像素的加减乘除计算均要求图像具有相同的尺寸和通道数,否则 OpenCV 会报错。

(a)牡丹原图　　　　　　(b)君子兰原图　　　　　　(c)图像"+"运算

(d)add()函数加运算　　　(e)图像叠加　　　　　　(f)图像"−"运算

图 4.1　图像的加减运算

实践拓展:

① 读入多幅图像进行图像的乘(除)运算,查看处理效果并分析原因。

② 一幅图像加上(减去)同尺寸同通道的全是数字 50 的矩阵,结果如何? 试猜想运算结果并编写程序进行验证。

实例4.2 掩膜与按位运算

工具: Python, PyCharm, numpy, OpenCV。

步骤:

➤ 读取图像;

➤ 调用 bitwise_and( )、bitwise_or( )、bitwise_not( )、bitwise_xor( )函数;

➤ 显示图像;

➤ 销毁窗口。

调用函数: OpenCV 位运算可调用 bitwise_and( )、bitwise_or( )、bitwise_not( )、bitwise_xor( )四个函数,分别表示按位与、按位或、按位取反和按位异或运算,四个函数参数和返回值类型基本一样,只有 bitwise_not( )少一个输入图像参数,下面仅对 bitwise_and( )函数作介绍,其他三个不再赘述,bitwise_and( )语法格式如下:

① dst = bitwise_and(src1, src2, dst = None, mask = None)

参数说明:

❖ src1:第一幅图像。

❖ src2:第二幅图像。

❖ dst:可选参数,与输入图像具有相同的尺寸和类型。

❖ mask:掩膜,可选参数,它是 8 位单通道图像,指定输出图像要修改的元素。

❖ 返回值 dst:运算之后的结果图像。

功能说明: 将图像 src1 和 src2 做按位与运算,并返回运算后的图像。

实现代码:

在"D: \ peony.jpg"目录下,存放一幅名为 peony.jpg 的牡丹花图像,先运用 numpy 创建一个黑白掩膜图像,然后将牡丹图像和掩膜图像分别做按位与、按位或、按位取反和按位异或运算,最后显示原始图像和各个运算后的图像,代码如下:

```python
import cv2 as cv
import numpy as np
peony = cv.imread("D:/peony.jpg")
mask = np.zeros(peony.shape,np.uint8)  #创建掩膜,所有像素值为 0
mask[60:140,:,:] = 255                 #按行取切片,像素值设为 255
mask[:,80:120,:] = 255                 #按列取切片,像素值设为 255
img0 = cv.bitwise_and(peony,mask)      #按位与运算
```

```
img1=cv.bitwise_or(peony,mask)      #按位或运算
img2=cv.bitwise_not(peony)          #按位取反运算
img3=cv.bitwise_xor(peony,mask)     #按位异或运算
cv.imshow("Original Image",peony)
cv.imshow("mask",mask)
cv.imshow("and",img0)
cv.imshow("or",img1)
cv.imshow("not",img2)
cv.imshow("xor",img3)
cv.waitKey()
cv.destroyAllWindows()
```

结果与分析： 原图像如图4.2(a)所示，创建的同尺寸掩膜图像如图4.2(b)所示，按位与运算如图4.2(c)所示，按位或运算如图4.2(d)所示，按位取反运算如图4.2(e)所示，按位异或运算如图4.2(f)所示。由此可见，运算结果与前述理论完全一致。需要注意的是，这里的mask并非函数bitwise_and()（其他三个函数也类似）的默认参数，而是相当于第二个参数输入图像src2。

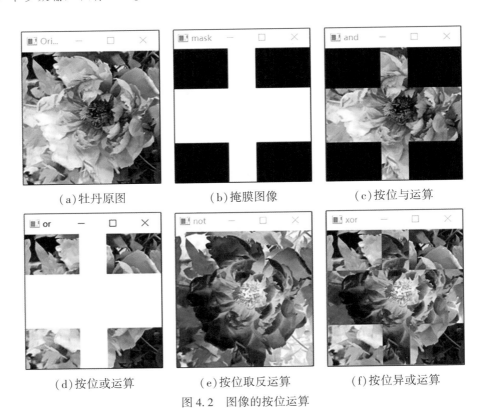

（a）牡丹原图　　　　（b）掩膜图像　　　　（c）按位与运算

（d）按位或运算　　　（e）按位取反运算　　（f）按位异或运算

图4.2　图像的按位运算

实践拓展： 读入一幅影像并创建掩膜图像，使该图像上半部分做按位取反运算，下半部分做按位异或运算。

4.2 空间域点的运算

在给定图像的像素上直接进行运算的方法称为图像空间域点的运算，主要包括对单个像素点进行处理的单像素运算（点运算），对单个像素点与其周围的其他点所做的邻域运算，以及对特定图像形状（边界、凸壳等）的处理运算，本节主要讲解灰度变换和直方图修正的基本原理和方法。

4.2.1 灰度变换

灰度变换是图像增强的一种重要手段，用于改善图像显示效果，属于空域处理方法，它可使图像动态范围加大，使图像对比度扩展，图像更加清晰，特征更加明显。灰度变换其实就是按一定的规则修改图像每一个像素的灰度，从而改变图像灰度的动态范围。

1. 灰度线性变换

（1）图像反转

如图 4.3 所示，图像反转简单地说就是使黑变白，使白变黑，将原来图像的灰度值进行翻转，使输出图像的灰度随输入图像的灰度增加而减少。这种处理方法对增强嵌入在暗背景中的白色或灰色细节特别有效，尤其当图像中黑色为主要部分时，效果明显。

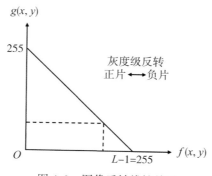

图 4.3 图像反转线性关系

如果图像有 $L = 256$ 个灰度级，设输入图像为 $f(x, y)$，输出图像为 $g(x, y)$，那么二者为线性关系，设二者关系为 $g(x, y) = k(f(x, y)) + b$，那么易知 $k = -1$，$b = L - 1 =$ 255，图像反转的变换如式(4-2)所示。

$$g(x, y) = -(f(x, y)) + 255 \tag{4-2}$$

（2）灰度线性变换

在实际运算中，假定给定的是两个灰度区间，如图 4.4(a)所示，原图像 $f(x, y)$ 的灰度范围为 $[a, b]$，希望变换后的图像 $g(x, y)$ 的灰度扩展为 $[c, d]$，实现对图像每一个像素灰度作线性拉伸，以有效地改善图像质量和数据可视化效果，增强对比度或减少图像模糊，让图像更清晰，以便更容易发现图像中的细节。

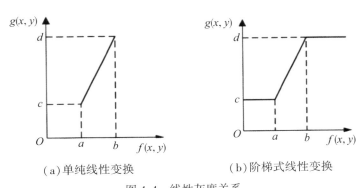

（a）单纯线性变换　　　　　　　　（b）阶梯式线性变换

图 4.4　线性灰度关系

在图 4.4(a)中，对于 $[a, b]$ 区间内任意 $f(x, y)$，都有对应 $[c, d]$ 区间的 $g(x, y)$，由几何相似关系可知，$\dfrac{g(x, y) - c}{f(x, y) - a} = \dfrac{d - c}{b - a}$，整理如式(4-3)所示。

$$g(x, y) = \frac{d - c}{b - a}[f(x, y) - a] + c \tag{4-3}$$

若图像灰度在 $0 \sim M$ 范围内，其中大部分像素的灰度级分布在区间 $[a, b]$ 内，很少部分像素的灰度级超出此区间，如若改善图像的视觉效果，可将灰度级改良为如图 4.4(b)所示的阶梯式分布，其数学表达式如式(4-4)所示。

$$g(x, y) = \begin{cases} d, & f(x, y) > b \\ \dfrac{d - c}{b - a}[f(x, y) - a] + c, & a \leqslant f(x, y) \leqslant b \\ c, & f(x, y) < a \end{cases} \tag{4-4}$$

这种变换扩展了 $[a, b]$ 区间的灰度级，但由于将小于 a 和大于 b 范围的灰度级分别压缩为 c 和 d，使得这两个范围内的像素都变成一个灰度级，从而损失这两部分灰度信息。

（3）分段线性变换

为了突出图像中感兴趣的目标或者灰度区间，需要将图像灰度区间分成两段乃至多段，这种分别作线性变换的方法称为分段线性变换。图 4.5 是分为三段的分段线性灰度变换。

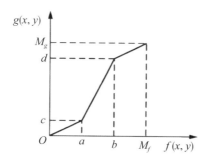

图 4.5　分段线性灰度变换

分段线性变换的优点是可以根据用户的需要，拉伸特征物体的感兴趣灰度，抑制不感兴趣灰度。在图 4.5 中，$[a, b]$ 区段的灰度得到拉伸，而 $[0, a]$、$[b, M_f]$ 区段的灰度受到抑制，从而突出显示 $[a, b]$ 灰度区间像素，显示更多细节信息。采用此方法可使需要的图像细节灰度级压缩，其数学表达如式(4-5)所示，其中 M_f 为 $f(x, y)$ 灰度最高值，M_g 为 $g(x, y)$ 灰度最高值。

$$g(x, y) = \begin{cases} \dfrac{M_g - d}{M_f - b}[f(x, y) - b] + d, & b \leqslant f(x, y) \leqslant M_f \\[3mm] \dfrac{d - c}{b - a}[f(x, y) - a] + c, & a \leqslant f(x, y) < b \\[3mm] \dfrac{c}{a}f(x, y), & 0 \leqslant f(x, y) < a \end{cases} \tag{4-5}$$

分段线性变换在理论上可以有多种方法，实际应用中常用的模型如图 4.6 所示。为了简化表示，设变换后的图像为 $S(S = g(x, y))$，变换前的图像为 $r(r = f(x, y))$，那么图 4.6(a) 由 r 低灰度变为 S 高灰度等级，表示灰度倒置；图 4.6(b) 的 r 低灰度区域（$r \in [0, r_1]$）无变换，在高灰度区域 $r \in [r_1, r_2]$ 变为灰度倒置，整体上属于局部斜率变换；图 4.6(c) 在低灰度区时灰度放大（$r \in [r_1, r_2]$，$s \in [s_1, s_2]$，区间 s 长度大于区间 r 长度，因此灰度放大），在高灰度区时灰度缩小（$r \in [r_2, r_3]$，$s \in [s_2, s_3]$，区间 s 长度小于区间 r 长度，因此灰度缩小），变换总体上是暗区扩展亮区压缩；同理，图 4.6(d) 在低灰度区（$r \in [r_1, r_2]$）灰度缩小，在高灰度区（$r \in [r_2, r_3]$）灰度放大，因此是暗区压缩亮区扩展变换。

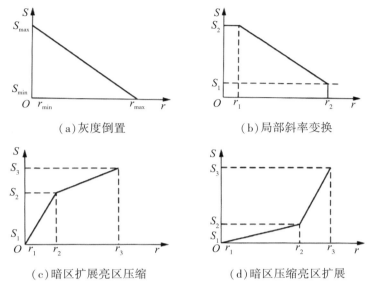

（a）灰度倒置   （b）局部斜率变换

（c）暗区扩展亮区压缩   （d）暗区压缩亮区扩展

图 4.6　常见的分段线性变换

📝 实例 4.3　线性变换

工具： Python，PyCharm，numpy，matplotlib，OpenCV。

步骤：

➢ 导入引用库；

➢ 编写 grayHist( ) 绘制直方图函数；

➢ 载入图像；

➢ 线性变换；

➢ 显示图像和灰度直方图；

➢ 销毁窗口。

📖 **调用函数：** 本实例仅调用了 OpenCV 读入显示函数，并未调用灰度直方图绘制函数，而是调用了 matplotlib 库函数进行直方图绘制。

实现代码：

在"D：\ lena. jpg"目录下，存放一幅名为 lena. jpg 的图像，设计一个可以进行灰度直方图绘制的函数 grayHist ( )，通过调用该函数，实现直方图绘制。程序执行代码如下：

```
import cv2 as cv
import numpy as np
import matplotlib.pyplot as plt
```

```
# 绘制直方图函数
def grayHist(img):
    h, w = img.shape[:2]
    pixelSequence = img.reshape([h * w, ])
    numberBins = 256
    histogram, bins, patch = plt.hist(pixelSequence, numberBins,
                                facecolor='black', histtype='bar')
    plt.xlabel("gray label")
    plt.ylabel("number of pixels")
    plt.axis([0, 255, 0, np.max(histogram)])
    plt.show()


img = cv.imread("D:/lena.jpg", 0)
out = 2.0 * img
# 进行数据截断, 大于 255 的值截断为 255
out[out > 255] = 255
# 数据类型转换
out = np.around(out)
out = out.astype(np.uint8)
# 分别绘制处理前后的直方图
grayHist(img)
grayHist(out)
cv.imshow("img", img)
cv.imshow("out", out)
cv.waitKey()
cv.destroyAllWindows()
```

结果与分析: 如图 4.7(a)所示,原图像以灰度图载入,原始灰度直方图如图 4.7(b)所示。通过线性变换 out=2.0 * img 后,图像如图 4.7(c)所示,此时灰度直方图如图 4.7(d)所示,比较图 4.7(a)和(c),发现图像通过线性变换后,亮度有显著增加,原因是原始像素值乘以 2 后,使灰度增大。比较图 4.7(b)和(d)可以看出,在横轴方向,变换后的像素灰度级整体向右偏移,这也是由于像素值扩大 2 倍的原因。在图 4.7(d)纵轴方向,像素值为 255 的像素数量出现了激增,达到了近 10000 像素,原因是"out[out>255]=255"这行截断代码,使满足 out>255 条件的像素均赋值为 255,因此原图中灰度值大于 128 的像素均变成了 255。

（a）原图

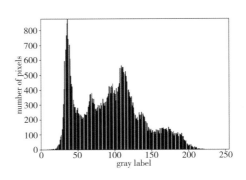

（b）原图的灰度直方图

（c）线性变换结果

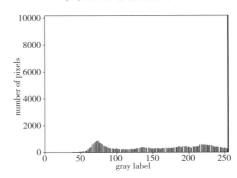

（d）线性变换后的灰度直方图

图 4.7　图像的线性变换

实践拓展：　读入一幅亮暗分明的图像，按照式(4-3)进行线性变换，并解释变换结果。

2. 灰度非线性变换

除采用线性变换外，也可以采用非线性变换来增强图像的对比度。当采用某些非线性函数(如指数函数、对数函数等作为映射函数)时，可实现图像灰度的非线性变换。常用的灰度非线性变换方法如下。

（1）对数变换

对数变换常用来扩展低值灰度、压缩高值灰度，这样可以使低值灰度的图像细节更容易看清，从而达到增强的效果。图 4.8(a)为对数非线性变换的曲线形式，其表达式如下。

$$g(x, y) = C \cdot \lg[1 + f(x, y)] \tag{4-6}$$

式中，C 为尺度比例常数，设置 $[1 + f(x, y)]$ 是为了避免真数为零。当希望对图像的低灰度区做较大拉伸、高灰度区压缩时，可采用这种变换，它能使图像的灰度分布与人的视觉特性相匹配。对数变换一般适用于处理过暗图像。

cx0.89

（2）指数变换

指数函数变换的一般形式为

$$g(x, y) = b^{c[f(x, y) - a]} - 1 \tag{4-7}$$

式中，a、b、c 为调整曲线位置和形状的参数。指数变换与对数变换的作用是相反的。当希望对图像的低灰度区压缩，高灰度区做较大拉伸时，可采用这种变换。指数变换一般适用于处理过亮图像，指数变换如图4.8(b)所示。

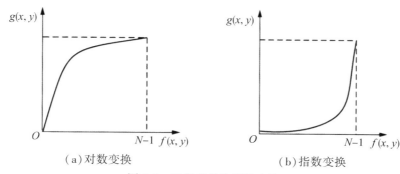

图4.8　对数变换和指数变换

（3）幂次变换

幂次变换通过幂次曲线中的 γ 值把输入的窄带值映射到宽带输出值。当 $\gamma < 1$ 时，把输入的较窄、较低的灰度值映射到较宽的高灰度输出值；当 $\gamma > 1$ 时，把输入的较宽的高灰度值映射到较窄的低灰度输出值；当 $\gamma = 1$ 时，幂次变换转变为线性变换。幂次变换函数如式(4-8)所示，幂次变换曲线如图4.9所示。

$$g(x, y) = a[f(x, y) + \varepsilon]^{\gamma} \tag{4-8}$$

式中，a 为缩放系数，可以使图像的显示与人的视觉特性相匹配；ε 为偏移量，一般用于显示标定，常忽略不计。

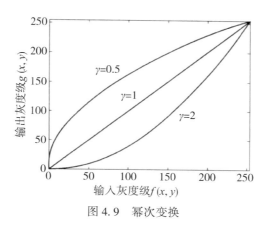

图4.9　幂次变换

实例 4.4　gamma 变换(幂次变换)

工具：Python，PyCharm，numpy，OpenCV。

步骤：

➤ 读取图像；

➤ 编写 gamma 变换函数；

➤ 调用变换函数；

➤ 显示图像；

➤ 销毁窗口。

▦ **调用函数：** 本实例仅调用了 OpenCV 读入显示函数，并未调用 gamma 变换函数，而是调用了 numpy 库函数进行了 gamma 值计算和图像读写。

实现代码：

在"D：\ lena. jpg"目录下，存放一幅名为 lena. jpg 的图像，设计一个可以进行 gamma 变换且可以设置 gamma 值的函数 adjust_gamma()，通过多次调用该函数，实现不同的变换效果。程序执行代码如下：

```
import cv2 as cv
import numpy as np
def adjust_gamma(image, gamma = 1):  # 定义一个可以调整伽马值的 gamma 变换
函数,默认 gamma 值为 1
    height, width, channel = image.shape  # 读取图像高宽和通道数
    gamma_image = np.zeros(image.shape, dtype = np.float64)  # 创建空白
图像,用于 gamma 变换输出
    src = image / 255.0  # 图像归一化
    for r in range(height):
        for c in range(width):
            B = src[r, c][0]  # 归一化图像的蓝色通道像素读取
            G = src[r, c][1]  # 归一化图像的绿色通道像素读取
            R = src[r, c][2]  # 归一化图像的红色通道像素读取
            # 蓝色通道像素 gamma 变换并赋给空白图像
            gamma_image[r, c][0] = np.power(B, gamma)
            # 绿色通道像素 gamma 变换并赋给空白图像
            gamma_image[r, c][1] = np.power(G, gamma)
            # 红色通道像素 gamma 变换并赋给空白图像
```

```
        gamma_image[r, c][2] = np.power(R, gamma)
    return gamma_image    # 返回变换后的图像
img = cv.imread('D:/lena.jpg')
cv.imshow("original image", img)
g_img01 = adjust_gamma(img, 0.1)    # gamma 设置 0.1 并进行 gamma 变换
cv.imshow("gm=0.1", g_img01)    # 显示变换后的图像
g_img05 = adjust_gamma(img, 0.5)    # gamma 设置 0.5 并进行 gamma 变换
cv.imshow("gm=0.5", g_img05)    # 显示变换后的图像
g_img1 = adjust_gamma(img, 1)    # gamma 设置 1 并进行 gamma 变换
cv.imshow("gm=1", g_img1)    # 显示变换后的图像
g_img2 = adjust_gamma(img, 2)    # gamma 设置 2 并进行 gamma 变换
cv.imshow("gm=2", g_img2)    # 显示变换后的图像
g_img5 = adjust_gamma(img, 5)    # gamma 设置 05 并进行 gamma 变换
cv.imshow("gm=5", g_img5)    # 显示变换后的图像
cv.waitKey()
cv.destroyAllWindows()
```

结果与分析： 原图像如图 4.10(a)所示，gamma 变换采用设置不同值查看变换效果的方法，当 gamma = 0.1，0.5，1，2，5 时生成的图像分别如图 4.10(b)、(c)、(d)、(e)、(f)所示。当 gamma = 0.1，0.5 时，像素值被放大，图像变亮，且随着像素值增大，放大程度逐渐变小，由于 gamma = 0.1 的放大程度大于 gamma = 0.5 的放大程度，因此前者变换后的图像(图 4.10(b))亮度明显大于后者变换后的图像(图 4.10(c))。当 gamma = 1 时，图像无变化(图 4.10(d))。当 gamma = 2，5 时，像素值被缩小，图像变暗，且随着像素值的增大，缩小程度逐渐变小，由于 gamma = 5 的缩小程度大于 gamma = 2 的缩小程度，因此前者变换的图像(图 4.10(f))亮度明显小于后者变换的图像(图 4.10(e))亮度。

实践拓展： 读入一幅亮暗分明的图像，通过设置不同的 γ 值，观察变换效果。

疑点解析： adjust_gamma() 函数的设计是依据式(4-8)，在公式 $g(x, y) = a[f(x, y) + \varepsilon]^\gamma$ 中，设置 $\varepsilon = 0$，$a = \dfrac{1}{255}$。$a = \dfrac{1}{255}$ 有个特殊作用，就是对所有像素值进行归一化。进一步分析可以发现，gamma 值不但可以调节亮度，而且可以调节对比度。当 gamma 小于 1 时，gamma 越小，对比度越低，亮度越大；当 gamma 大于 1 时，gamma 越大，对比度越大，亮度越小。

（a）原图　　　　　　　　（b）gamma = 0.1　　　　　　　（c）gamma = 0.5

（d）gamma = 1　　　　　　（e）gamma = 2　　　　　　　（f）gamma = 5

图 4.10　图像 gamma 变换

4.2.2　直方图修正

通过第 2 章的学习我们知道，灰度直方图描述了图像的概貌，如图像的灰度范围、每个灰度级出现的频率、灰度级的分布、整幅图像的平均明暗和对比度等，为图像的进一步处理提供了重要依据。大多数自然图像由于其灰度分布集中在较窄的区间，引起图像细节不够清晰。采用直方图修正后可使图像的灰度间距拉开或使灰度分布均匀，从而增大反差，使图像细节清晰，达到增强的目的。直方图修正通常包括直方图均衡化和直方图规定化。

1. 直方图均衡化

直方图均衡化是一种最常用的直方图修正方法，这种方法的思想是把原始图像的直方图变换为均匀分布的形式，增加像素灰度值的动态范围。也就是说直方图均衡化是使原图像中具有相近灰度且占有大量像素点的区域的灰度范围展宽，使大区域中的微小灰度变化显现出来，增强图像整体对比效果，使图像更清晰。从信息学的理论来解释，具有最大熵（信息量）的图像为均衡化图像。更直观地讲，直方图均衡化可以使图像的对比度增加。图4.11(a)为原始图像及其直方图，4.11(b)为直方图均衡化后的图像及其直方图。

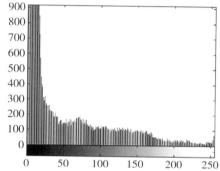

（a）原始图像及其直方图

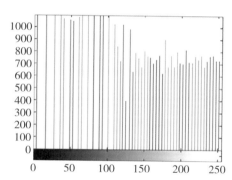

（b）直方图均衡化后的图像与直方图

图 4.11　图像直方图均衡化

为了便于推导，把一幅图像进行了归一化处理，设 r 代表原图像的灰度级，这样它的灰度级就分布在 $[0,1]$ 的范围内（$r=0$ 代表黑，$r=1$ 代表白）。设变换后的图像灰度级为 s，s 与 r 的变换关系可表示为 $s=T(r)$。为使这种变换关系具有实际意义，图像灰度变换函数 $s=T(r)$ 需满足如下条件：

（1）在 $[0,1]$ 区间内，$T(r)$ 为单值单调递增函数；

（2）对于 $[0,1]$，对应有 $0 \leqslant s=T(r) \leqslant 1$。

这里的第一个条件保证了图像的灰度级从黑到白的单一变化顺序，第二个条件是要求变换后的图像灰度变化范围与原始图像灰度变化范围保持一致，也就是说，保证变换后像素灰度级仍在允许范围内。同时，这两个条件也保证了变换函数可逆，从 s 到 r 的反变换可表示为：$r = T^{-1}(s)$。同理 $r = T^{-1}(s)$ 也应满足以上两个条件。令 $P_r(r)$ 代表原始灰度级的分布概率，$P_s(s)$ 代表均衡化后的新灰度级的分布概率，由概率论及 $T(r)$ 的单调递增性可知 $P_s(s)\,\mathrm{d}s = P_r(r)\,\mathrm{d}r$，得到式(4-9)。

$$P_s(s) = P_r(r)\,\frac{\mathrm{d}r}{\mathrm{d}s} = P_r(r)\,\frac{\mathrm{d}\big[\,T^{-1}(s)\,\big]}{\mathrm{d}s} = \left[\,P_r(r)\,\frac{\mathrm{d}r}{\mathrm{d}s}\,\right]_{r=T^{-1}(s)} \tag{4-9}$$

由此可见，通过变换函数 $T(r)$ 可以改变图像灰度级的概率密度函数，从而改变图像的灰度层次，这就是直方图修正处理技术的基础。

对于连续图像，变换函数 $T(r)$ 与原图像概率密度函数 $P_r(r)$ 之间的关系如式(4-10)所示。

$$s = T(r) = \int_0^r P_r(r)\,\mathrm{d}r \quad 0 \leqslant r \leqslant 1 \tag{4-10}$$

对式(4-10)求 r 的导数，得 $\dfrac{\mathrm{d}s}{\mathrm{d}r} = P_r(r)$，即 $\dfrac{\mathrm{d}r}{\mathrm{d}s} = \dfrac{1}{P_r(r)}$，代入式(4-9)，得式(4-11)。

$$P_s(s) = \left[\,P_r(r)\,\frac{\mathrm{d}r}{\mathrm{d}s}\,\right]_{r=T^{-1}(s)} = \big[\,1\,\big]_r = 1 \quad 0 \leqslant s \leqslant 1 \tag{4-11}$$

式(4-11)说明对于变换后的灰度级 s 来说，其概率密度是均匀的。因而利用累积分布函数作为变换函数可以产生灰度级均匀分布的图像，这等同于增加了图像灰度级的动态范围，从而达到图像增强的目的。

基于以上连续随机变量的讨论，对于离散形式的数字图像，应该引入离散形式的公式，即用求和代替积分，用概率代替概率密度函数。那么对于数字图像，其灰度 r 出现的概率可近似表示为式(4-12)。

$$P_r(r_k) = \frac{n_k}{n},\ 0 \leqslant r_k \leqslant 1,\ k = 0,\ 1,\ \cdots,\ L-1 \tag{4-12}$$

式中，L 为灰度级的总数目；$P_r(r_k)$ 为第 k 级灰度值的概率；n_k 为图像中出现第 k 级灰度值的次数；n 为图像中的像素总数。在数字图像处理中，通常把均匀直方图的图像增强技术叫作直方图均衡化处理或直方图线性化处理。

易知，式(4-10)的离散形式可由式(4-13)表示。

$$s_k = T(r_k) = \sum_{j=0}^{k} \frac{n_j}{n} = \sum_{j=0}^{k} P_r(r_j),\ 0 \leqslant r_j \leqslant 1,\ k = 0,\ 1,\ \cdots,\ L-1 \tag{4-13}$$

相应的反变换如式(4-14)所示：

$$r_k = T^{-1}\big[\,s_k\,\big] \tag{4-14}$$

利用直方图均衡进行图像增强的过程可分为以下几个步骤：

（1）计算原图像的归一化灰度级别及其分布概率 $P_r(r_k) = \dfrac{n_k}{n}$，$0 \leqslant r_k \leqslant 1$，$k = 0$，$1$，$\cdots$，$L-1$，根据直方图均衡化，用式（4-13）求变换函数的各灰度等级值 s_k。

（2）将所得变换函数的各灰度等级值转化成标准的灰度级别值。即把步骤（1）求得的各 s_k 值按靠近原则取近似值到与原图像灰度级别相同的标准灰度级别中。此时获得的即是均衡化后的新图像中存在的灰度级别值，其对应的像素个数不为零；对于那些在变换过程中"被丢掉的"灰度级别值，将其像素个数设为零。

（3）求新图像的各灰度级 s_k 的像素数目。在前一步的计算结果中，如果不存在灰度级别 s_k，则该灰度级的像素数目为零；如果存在灰度级别 s_k，则根据其 r_k 的对应关系确定该灰度级的像素数目，将其设为 m_k。

（4）求新图像中各灰度级别的分布概率 $P_s(s_k) = \dfrac{m_k}{n}$。

（5）画出经均衡化后的新图像的直方图。

例 1 假设有一幅图像，共有 64×64 个像素，8 个灰度级，假设各灰度级分布如表 4.1 所示，其灰度直方图见图 4.12（a），将其直方图均衡化。

表 4.1　　　　　　　　　　　　　　　**图像的灰度分布情况**

原图灰度级 r_k	对应像素数 n_k	概率 $\dfrac{n_k}{n}$
0	790	0.19
1	1023	0.25
2	850	0.21
3	656	0.16
4	329	0.08
5	245	0.06
6	122	0.03
7	81	0.02

解：直方图均衡化过程如下：

（1）由式（4-13）$s_k = T(r_k) = \displaystyle\sum_{j=0}^{k} P_r(r_j)$，可得到变换后的各灰度等级累计值为

$$s_0 = T(r_0) = \sum_{j=0}^{0} P_r(r_j) = P_r(r_0) = 0.19$$

103

$$s_1 = T(r_1) = \sum_{j=0}^{1} P_r(r_j) = P_r(r_0) + P_r(r_1) = 0.19 + 0.25 = 0.44$$

$$s_2 = T(r_2) = \sum_{j=0}^{2} P_r(r_j) = P_r(r_0) + P_r(r_1) + P_r(r_2) = 0.19 + 0.25 + 0.21 = 0.65$$

以此类推，计算得 $s_3 = 0.81$，$s_4 = 0.89$，$s_5 = 0.95$，$s_6 = 0.98$，$s_7 = 1.00$，对应的变换函数见图 4.12(b)。

(2)图像只取 8 个等间隔的灰度级，变换后的 s 值也只能选择最靠近的一个灰度级的值。因此，对上述计算值加以修正，有：

$$s_0 \approx \frac{1}{7}，s_1 \approx \frac{3}{7}，s_2 \approx \frac{5}{7}，s_3 \approx \frac{6}{7}，s_4 \approx \frac{6}{7}，s_5 \approx 1，s_6 \approx 1，s_7 \approx 1$$

(3)由上述数值可见，新图像只有 5 个不同的灰度级别，其余 3 个灰度级别值不存在。因为 $r_0 = 0$ 经变换得 s_0，所以有 790 个像素取 s_0 这个灰度值。r_1 映射到 s_1，因此有 1023 个像素取 s_1 这一灰度值，以此类推，有 850 个像素取 s_2 这一灰度值。但是，因为 r_3 和 r_4 均映射到 $s_3(s_4)$ 这个灰度值，所以有 656+329＝985 个像素取这个灰度值，同样有 245+122+81＝448 个像素取 $s_5(s_6$ 或 $s_7)$ 这个新灰度值。

(4)计算均衡化后的灰度分布，即求新图像中各灰度级别的分布概率 $P_s(s_k) = \dfrac{m_k}{n} = \dfrac{m_k}{4096}$，结果如表 4.2 所示。

表 4.2　　　　　　　　　　**新图像的灰度分布及其归一化概率**

原灰度级 r_k	原灰度级概率 $P_r(r_k) = \dfrac{n_k}{n}$	累计灰度级 概率 s_k	修正 s_k 值	新灰度级概率 $P_s(s_k) = \dfrac{m_k}{n}$
$r_0 = 0$	0.19	0.19	$s_0 = \dfrac{1}{7}$	0.19
$r_1 = \dfrac{1}{7}$	0.25	0.44	$s_1 = \dfrac{3}{7}$	0.25
$r_2 = \dfrac{2}{7}$	0.21	0.65	$s_2 = \dfrac{5}{7}$	0.21
$r_3 = \dfrac{3}{7}$	0.16	0.81	$s_3 = \dfrac{6}{7}$	0.24
$r_4 = \dfrac{4}{7}$	0.08	0.89	$s_4 = \dfrac{6}{7}$	

续表

原灰度级 r_k	原灰度级概率 $P_r(r_k) = \dfrac{n_k}{n}$	累计灰度级 概率 s_k	修正 s_k 值	新灰度级概率 $P_s(s_k) = \dfrac{m_k}{n}$
$r_5 = \dfrac{5}{7}$	0.06	0.95	$s_5 = 1$	
$r_6 = \dfrac{6}{7}$	0.03	0.98	$s_6 = 1$	0.11
$r_7 = 1$	0.02	1.00	$s_7 = 1$	

(5)画出经均衡化后的新图像的直方图，见图 4.12(c)。

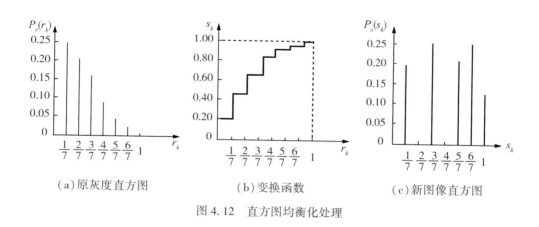

(a)原灰度直方图　　　　(b)变换函数　　　　(c)新图像直方图

图 4.12　直方图均衡化处理

由图 4.12 可知，利用式(4-13)作为灰度变换函数，经过灰度变换函数变换后得到的新直方图虽然每个灰度级上像素点个数不完全相同，但与原图像直方图上每个灰度级上像素点的个数相比已经基本上相同了，而且像素灰度值的动态范围也很大程度地扩展了，这种方法适用于处理对比度比较小的图像。

因为直方图是用近似的概率密度函数得到的，所以用式(4-13)作为灰度变换函数一般得不到完全均匀的结果。另外，从例 1 可以看出，变换后的灰度级减少了，这种现象叫作"简并"现象。由此，数字图像的直方图均衡化只能得到近似的均衡结果。

✍ 实例 4.5　直方图均衡化

工具：Python，PyCharm，matplotlib，OpenCV。

步骤：

➢ 读取图像；

➢ 直方图均衡化；

➢ 显示图像；

➢ 销毁窗口。

▣ 调用函数： OpenCV 设计了 equalizeHist( ) 函数用于直方图均衡化，该函数只能处理 8 位单通道图像，如果是多通道图像，需要对各通道图像逐一处理。

dst = equalizeHist(src, dst = None)

参数说明：

❖ src：输入图像。

❖ dst：输出图像，可选参数，与输入图像具有相同的尺寸和类型。

❖ 返回值 dst：直方图均衡化处理后的图像。

功能说明： 根据输入的 8 位单通道图像，进行图像灰度直方图均衡化，并返回处理后的图像。

实现代码：

在"D：\ dog. jpg"目录下，存放一幅名为 dog. jpg 的图像，设计函数 whole_hist( ) 用于绘制和显示图像整体灰度直方图，设计函数 channel_hist( ) 用于绘制和显示 B、G、R 各通道灰度直方图，设计函数 wholehist_equalization( ) 用于图像直方图均衡化处理，程序执行代码如下：

```
import cv2 as cv
from matplotlib import pyplot as plt
def whole_hist(image):
  #绘制整幅图像的直方图
  plt.hist(image.ravel(),256,[0,256]) #将多维数组降为一维数组并绘制直方图
  plt.show()#显示直方图
def channel_hist(image):
  #画三通道图像的直方图
  color = ('b','g','r')   #画笔颜色的值可以为大写或小写或只写首字母或大小写混合
  for i , color in enumerate(color):#遍历各通道
    hist = cv.calcHist([image],[i],None,[256],[0,256])  #计算直方图
```

```
        plt.plot(hist, color)#以蓝绿红颜色绘制直方图
        plt.xlim([0, 256])   #x 轴上下限设定
    plt.show( )#显示直方图
def wholehist_equalization(frame):
    #图像直方图均衡化处理
    (b, g, r) = cv.split(frame)#拆分通道
    bH = cv.equalizeHist(b)#b 通道直方图均衡化
    gH = cv.equalizeHist(g)#g 通道直方图均衡化
    rH = cv.equalizeHist(r)#r 通道直方图均衡化
    frameH = cv.merge((bH, gH, rH))#合并通道
    return frameH #返回直方图均衡化处理图像
image = cv.imread("d:/dog.jpg")#读入图像
cv.imshow("Original Image", image)#显示读入图像
frame=wholehist_equalization(image)#将读入图像进行直方图均衡化处理
cv.imshow("EquImage",frame)#显示直方图均衡化处理后的图像
whole_hist(image)#绘制与显示读入原始图像的整体灰度直方图
channel_hist(image)#绘制与显示原始图像 B、G、R 各通道灰度直方图
whole_hist(frame)#绘制与显示直方图均衡化处理图像的整体灰度直方图
channel_hist(frame)#绘制与显示直方图均衡化后图像的 B、G、R 各通道灰度直方图
cv.waitKey( )
cv.destroyAllWindows( )
```

结果与分析： 原图像如图 4.13(a)所示，直方图均衡化处理结果如图 4.13(d)所示，说明直方图均衡化可以改变图像对比度，增加图像清晰度，显示更多细节信息。图 4.13 (b)是原始图的灰度直方图，图 4.13(e)是均衡化处理后的灰度直方图，可以看到很多像素低值被放大，灰度分布区间也趋于均匀(不是绝对均匀)，图 4.13(c)是原图 R、G、B 各通道直方图，图 4.13(f)是均衡化后的 R、G、B 各通道灰度直方图，可以知道整体灰度直方图就是 R、G、B 各通道灰度直方图的叠加(并非数值相加)。

实践拓展： 读入一幅曝光过量的图像，进行直方图均衡化处理并查看图像效果。

疑点解析： 由于图像直方图均衡化处理函数 equalizeHist( )只支持处理单通道图像，因此，wholehist_equalization( )函数书写中需先调用 split( )函数进行通道拆分，单通道图像直方图均衡化处理后，再调用 merge( )函数合并通道，最后返回变换后的图像。

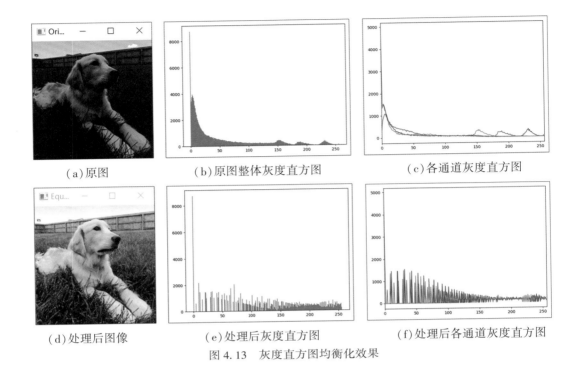

（a）原图　　　　　　　（b）原图整体灰度直方图　　　　　（c）各通道灰度直方图

（d）处理后图像　　　（e）处理后灰度直方图　　　（f）处理后各通道灰度直方图

图 4.13　灰度直方图均衡化效果

2. 直方图规定化

由于数字图像离散化的误差，把原始直方图的累计分布函数作为变换函数，直方图均衡只能产生近似均匀的直方图，这限制了均衡化处理的效果。在某些情况下，并不一定需要具有均匀直方图的图像，有时需要具有特定形状直方图的图像，以便增强图像中某些灰度级。直方图规定化就是针对上述思想提出来的。

直方图规定化是使原图像灰度直方图变成规定形状的直方图而对图像所做的增强方法，也称为直方图匹配。可见，它是对直方图均衡化处理的一种有效扩展。直方图均衡化处理是直方图规定化的一个特例。

设 $P_r(r)$ 表示原图像的灰度概率密度函数，$P_z(z)$ 表示期望的输出函数所具有的灰度概率密度函数，即预先规定的直方图。直方图规定化就是找一种变换，使得原图像经变换后成为具有概率分布密度为 $P_z(z)$ 的新图像。

参照前面的讨论，假设对原图像进行直方图均衡处理，变换如式（4-15）所示：

$$s = T(r) = \int_0^r P_r(\omega)\,\mathrm{d}\omega, \ 0 \leqslant r \leqslant 1 \tag{4-15}$$

处理后就可得到增强后的具有归一化均匀概率密度的图像，设其概率密度函数为 $P_z(z)$，如果同样地对预期的目标图像也做直方图均衡处理，变换如式（4-16）所示：

$$u = G(z) = \int_0^z P_z(\omega)\,d\omega \quad 0 \leqslant z \leqslant 1 \tag{4-16}$$

由于两幅图像都做的是直方图均衡处理，因此其灰度的概率密度函数 $P_s(s)$ 和 $P_u(u)$ 都应是归一化的均匀分布，如式(4-17)所示：

$$P_s(s) = P_u(u) = 1,\ 0 \leqslant s \leqslant 1,\ 0 \leqslant u \leqslant 1 \tag{4-17}$$

也就是说均匀分布的随机变量 s 和 u 有完全相同的统计特性。换句话说，在统计意义上它们是完全相同的。因此，用 s 替代 u 取反变换如式(4-18)所示，按此公式即可获得新图像中相应的各灰度值。

$$z = G^{-1}(u) = G^{-1}(s) \tag{4-18}$$

根据以上思路，总结出用直方图规定化方法进行图像增强的步骤如下：

(1)对原图像的直方图进行均衡化，求取均衡化的新灰度级 s_k 及概率分布，确定 r_k 与 s_k 的映射关系。

(2)根据规定期望的直方图(即规定期望的灰度概率密度函数 $P_z(z_k)$)求变换函数 $G(z_k)$ 的所有值。通常情况下，规定的期望直方图的灰度等级与原图像的灰度等级相同。式(4-19)为式(4-16)的离散形式：

$$u_k = G(z_k) = \sum_{j=0}^{k} P_z(z_k) \quad (k = 0,\ 1,\ 2,\ \cdots,\ L-1) \tag{4-19}$$

(3)将原直方图对应映射到规定的直方图。

将第(1)步获得的灰度级别应用于反变换函数 $z_k = G^{-1}(s_k)$，从而获得 z_k 与 s_k 的映射关系，即找出与 s_k 最接近的 $G(z_k)$ 值。

根据 $z_k = G^{-1}(s_k) = G^{-1}[T(r_k)]$，进一步获得 r_k 与 z_k 的映射关系。根据 r_k 与 s_k 的映射关系和上面确定的 z_k 与 s_k 的映射关系，建立 r_k 与 z_k 的映射关系。

(4)根据建立的 r_k 与 z_k 的映射关系，确定新图像各灰度级别的像素数目，即在新图像中，灰度级为 z_k 的像素个数等于原图像中灰度级为 r_k 的像素个数之值，进而计算其概率分布密度而得到最后的直方图。

例 2　已知有一幅大小为 64×64 的图像，有 8 个灰度级，图像中各灰度级的像素数目及其概率如表 4.1 所示，原图像直方图见图 4.14(a)；规定的直方图数据如表 4.3 所示，规定的直方图见图 4.14(b)，试对给定的图像进行直方图规定化。

表 4.3　　　　　　　　　　　　　　　　　规定的直方图数据

z_k	$p_k(z_k)$
$z_0 = 0$	0.00
$z_1 = 1/7$	0.00
$z_2 = 2/7$	0.00

续表

z_k	$p_k(z_k)$
$z_3 = 3/7$	0.15
$z_4 = 4/7$	0.20
$z_5 = 5/7$	0.30
$z_6 = 6/7$	0.20
$z_7 = 1$	0.15

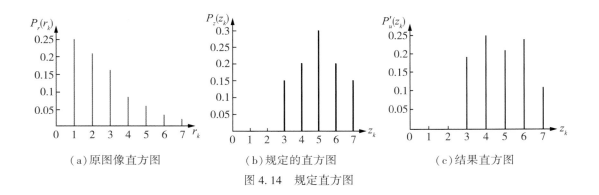

（a）原图像直方图　　　　　（b）规定的直方图　　　　　（c）结果直方图

图 4.14　规定直方图

解:

（1）对原图像的直方图进行均衡化处理，步骤如下：

① 由式（4-13）$s_k = T(r_k) = \sum_{j=0}^{k} P_r(r_j)$，可得到变换后的各灰度等级累计值为

$$s_0 = T(r_0) = \sum_{j=0}^{0} P_r(r_j) = P_r(r_0) = 0.19$$

$$s_1 = T(r_1) = \sum_{j=0}^{1} P_r(r_j) = P_r(r_0) + P_r(r_1) = 0.19 + 0.25 = 0.44$$

$$s_2 = T(r_2) = \sum_{j=0}^{2} P_r(r_j) = P_r(r_0) + P_r(r_1) + P_r(r_2) = 0.19 + 0.25 + 0.21 = 0.65$$

以此类推，计算得 $s_3 = 0.81$，$s_4 = 0.89$，$s_5 = 0.95$，$s_6 = 0.98$，$s_7 = 1.00$，对应的变换函数见图 4.12（b）。

② 图像只取 8 个等间隔的灰度级，变换后的 s 值也只能选择最靠近的一个灰度级的值。因此，对上述计算值加以修正，有：

$$s_0 \approx \frac{1}{7}, \ s_1 \approx \frac{3}{7}, \ s_2 \approx \frac{5}{7}, \ s_3 \approx \frac{6}{7}, \ s_4 \approx \frac{6}{7}, \ s_5 \approx 1, \ s_6 \approx 1, \ s_7 \approx 1$$

③ 由上述数值可见，新图像只有 5 个不同的灰度级别，其余 3 个灰度级别值不存在。

因为 $r_0 = 0$ 经变换得 s_0，所以有 790 个像素取 s_0 这个灰度值；r_1 映射到 s_1，因此有 1023 个像素取 s_1 这一灰度值，以此类推，有 850 个像素取 s_2 这一灰度值。但是，因为 r_3 和 r_4 均映射到 $s_3(s_4)$ 这个灰度值，所以有 $656+329=985$ 个像素取这个灰度值。同样有 $245+122+81=448$ 个像素取 $s_5(s_6$ 或 $s_7)$ 这个新灰度值。

④计算均衡化后的灰度分布，即求新图像中各灰度级别的分布概率 $P_s(s_k) = \dfrac{m_k}{n} = \dfrac{m_k}{4096}$，结果如表 4.2 所示。

（2）根据式（4-19）计算规定直方图的均衡化变换函数 $G(z_k)$。

$$u_0 = G(z_0) = \sum_{j=0}^{0} P_z(z_j) = P_z(z_0) = 0$$

$$u_1 = G(z_1) = \sum_{j=0}^{1} P_z(z_j) = P_z(z_0) + P_z(z_1) = 0$$

$$u_2 = G(z_2) = \sum_{j=0}^{2} P_z(z_j) = P_z(z_0) + P_z(z_1) + P_z(z_2) = 0$$

$$u_3 = G(z_3) = \sum_{j=0}^{3} P_z(z_j) = P_z(z_0) + P_z(z_1) + P_z(z_2) + P_z(z_3) = 0.15$$

同理，有 $u_4 = 0.35$，$u_5 = 0.65$，$u_6 = 0.85$，$u_7 = 1$。

规定直方图的变换函数见图 4.15。

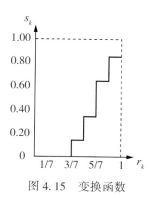

图 4.15　变换函数

（3）根据公式（4-18），利用 $z_k = G^{-1}(s_k)$ 找出 z_k 与 s_k 的映射关系。由于 $s_1 = \dfrac{1}{7} = 0.14$，接近于 $G(z_3) = 0.15$，因此 $z_3 = G^{-1}(0.15) = \dfrac{3}{7}$，映射关系为 $s_1 = \dfrac{1}{7} \rightarrow z_3 = \dfrac{3}{7}$，同理得 $s_3 = \dfrac{3}{7} \rightarrow z_4 = \dfrac{4}{7}$，$s_5 = \dfrac{5}{7} \rightarrow z_5 = \dfrac{5}{7}$，$s_6 = \dfrac{6}{7} \rightarrow z_6 = \dfrac{6}{7}$，$s_7 = 1 \rightarrow z_7 = 1$。

（4）根据式（4-18）$z_k = G^{-1}(s_k) = G^{-1}[T(r_k)]$，找出 r_k 与 z_k 的映射关系。由变换 $s_k = T(r_k)$、r_k 与 s_k 之间的映射关系，即

$$r_0 \to s_0 \approx \frac{1}{7}, \quad r_1 \to s_1 \approx \frac{3}{7}, \quad r_2 \to s_2 \approx \frac{5}{7},$$

$$r_3, r_4 \to s_3, s_4 \approx \frac{6}{7}, \quad r_5, r_6, r_7 \to s_5, s_6, s_7 \approx 1$$

顾及上述 z_k 与 s_k 之间的关系，得 r_k 与 z_k 关系的映射关系为

$$r_0 = 0 \to s_0 = \frac{1}{7} \to z_3 = \frac{3}{7}$$

$$r_1 = \frac{1}{7} \to s_1 = \frac{3}{7} \to z_4 = \frac{4}{7}$$

$$r_2 = \frac{2}{7} \to s_2 = \frac{5}{7} \to z_5 = \frac{5}{7}$$

$$r_3 = \frac{3}{7} \to s_3 = \frac{6}{7} \to z_6 = \frac{6}{7}$$

$$r_4 = \frac{4}{7} \to s_4 = \frac{6}{7} \to z_6 = \frac{6}{7}$$

$$r_5 = \frac{5}{7} \to s_5 = 1 \to z_7 = 1$$

$$r_6 = \frac{6}{7} \to s_6 = 1 \to z_7 = 1$$

$$r_7 = 1 \to s_7 = 1 \to z_7 = 1$$

（5）确定新图像各灰度级别的像素数目，计算其概率分布密度，画出所得的直方图。由上一步确定 r_k 与 z_k 之间的映射关系可知：当 $z_0 = 0$ 时，z_k 与任何的 r_k 没有映射关系，因此该像素级的像素数目 $n'_0 = 0$。

同理，当 $z_1 = \frac{1}{7}$ 时，$n'_1 = 0$；$z_2 = \frac{2}{7}$ 时，$n'_2 = 0$；

当 $z_3 = \frac{3}{7}$ 时，$n'_3 = 790$；当 $z_4 = \frac{4}{7}$ 时，$n'_4 = 1023$；

当 $z_5 = \frac{5}{7}$ 时，$n'_5 = 850$；当 $z_6 = \frac{6}{7}$ 时，$n'_6 = 656 + 329 = 985$；

当 $z_7 = 1$ 时，$n'_7 = 245 + 122 + 81 = 448$。

根据以上步骤，运用 $P_z(z_k) = \dfrac{m_k}{n}$ 得到原图像直方图规定化后所得新图像的直方图概率分布，结果如图 4.14（c）所示，至此完成直方图规定化。

4.3 图像空间域平滑

任何一幅原始图像在获取和传输等过程中，都会受到各种噪声的干扰，使图像质量下降，图像模糊，特征淹没，对图像分析不利。为了抑制噪声，改善图像质量所进行的处理称为图像平滑或去噪。它可以在空间域或频率域中进行，本节介绍空间域的几种平滑法。

4.3.1 像素邻域

像素邻域是基于像素坐标的一种像素邻接关系描述方法，它是数字图像各类空间域处理的基础。

1. 像素四邻域

像素四邻域描述的是研究像素与周围 4 个像素的相接关系，一般分为垂直邻接和对角邻接两种方式。对于图 4.16(a) 中的像素 p，它的坐标为 $p(i, j)$，与其相邻的 4 个像素分别为 $q_1 \sim q_4$，根据像素坐标系，从左侧的 q_1 顺时针算起，$q_1 \sim q_4$ 的坐标分别为 $q_1(i-1, j)$、$q_2(i, j-1)$、$q_3(i+1, j)$、$q_4(i, j+1)$，这 4 个像素组成的集合称为像素 p 的四邻域，记为 $N_4(p)$。另外一种情况是，与像素 p 相邻的 4 个像素位于它的四角，称为对角邻接，同理 $r_1 \sim r_4$ 的坐标也可以推出。如果像素 p 位于图像的边界，此时四邻域像素出现缺失，这在图像处理时要格外注意。

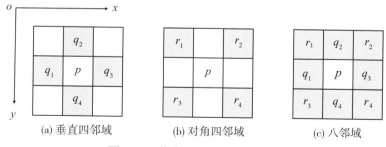

(a) 垂直四邻域   (b) 对角四邻域   (c) 八邻域

图 4.16　像素的四邻域和八邻域

2. 像素八邻域

类似地，把像素 p 的 4 个对角邻域像素和 4 个垂直邻域像素组成的集合称为像素 p 的八邻域，记为 $N_8(p)$，如图 4.16(c)所示。如前所述，如果 $p(i, j)$ 位于图像的边界，则像素 p 的有些相邻像素位于图像的外部。

4.3.2 邻域平均法

邻域平均法(均值滤波)是一种直接在空间域上进行平滑处理的技术。假设图像由许多灰度恒定的小块组成，相邻像素间存在很高的空间相关性，而噪声则是统计独立的，则可用像素邻域内的各像素的灰度平均值代替该像素原来的灰度值，实现图像的平滑。

邻域平均法均等地对待邻域($N \times N$ 窗口)中的每个像素，即中心像素的输出值由邻域内各个像素灰度平均值决定。设 $f(x, y)$ 为某图像的一个 $N \times N$ 邻域，用邻域平均法所得的 $N \times N$ 图像中心像素值为 $g(x, y)$，则

$$g(x, y) = \frac{1}{M} \sum_{i, j \in s} f(x, y) \tag{4-20}$$

式中，$x, y = 0, 1, 2, \cdots, N-1$；$s$ 为 (x, y) 的邻域中像素坐标的集合；M 为集合 s 内像素的总数。常用的邻域为四邻域和八邻域。

$N \times N$ 窗口中，为了便于找到中心像素，N 一般为正奇数，如 3×3 邻域、5×5 邻域等。图 4.17(a)、(b)分别为一幅图像的 3×3、5×5 邻域，分别包含 9 个像素和 25 个像素。

223	134	213	156	122	78	98
220	198	200	167	129	93	104
209	224	198	99	101	74	177
192	201	223	76	58	118	153
177	167	200	58	74	125	132
126	179	158	136	79	117	129
46	128	108	110	79	95	106

(a) 3×3 邻域

223	134	213	156	122	78	98
220	198	200	167	129	93	104
209	224	198	99	101	74	177
192	201	223	76	58	118	153
177	167	200	58	74	125	132
126	179	158	136	79	117	129
46	128	108	110	79	95	106

(b) 5×5 邻域

图 4.17 数字图像的 $N \times N$ 窗口

上述的 3×3、5×5 窗口也称为滤波器或滤波核，因此邻域平均法也称为均值滤波，均值滤波就是计算滤波核窗口的所有像素的平均值，再把这个值赋给窗口的中心像素。如图 4.18 所示，在一个 3×3 滤波器中，原图像中心的原像素灰度值为 35，经中值滤波计算后该位置的像素值为 $\dfrac{137+150+125+141+35+131+119+118+150}{3 \times 3} = 123$，以此类推，对处理

图像所有像素进行如此计算，就完成了均值滤波。

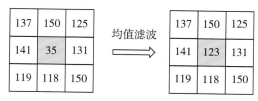

图 4.18 均值滤波计算过程

图 4.18 把像素 35 改为 123，使像素变得均匀，实现了图像的平滑。均值滤波算法简单，处理速度快，它的主要缺点是在降低噪声的同时使图像产生模糊，特别是在边缘和细节处，而且邻域越大，降噪能力越强，同时模糊程度也越严重。为了克服邻域平均法的弊端，目前已提出了许多保留边缘和细节的局部平滑算法，它们的出发点均集中在如何选择邻域的大小、形状、方向、参加平均的像素数，以及邻域各点的权重系数等。

4.3.3 超限像素平滑法

超限像素平滑法是将 $f(x, y)$ 和 $g(x, y)$ 差的绝对值与选定的阈值进行比较，决定点 (x, y) 的输出值 $g'(x, y)$，$g'(x, y)$ 的表达式为式(4-21)。

$$g'(x, y) = \begin{cases} g(x, y), & |f(x, y) - g(x, y)| > T \\ f(x, y), & |f(x, y) - g(x, y)| \leqslant T \end{cases} \tag{4-21}$$

式中，$g(x, y)$ 由式(4-20)求得，T 为选定的阈值。这种算法对抑制椒盐噪声比较有效，对保护仅有微小灰度差的细节及纹理也有效。随着邻域增大，该法去噪能力增强，但模糊程度也变大。

4.3.4 梯度倒数加权平滑法

图 4.19 为灰度图像的一部分，左下处 3×3 窗口为邻域窗口，中心像素的灰度值为 201，灰色方块内像素为图像边缘(从左上到右下的一条边缘线)。从图中可以看出，图像在一个局部区域内(不含边缘像素区域)的灰度变化要比在其他区域灰度变化小，相邻像素灰度差的绝对值在图像边缘处要比区域内部的大。这里，相邻像素灰度差的绝对值称为梯度，如中心像素与其右侧像素的梯度为 $|201 - 158| = 43$。在一个 $N \times N$ 窗口(如 3×3 窗口)内，若把中心像素点与其各邻点之间的梯度倒数定义为各相邻像素的权，在区域内部的相邻像素权大，而在一条边缘近旁和位于区域外的那些相邻像素权小，经过这种处理可

使图像变得平滑，同时又不使边缘和细节产生明显模糊。具体算法如下：

223	134	213	156	122	78	76
178	234	228	167	129	93	104
209	224	198	255	101	74	177
192	201	223	176	232	240	153
177	167	201	158	74	254	132
126	179	147	136	79	238	129
146	128	108	110	79	95	231

图 4.19　梯度倒数加权平滑法

设点 (x, y) 的灰度值为 $f(x, y)$。在 3×3 邻域内的像素梯度倒数为

$$g(x, y, i, j) = \frac{1}{|f(x + i, y + j) - f(x, y)|} \tag{4-22}$$

$g(x, y, i, j)$ 表示以 $f(x, y)$ 为中心，邻域坐标（相对于中心像素的坐标）为 (i, j) 的像素灰度值，且 $i, j = -1, 0, 1$，但 i 和 j 不能同时为 0，若 $f(x + i, y + j) = f(x, y)$，梯度为 0，则定义 $g(x, y, i, j) = 2$，因此 $g(x, y, i, j)$ 的值域为 $(0, 2]$。设归一化的权矩阵为

$$W = \begin{bmatrix} w(x - 1, y - 1) & w(x - 1, y) & w(x - 1, y + 1) \\ w(x, y - 1) & w(x, y) & w(x, y + 1) \\ w(x + 1, y - 1) & w(x + 1, y) & w(x + 1, y + 1) \end{bmatrix} \tag{4-23}$$

规定中心像素 $w(x, y) = 1/2$，其余八邻域像素权之和为 $1/2$，这样 W 各元素总和等于 1，于是有

$$w(x + i, y + j) = \frac{g(x, y, i, j)}{2 \sum_i \sum_j g(x, y, i, j)} \tag{4-24}$$

上式中 $i, j = -1, 0, 1$，但 i 和 j 不能同时为 0。

用梯度倒数加权平滑法计算像素值时，用矩阵中心点逐一对准图像中心像素 (x, y)，将矩阵各元素和它所"压上"的图像像素值对应相乘，再求和（即求内积），就得到该像素平滑后的输出 $g(x, y)$。对图像其余各像素做类似处理，就得到一幅输出图像。值得注意的是，在实际处理时，因为图像边框的 3×3 邻域像素会超出像幅，无法确定输出结果，为此可以采取边框像素强置为 0 或补充边框外像素的方法（如边框外像素值与边界像

素值相同)进行处理。

例3 某 3×3 邻域窗口像素值如图 4.20(a)所示,中心点像素值为 35,试运用梯度倒数加权平滑法计算改正后的中心像素值 $g(x, y)$。

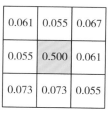

(a) 3×3邻域窗口　　　(b) 梯度倒数　　　(c) 归一化权重矩阵

图 4.20　梯度倒数加权平滑计算过程

解:

(1)首先运用式(4-22)计算该 3×3 邻域内的像素梯度倒数,结果如图 4.20(b)所示。

(2)利用式(4-24)的分母计算式求梯度倒数总和 $\sum_i \sum_j g(x, y, i, j) = 0.010 + 0.009 + 0.011 + 0.009 + 0.010 + 0.012 + 0.012 + 0.009 = 0.082$,再用式(4-24)计算式(4-23)矩阵 W 各元素值,计算的过程和结果如下:

$$w(x - 1, y - 1) = 0.010/2 \times 0.082 = 0.061$$
$$w(x - 1, y) = 0.009/2 \times 0.082 = 0.055$$
$$w(x - 1, y + 1) = 0.011/2 \times 0.082 = 0.067$$
$$w(x, y - 1) = 0.009/2 \times 0.082 = 0.055$$
$$w(x, y) = 0.500$$
$$w(x, y + 1) = 0.010/2 \times 0.082 = 0.061$$
$$w(x + 1, y - 1) = 0.012/2 \times 0.082 = 0.073$$
$$w(x + 1, y) = 0.012/2 \times 0.082 = 0.073$$
$$w(x + 1, y + 1) = 0.009/2 \times 0.082 = 0.055$$

(3)将矩阵 W 各元素值相加,$0.061 \times 2 + 0.055 \times 3 + 0.067 + 0.500 + 0.073 \times 2 = 1$,说明计算无误,将计算结果标注在图 4.20(c)中,得到归一化权重矩阵。

(4)最后将图 4.20(c)对应像素压在图 4.20(a)上,对应位置的元素相乘,并把乘积相加,因此 $g(x, y) = 137 \times 0.061 + 150 \times 0.055 + 125 \times 0.067 + 141 \times 0.055 + 35 \times 0.500 + 131 \times 0.061 + 119 \times 0.073 + 118 \times 0.073 + 150 \times 0.055 = 84$。

与图 4.18 所示的均值滤波相比,$g(x, y)$ 从 123 下降到 84,说明梯度倒数加权平滑法可以较好地保留图像梯度,边缘特征和细节特征损失较小。

4.3.5　空间低通滤波法

第 3 章我们曾介绍过频域的低通滤波，这里将学习空间低通滤波法。空间低通滤波法是应用模板卷积方法对图像每一像素进行局部处理。模板(也称卷积核或滤波器)就是一个滤波器，设它的响应为 $H(r,s)$，于是滤波输出的数字图像 $g(x,y)$ 可以用离散卷积表示为

$$g(x,y) = \sum_{r=-k}^{k} \sum_{s=-l}^{l} f(x-r,y-s) H(r,s) \tag{4-25}$$

式中，$x,y = 0,1,2,\cdots,N-1$；k,l 根据所选邻域大小来决定。

空间低通滤波的计算与例 3 类似，对于一幅图像，具体过程如下：

(1)将模板在图像中按从左到右、从上到下的顺序移动，将模板中心与每个像素依次重合(边缘像素除外)；

(2)将模板中的各个系数与其对应的像素一一相乘，并将所有的结果相加(或进行其他四则运算)；

(3)将第(2)步中的结果赋给图像中对应模板中心位置的像素，如图 4.21 所示。

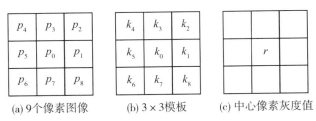

(a) 9 个像素图像　　　(b) 3×3 模板　　　(c) 中心像素灰度值

图 4.21　空间域模板滤波示意图

图 4.21 给出了应用模板进行滤波的示意图。其中，图 4.21(a)是一幅待处理图像的局部图，共 9 个像素，$p_i(i=0,1,2,\cdots,8)$ 表示像素的灰度值。图 4.21(b)表示一个 3×3 模板，$k_i(i=0,1,2,\cdots,8)$ 在图像中漫游，使 k_0 与图 4.21(a)所示的 p_0 像素重合，即可由式(4-26)计算输出图像(增强图像)中与 p_0 相对应的像素灰度值 r (图 4.21(c))。

$$r = \sum_{i=0}^{8} k_i p_i = k_1 p_1 + k_2 p_2 + \cdots + k_8 p_8 \tag{4-26}$$

对于空间低通滤波而言，采用的是低通滤波器。由于模板尺寸小，因此具有计算量小、使用灵活、适于并行计算等优点。常用的 3×3 低通滤波器(模板)如式(4-27)所示。实际上，前述的邻域平均法使用的就是式(4-27)模板(a)。

低通滤波是一种广谱的图像平滑方法，模板不同，决定低通滤波的方法不同，相应

地，中心像素邻域内各像素重要程度也就不相同。但不管什么样的模板，必须保证全部权系数之和为 1，这样可保证输出图像灰度值在许可范围内，不会产生灰度"溢出"现象。

$$
\left\{
\begin{aligned}
&H_1 = \frac{1}{9}\begin{bmatrix} 1 & 1 & 1 \\ 1 & 1 & 1 \\ 1 & 1 & 1 \end{bmatrix} \quad (\mathrm{a}) \\[2mm]
&H_2 = \frac{1}{10}\begin{bmatrix} 1 & 1 & 1 \\ 1 & 2 & 1 \\ 1 & 1 & 1 \end{bmatrix} \quad (\mathrm{b}) \\[2mm]
&H_3 = \frac{1}{16}\begin{bmatrix} 1 & 2 & 1 \\ 2 & 4 & 2 \\ 1 & 2 & 1 \end{bmatrix} \quad (\mathrm{c}) \\[2mm]
&H_4 = \frac{1}{8}\begin{bmatrix} 1 & 1 & 1 \\ 1 & 0 & 1 \\ 1 & 1 & 1 \end{bmatrix} \quad (\mathrm{d}) \\[2mm]
&H_5 = \frac{1}{2}\begin{bmatrix} 0 & \frac{1}{4} & 0 \\ \frac{1}{4} & 1 & \frac{1}{4} \\ 0 & \frac{1}{4} & 0 \end{bmatrix} \quad (\mathrm{e})
\end{aligned}
\right.
\tag{4-27}
$$

4.3.6 高斯滤波

高斯滤波本质上属于空间低通滤波，它是一种线性平滑滤波，广泛应用于图像处理的减噪处理。通俗地讲，高斯滤波就是对整幅图像进行加权平均的过程，每一个像素点的值，都由其本身和邻域内的其他像素值经过加权平均后得到。高斯滤波的具体过程：用一个模板扫描图像中的每一个像素，用模板确定的邻域内像素的加权平均灰度值替代模板中心像素点的值。高斯平滑滤波器对于抑制服从正态分布的噪声(高斯噪声)非常有效。

高斯概率密度函数为 $G(x) = \dfrac{1}{\sigma\sqrt{2\pi}}\mathrm{e}^{-\frac{(x-\mu)^2}{2\sigma^2}}$，其中 μ 为数学期望，σ 为标准差，当 $\mu = 0$

时，为标准概率密度函数 $G(x) = \dfrac{1}{\sigma\sqrt{2\pi}}\mathrm{e}^{-\frac{x^2}{2\sigma^2}}$，当这个函数被扩展到三维空间时，就变成

了二元函数，改写成式(4-28)，σ 决定图像的分布(胖瘦)，当 σ 较小时，图像高瘦；当 σ

较大时，图像矮胖，高斯函数的图形如图 4.22 所示。

$$G(x,\ y) = \frac{1}{2\pi\sigma^2}e^{-\frac{x^2+y^2}{2\sigma^2}} \tag{4-28}$$

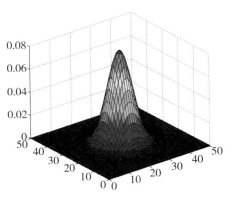

图 4.22　高斯函数图像分布

在图 4.22 中，靠近中心点的位置地势高，距离中心点越远则地势越低。相应地，卷积核也是中心数值最大，并向四周减小，但减小的幅度并不是随意的，而是要求整个卷积核近似逼近高斯函数。由于高斯滤波实质是一种加权平均滤波，为了实现平均，卷积核计算还有一个归一化系数，这个系数等于矩阵中所有数值之和的倒数。

例 4　计算 3×3 卷积核的高斯滤波权重矩阵。

(−1,1)	(0,1)	(1,1)
(−1,0)	(0,0)	(1,0)
(−1,−1)	(0,−1)	(1,−1)

(a) 赋予坐标

0.0453542	0.0566406	0.0453542
0.0566406	0.0707355	0.0566406
0.0453542	0.0566406	0.0453542

(b) 权重矩阵元素计算

0.0947416	0.118318	0.0947416
0.118318	0.147761	0.118318
0.0947416	0.118318	0.0947416

(c) 归一化权重矩阵

图 4.23　高斯滤波权重矩阵计算过程

解：

（1）假定中心点的坐标是（0，0），那么距离它最近的 8 个点的坐标计算如图 4.23（a）所示。

（2）设计 σ 值，如果想让中间像素权重大一些，σ 取较小值，反之取大值。本例中假

定 $\sigma = 1.5$，则模糊半径为 1（本算例中 3×3 卷积核）的权重矩阵计算方法是：将 $\sigma = 1.5$，以及卷积核各像素坐标代入式（4-28），计算出权重矩阵元素，如卷积核中间像素权重值为

$$G(0, 0) = \frac{1}{2\pi\sigma^2}\mathrm{e}^{-\frac{0^2+0^2}{2\sigma^2}} = \frac{1}{2\pi \times 1.5^2} = 0.0707355$$，计算其他 8 个像素的权重矩阵，标于相应

位置，结果如图 4.23（b）所示。

（3）通过计算可知，这 9 个点的权重总和等于 0.4787147，如果只计算这 9 个点的加权平均，还必须让它们的权重之和等于 1，因此以上 9 个值还要分别除以 0.4787147，得到最终的归一权重矩阵，如图 4.23（c）所示。

通过计算可知，卷积核计算除了与尺寸（坐标）有关，还与 σ 取值有关，式（4-27）的模板（c）是 $\sigma = 0.8$ 且取整后的一个高斯卷积核。

4.3.7　双边滤波

前面已经讲过很多滤波方法，尽管这些滤波都能够在一定程度上消除噪声，但是其作用范围有限，只能针对特定种类的噪声。例如高斯滤波针对高斯噪声效果较好，而邻域平均滤波针对椒盐噪声的效果较好。而且，前述的这些滤波对图像的边缘信息都会有不同程度的损坏，原因是没有考虑到图像边缘信息，而双边滤波在利用高斯滤波去噪的同时，还较好地保留了图像边缘信息。

一般而言，区分图像是否为边缘的方法：在图像的边缘部分，像素灰度值的变化较为剧烈，在图像的非边缘区域，像素灰度值的变化较为平坦。通过以上两点分析可知，欲保留图像边缘，必须引入一个能够衡量图像像素变换剧烈程度的变量，因此双边滤波引入了像素域核 G_{σ_r} 和高斯滤波空间域核 G_{σ_s}。像素域核 G_{σ_r} 就是衡量像素变化剧烈程度的量，空间域核 G_{σ_s} 是二维高斯函数，可以把它视作高斯滤波。将这两个变量求积，就得到二者的共同作用结果：在图像的平坦区域，像素灰度值变化很小，对应的像素范围域（G_{σ_r}）权重接近于 1，此时空间域（G_{σ_s}）权重起主要作用，图像处理相当于实施高斯模糊；在图像的边缘区域，像素灰度值变化很大，像素域核 G_{σ_r} 权重变大，从而保持了边缘信息。双边滤波的原理如图 4.24 所示。

假设卷积核窗口中点 p 像素坐标为 $p(i, j)$，窗口中其他某点像素坐标为 $q(m, n)$，S 是卷积核区域像素坐标的集合，$I(p)$ 为 p 点像素值，$I(q)$ 为 q 点像素值，$\|p - q\|$ 为向量 $\overrightarrow{pq}$ 的范数，$G_{\sigma_s}(\|p - q\|)$ 为空间域欧氏距离，$|I(p) - I(q)|$ 为 p、q 两点的像素灰度差的绝对值，$G_{\sigma_r}(|I(p) - I(q)|)$ 为像素域距离，那么 p 点的像素输出值 $\overline{I(p)}$ 按式（4-29）计算。

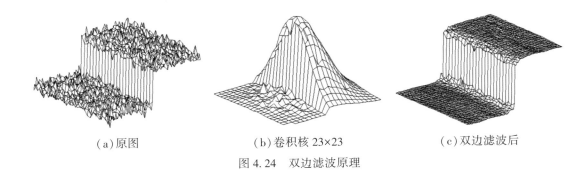

（a）原图　　　　　　（b）卷积核 23×23　　　　（c）双边滤波后

图 4.24　双边滤波原理

$$
\begin{cases}
\overline{I(p)} = \dfrac{1}{W_p} \sum_{q \in S} G_{\sigma_s}(\|p - q\|) G_{\sigma_r}(|I(p) - I(q)|) I(q) \\
W_p = \sum_{q \in S} G_{\sigma_s}(\|p - q\|) G_{\sigma_r}(|I(p) - I(q)|)
\end{cases}
\tag{4-29}
$$

式中，G_{σ_s} 和 G_{σ_r} 都是已知值，在双边滤波中 $G_{\sigma_s}(\|p - q\|)$ 和 $G_{\sigma_r}(|I(p) - I(q)|)$ 均采用二维高斯函数的表达方式，G_{σ_s} 和 G_{σ_r} 的计算方法如式(4-30)所示。

$$
\begin{cases}
G_{\sigma_s}(\|p - q\|) = \mathrm{e}^{-\frac{(m-i)^2 + (n-j)^2}{2\sigma_s^2}} \\
G_{\sigma_r}(|I(p) - I(q)|) = \mathrm{e}^{-\frac{[I(i,\,j) - I(m,\,n)]^2}{2\sigma_r^2}}
\end{cases}
\tag{4-30}
$$

式中，i，j，m，n 都为遍历中确定的值。其中 (i, j) 代表窗口中心值，(m, n) 代表滑动窗口中的某个值。双边滤波也和其他滤波一样，需要卷积计算。

例 5　图 4.25 是一幅 10×10 的图像，图中的数字表示每个点的像素值。在图中存在一个 5×5 大小的滑动窗口，试说明中心点像素值双边滤波计算过程。

15	230	48	56	56	86	89	0	255	71
16	156	126	156	79	45	52	98	165	236
59	49	255	96	96	78	125	89	100	0
89	78	29	98	49	165	156	46	248	96
23	212	145	39	39	56	0	89	99	79
56	123	198	12	48	218	108	146	236	23
96	78	236	125	69	52	56	56	130	59
159	46	49	139	126	53	165	156	156	201
123	89	36	236	89	136	49	200	125	0
46	136	0	89	215	85	165	46	198	118

图 4.25　双边滤波计算图像

解：

（1）仿照图 4.23（a）建立像素坐标系，首先遍历整个窗口，第一个遍历到的点是左上角像素值为 165（坐标为（-2，2））的点，那么该点与中心点的空间域计算结果为：$G_{\sigma_s} = $ $\mathrm{e}^{-\frac{(m-i)^2+(n-j)^2}{2\sigma_s^2}} = \mathrm{e}^{-\frac{(-2-0)^2+(2-0)^2}{2\sigma_s^2}}$（为了简化表达，省去了（$\|p-q\|$）），同理可得像素域结果 $G_{\sigma_r} = \mathrm{e}^{-\frac{[I(i,j)-I(m,n)]^2}{2\sigma_r^2}} = \mathrm{e}^{-\frac{[146-165]^2}{2\sigma_r^2}}$（为了简化表达，省去了（$|I(p)-I(q)|$））。

（2）对 G_{σ_s} 和 G_{σ_r} 赋值，如 G_{σ_s} 和 G_{σ_r} 分别为 5 和 20 时，$G_{\sigma_s} = 0.8521$，$G_{\sigma_r} = 0.6368$。

（3）继续遍历整个窗口，将窗口内每个像素点都与中心点建立联系，求出它们的 G_{σ_s} 和 G_{σ_r} 的值，将 G_{σ_s} 和 G_{σ_r} 相乘，即得到每个点对应的 W_p，即 $W_p = G_{\sigma_s} \times G_{\sigma_r}$。

（4）在遍历结束后，用每个点的 W_p 乘上该点的像素值 $I(m,n)$，并求和，作为式（4-29）的分子。将每个点的 W_p 相加，作为式（4-29）的分母，两者相除，即得到需要的新输出图像的中心点（$i，j$）的像素值。需要注意的是，如果是 RGB 三通道的图像，需要将 RGB 三通道分开求解。

📝 实例 4.6　图像平滑

工具： Python，PyCharm，OpenCV。

步骤：

➤　读取图像；

➤　调用滤波函数；

➤　显示图像；

➤　销毁窗口。

📖　调用函数： OpenCV 使用 blur( )、GaussianBlur( ) 和 bilateralFilter( ) 3 个函数分别实现均值滤波、高斯滤波和双边滤波，下面对这些函数做详细介绍。

① dst = blur(src，ksize，dst = None，anchor = None，borderType = None)

参数说明：

❖　src：输入图像。

❖　ksize：滤波核大小，其格式为（高度，宽度），建议使用如（3，3）、（5，5）、（7，7）等宽高相等的奇数边长。滤波核越大，处理后的图像就越模糊。

❖　dst：输出图像，可选参数，与输入图像具有相同的尺寸和类型。

❖　anchor：可选参数，滤波核的锚点，建议采用默认值，可以自动计算锚点。

❖　borderType：可选参数，边界样式，建议采用默认值。

❖　返回值 dst：均值滤波处理后的图像。

功能说明： 根据输入图像和滤波核等参数实现均值滤波，并返回处理后的图像。

② dst = GaussianBlur(src, ksize, sigmaX, dst = None, sigmaY = None, borderType = None)

参数说明：

❖　src：输入图像。

❖　ksize：滤波核大小，其格式为(高度，宽度)，建议使用如(3，3)、(5，5)、(7，7)等宽高相等的奇数边长。

❖　sigmaX：卷积核水平方向的标准差。

❖　dst：输出图像，可选参数，与输入图像具有相同的尺寸和类型。

❖　sigmaY：卷积核垂直方向的标准差。修改 sigmaX 或 sigmaY 的值都可以改变卷积核中的权重比例。如果不知道如何设计这两个参数值，就直接把这两个参数的值写成 0，方法就会根据滤波核的大小，自动计算出合适的权重比例。

❖　borderType：可选参数，边界样式，建议使用默认值。

❖　返回值 dst：高斯滤波处理后的图像。

功能说明： 根据输入图像、sigma 和滤波核等参数实现高斯滤波，并返回处理后的图像。

③ dst = bilateralFilter(src, d, sigmaColor, sigmaSpace, dst = None, borderType = None)

参数说明：

❖　src：输入图像。

❖　d：以当前像素为中心的整个滤波区域的直径。如果 d<0，则自动根据 sigmaSpace 参数计算得到。该值与保留的边缘信息数量成正比，与方法运行效率成反比。

❖　sigmaColor：参与计算的颜色范围，这个值是像素颜色值与周围颜色值的最大差值，只有颜色值之差小于这个值时，周围的像素才会进行滤波计算。值为 255 时，表示所有颜色都参与计算。

❖　sigmaSpace：坐标空间的 sigma 值，该值越大，参与计算的像素数量就越多。

❖　dst：输出图像，可选参数，与输入图像具有相同的尺寸和类型。

❖　borderType：可选参数，边界样式，建议默认。

❖　返回值 dst：双边滤波处理后的图像。

功能说明： 根据输入图像、半径 d、sigmaColor 和 sigmaSpace 等参数实现双边滤波，并返回处理后的图像。

实现代码：

在"D：\ girl.png"目录下，存放一幅名为 girl.png 的图像，分别调用 blur( )、GaussianBlur( )和 bilateralFilter( )3 个函数实现图像空间域滤波，执行代码如下：

```
importcv2 as cv
img=cv.imread("D:/girl.png")
dst1=cv.blur(img,(15,15))#均值滤波
```

```
dst2=cv.GaussianBlur(img,(15,15),0,0)#高斯滤波
dst3=cv.bilateralFilter(img,15,120,100)#双边滤波
cv.imshow("Original Image",img)#显示原图
cv.imshow("Average",dst1)#均值滤波处理图
cv.imshow("Gaussian",dst2)#高斯滤波处理图
cv.imshow("bFilter",dst3)#双边滤波处理图
cv.waitKey()
cv.destroyAllWindows()
```

结果与分析： 原图像如图 4.26(a)所示，均值滤波、高斯滤波核双边滤波处理结果分别如图 4.26(b)、(c)、(d)所示。为了比较 3 种滤波方法的效果，实例中选用的均是15×15 滤波核(或计算直径)，比较发现，均值滤波平滑效果较好，但是边缘信息损失太严重；高斯滤波平滑效果略差于均值滤波，但边缘信息略优于均值滤波；而双边滤波兼顾了平滑和边缘信息，在完成平滑的同时，保留了边缘。

(a)原图　　　　　　　　　　　　(b)均值滤波

(c)高斯滤波　　　　　　　　　　(d)双边滤波

图 4.26　图像平滑处理

实践拓展： 读入一幅含有噪声的图像，通过设置不同参数，体验滤波效果并分析原因。

疑点解析： GaussianBlur( ) 和 bilateralFilter( ) 的参数理解可能会对初学者造成困惑。GaussianBlur( ) 函数的参数 sigmaX、sigmaY 就是式（4-28）中 σ 在 x 方向和 y 方向的分量值，bilateralFilter( ) 函数的参数 sigmaColor 就是像素域核 G_{σ_r}，sigmaSpace 就是空间域核 G_{σ_s}，此外，在高斯滤波中，sigmaX、sigmaY 如果设置为 0，OpenCV 按照 $\sigma_x = \left(\dfrac{\text{ksize} \cdot \text{width}}{2} - 1\right) \times 0.3 + 0.8$ 和 $\sigma_y = \left(\dfrac{\text{ksize} \cdot \text{height}}{2} - 1\right) \times 0.3 + 0.8$ 分别对二者进行计算。

4.4　图像空间域锐化

图像在形成和传输过程中，由于成像系统聚焦不好或信道的带宽过窄，会使图像目标物轮廓变模糊、细节不清晰。同时，图像平滑后也会变模糊。针对这类问题，需要通过图像锐化处理来实现图像增强。图像锐化是指采取合适处理方法使图像目标物轮廓和细节更加突出，图像锐化会引起一定程度的噪声放大。

4.4.1　梯度算子

图像锐化中最常用的方法是梯度法。在《高等数学》中，梯度表示的是一个向量，代表函数在该点处沿着该方向变化最快，变化率最大。对图像 $f(x, y)$，在其点 (x, y) 上的梯度 $G[f(x, y)]$ 是一个二维列向量，可定义为

$$G[f(x, y)] = \begin{bmatrix} G_x \\ G_y \end{bmatrix} = \begin{bmatrix} \dfrac{\partial f}{\partial x} \\ \dfrac{\partial f}{\partial y} \end{bmatrix} \tag{4-31}$$

梯度的幅度（向量模值）$|G[f(x, y)]|$ 为

$$|G[f(x, y)]| = \sqrt{G_x^2 + G_y^2} = \sqrt{\left(\frac{\partial f}{\partial x}\right)^2 + \left(\frac{\partial f}{\partial y}\right)^2} = \left[\left(\frac{\partial f}{\partial x}\right)^2 + \left(\frac{\partial f}{\partial y}\right)^2\right]^{\frac{1}{2}} \tag{4-32}$$

不难证明，梯度的幅度 $|G[f(x, y)]|$ 是一个各向同性的算子（当沿不同方向检测边缘时梯度幅度一致），并且是 $f(x, y)$ 沿 G 向量方向上的最大变化率。梯度幅度是一个标量，它用到了平方和开平方运算，具有非线性，并且总是正的。一般地，可以将梯度幅度简称为梯度。为降低运算量，实际应用中常采用绝对值或最大值代替平方和开根运算，

$|G[f(x, y)]|$ 可以近似表示为

$$|G[f(x, y)]| = \sqrt{G_x{}^2 + G_y{}^2} \approx |G_x| + |G_y| = \left|\frac{\partial f}{\partial x}\right| + \left|\frac{\partial f}{\partial y}\right| \qquad (4\text{-}33)$$

或者

$$|G[f(x, y)]| = \sqrt{G_x{}^2 + G_y{}^2} \approx \max\{|G_x|, |G_y|\} = \max\left\{\left|\frac{\partial f}{\partial x}\right|, \left|\frac{\partial f}{\partial y}\right|\right\} \qquad (4\text{-}34)$$

梯度是有方向的，梯度的方向角如式(4-35)所示，$\varphi(x, y)$ 为 G_x、G_y 合成向量与轴方向的夹角(锐角)。

$$\varphi(x, y) = \arctan\left|\frac{G_y}{G_x}\right| = \arctan\left|\frac{\dfrac{\partial f}{\partial y}}{\dfrac{\partial f}{\partial x}}\right| \qquad (4\text{-}35)$$

数字图像是离散的，因此梯度算法是将微分 $\dfrac{\partial f}{\partial x}$ 和 $\dfrac{\partial f}{\partial y}$ 近似用差分 $\Delta_x f(i, j)$ 和 $\Delta_y f(i, j)$ 替代，沿 x 和 y 方向的一阶差分可以写成式(4-36)的形式。

$$\begin{cases} G_x = \Delta_x f(i, j) = f(i + 1, j) - f(i, j) \\ G_y = \Delta_y f(i, j) = f(i, j + 1) - f(i, j) \end{cases} \qquad (4\text{-}36)$$

典型梯度算法为

$$|G[f(x, y)]| \approx |G_x| + |G_y| = |f(i + 1, j) - f(i, j)| + |f(i, j + 1) - f(i, j)| \qquad (4\text{-}37)$$

或者

$$\begin{aligned} |G[f(x, y)]| &\approx \max\{|G_x|, |G_y|\} \\ &= \max\{|f(i + 1, j) - f(i, j)|, |f(i, j + 1) - f(i, j)|\} \end{aligned} \qquad (4\text{-}38)$$

例6 数字图像如图 4.27(a)所示，试用梯度算法计算像素灰度值为 129 的像素点的梯度及其梯度方向角。

156	122	78	76
167	129	93	104
255	101	74	177
176	232	240	153

(a) 原始图像

−34	−44	−2	−2
−38	−36	11	11
−154	−27	103	103
56	8	−87	−87

(b) x 方向梯度

11	7	15	28
88	−28	−19	73
−79	131	166	−24
−79	131	166	−24

(c) y 方向梯度

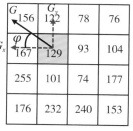

(d) 梯度方向角

图 4.27 数字图像经典梯度计算

解：

（1）梯度计算。根据式（4-36），在 x 方向：156 像素点梯度为 $122-156=-34$，122 像素点梯度为 $78-122=-44$，78 像素点梯度为 $76-78=-2$，76 像素点后面没有像素，因此赋值为上一点（像素值为 78 的点）梯度 -2，以此类推，计算 x 方向上所有像素点的梯度，结果如图 4.27（b）所示。在 y 方向上采用类似方法计算，最后一行用前一行数据填充，结果如图 4.27（c）所示。

（2）计算梯度方向角。根据公式（4-32），$|G|=\sqrt{G_x^2+G_y^2}=\sqrt{(-36)^2+(-28)^2}=$ 46，根据式（4-35），像素值为 129 的像素点的梯度方向角 $\varphi(2,2)=\arctan\left|\dfrac{G_y}{G_x}\right|=$ $\left|\dfrac{-28}{-36}\right|\approx0.778\approx38°$，$G_x$ 和 G_y 的合成向量 G 如图 4.27（d）所示，说明该点沿向量 G 的方向像素值变化最快。

说明：本例采用了定义式法而非经典算法，计算图像梯度时，图像的最后一行，或者最后一列没有其他像素，这个区域像素的梯度应做填充处理，一般赋值为前一行或前一列的数值。

4.4.2 Robert 梯度算子

Robert 梯度的差分算法表示式为

$$\begin{cases} G_x=f(i+1,\,j+1)-f(i,\,j) \\ G_y=f(i+1,\,j)-f(i,\,j+1) \end{cases} \tag{4-39}$$

由此得 Robert 梯度为

$$|G[f(x,\,y)]|=\nabla f(i,\,j)\approx|f(i+1,\,j+1)-f(i,\,j)|+|f(i+1,\,j)-f(i,\,j+1)| \tag{4-40}$$

或者

$$\begin{aligned} |G[f(x,\,y)]|&=\nabla f(i,\,j) \\ &\approx\max\{|f(i+1,\,j+1)-f(i,\,j)|,\,|f(i+1,\,j)-f(i,\,j+1)|\} \end{aligned} \tag{4-41}$$

∇ 读作 Nabla，在图像轮廓上，像素的灰度往往陡然变化，梯度值会很大，而在图像灰度变化相对平缓的区域梯度值较小；而在等灰度区域，梯度值为零，这就是使得图像细节清晰并且达到锐化的原因。锐化对模板的基本要求是，模板中心的系数为正，其余相邻系数为负，且所有的系数之和为零。例如，上述的 Robert 算子，其 G_x 和 G_y 模板如式（4-42）所示。

$$G_x = \begin{bmatrix} -1 & 0 \\ 0 & 1 \end{bmatrix} \quad G_y = \begin{bmatrix} 0 & -1 \\ 1 & 0 \end{bmatrix} \tag{4-42}$$

4.4.3 Sobel 算子

以待增强图像的任意像素 (i, j) 为中心，取 3×3 像素窗口，分别计算窗口中心像素在 x 和 y 方向的梯度。

$$\begin{aligned} S_x =&f(i-1, j+1) + 2f(i, j+1) + f(i+1, j+1) - f(i-1, j-1) \\ & - 2f(i, j-1) - f(i+1, j-1) \end{aligned} \tag{4-43}$$

$$\begin{aligned} S_y =&f(i+1, j-1) + 2f(i+1, j) + f(i+1, j+1) - f(i-1, j-1) \\ & - 2f(i-1, j) - f(i-1, j+1) \end{aligned} \tag{4-44}$$

增强后的图像在 (i, j) 处的灰度值为

$$f'(i, j) = \sqrt{S_x^2 + S_y^2} \tag{4-45}$$

用模板表示为

$$S_x = \begin{bmatrix} -1 & 0 & 1 \\ -2 & 0 & 2 \\ -1 & 0 & 1 \end{bmatrix} \quad S_y = \begin{bmatrix} -1 & -2 & -1 \\ 0 & 0 & 0 \\ 1 & 2 & 1 \end{bmatrix} \tag{4-46}$$

4.4.4 Prewitt 算子

Prewitt 算子的窗口中心像素在 x 和 y 方向的梯度计算公式如下：

$$\begin{aligned} S_x =&f(i-1, j+1) + f(i, j+1) + f(i+1, j+1) - f(i-1, j-1) \\ & - f(i, j-1) - f(i+1, j-1) \end{aligned} \tag{4-47}$$

$$\begin{aligned} S_y =&f(i+1, j-1) + f(i+1, j) + f(i+1, j+1) - f(i-1, j-1) \\ & - f(i-1, j) - f(i-1, j+1) \end{aligned} \tag{4-48}$$

图像增强后在 (i, j) 处的灰度值计算利用式(4-45)，Prewitt 算子模板为

$$S_x = \begin{bmatrix} -1 & 0 & 1 \\ -1 & 0 & 1 \\ -1 & 0 & 1 \end{bmatrix} \quad S_y = \begin{bmatrix} -1 & -1 & -1 \\ 0 & 0 & 0 \\ 1 & 1 & 1 \end{bmatrix} \tag{4-49}$$

例 7 利用 Prewitt 算子计算图 4.28(a)数字图像的各像素梯度，并说明边缘是如何增强的。

解：可以看到图 4.28(a)上半部像素值为 10，下半部像素值为 30，差值为 20，梯度

变化并不显著。由于存在竖向梯度，因此采用式(4-49)的 $S_y = \begin{bmatrix} -1 & -1 & -1 \\ 0 & 0 & 0 \\ 1 & 1 & 1 \end{bmatrix}$ 模板进行

计算。第一个计算的像素窗口是 $\begin{bmatrix} 10 & 10 & 10 \\ 10 & 10 & 10 \\ 10 & 10 & 10 \end{bmatrix}$，与 S_y 卷积后的结果是 0，第二个像素窗

口卷积计算后的结果也是 0，第三个像素窗口是 $\begin{bmatrix} 10 & 10 & 10 \\ 10 & 10 & 10 \\ 30 & 30 & 30 \end{bmatrix}$，卷积计算结果为 60，同

理第四至第八像素卷积可以算出，最终结果如图 4.28(b)所示。

通过计算发现，边缘像素差值从 20 扩大到 60，因此边缘得到增强。由于 x 方向像素无变化，故 S_x 在本例中不起作用，如若 x 方向存在像素变化，则与例 6 相似，要计算 x 方向梯度，最后合成梯度。

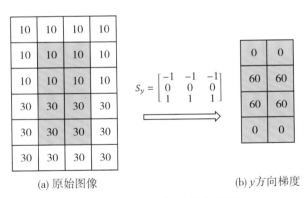

(a) 原始图像　　　　　　　　　(b) y 方向梯度

图 4.28　Prewitt 算子梯度计算

4.4.5　Laplacian 算子

拉普拉斯(Laplacian)算子是线性二阶微分算子，即

$$\nabla^2 f(x, y) = \frac{\partial^2 f(x, y)}{\partial x^2} + \frac{\partial^2 f(x, y)}{\partial y^2} \tag{4-50}$$

对离散的数字图像而言，二阶偏导数用二阶差分近似表示。由此可推导 Laplacian 算子表达式为

$$\nabla^2 f(i, j) = f(i+1, j) + f(i-1, j) + f(i, j+1) + f(i, j-1) - 4f(i, j) \tag{4-51}$$

对应的模板为

$$S = \begin{bmatrix} 0 & 1 & 0 \\ 1 & -4 & 1 \\ 0 & 1 & 0 \end{bmatrix} \tag{4-52}$$

Laplacian 算子有很多形式，其中一种增强算子为

$$S_e = \begin{bmatrix} -1 & -1 & -1 \\ -1 & 8 & -1 \\ -1 & -1 & -1 \end{bmatrix} \tag{4-53}$$

实例 4.7　图像锐化

工具：Python，PyCharm，numpy，matplotlib，OpenCV。

步骤：

➢ 读取图像；

➢ 图像色彩转换；

➢ 高斯滤波去噪；

➢ 各种滤波方法实现；

➢ 显示图像。

调用函数：本例中新接触函数较多，主要包括 OpenCV 用于自定义滤波的 filter2D( ) 函数，用于缩放调整图像矩阵的 convertScaleAbs( ) 函数，用于 Sobel 和 Laplacian 滤波的 Sobel( ) 和 Laplacian( ) 函数，下面对这些函数做详细介绍。

① **dst = filter2D**（**src**，**ddepth**，**kernel**，**dst = None**，**anchor = None**，**delta = None**，**borderType = None**）

参数说明：

❖ src：输入图像。

❖ ddepth：输出图像的期望深度，指的是数据类型，如 cv2. CV_16S。

❖ kernel：卷积核，单通道浮点型矩阵，如果不同通道应用不同的卷积核，需将图像通道拆分单独处理。

❖ dst：输出图像，可选参数，与输入图像具有相同的尺寸和通道数。

❖ anchor：可选参数，滤波核的锚点，表示滤波核内滤波点的相对位置，它位于 kernel 参数内部，默认值为(-1，-1)，表示锚点位于卷积核中心。

❖ delta：可选参数，用于输出图像存储前过滤像素。

❖ borderType：可选参数，边界样式(也称像素外推法，即边界图像处理方法)，建议采用默认值。

❖ 返回值 dst：自定义滤波处理后的图像。

功能说明： 根据输入图像、数据格式和卷积核等参数实现自定义滤波，并返回处理后的图像。

② **dst = convertScaleAbs(src，dst = None，alpha = None，beta = None)**

参数说明：

❖ src：输入图像。

❖ dst：输出图像，可选参数。

❖ alpha：可选参数，输入图像的缩放因子。

❖ beta：可选参数，偏置值。

❖ 返回值 dst：调整像素值后的图像，计算公式为 dst = abs(src * alpha+beta)。

功能说明： 根据输入图像、alpha 和 beta 等参数实现图像像素值调整，使之转换为 8 位图像，并返回处理后的图像。

③ **dst = Sobel(src，ddepth，dx，dy，dst = None，ksize = None，scale = None，delta = None，borderType = None)**

参数说明：

❖ src：输入图像。

❖ ddepth：输出图像的期望深度，指的是数据类型。

❖ dx：x 方向差分阶数。

❖ dy：y 方向差分阶数。

❖ dst：输出图像，可选参数，与输入图像具有相同的尺寸和类型。

❖ ksize：Sobel 卷积核尺寸，必须是 1，3，5，7，…。

❖ scale：可选参数，用于计算导数值，默认情况下不使用该参数。

❖ delta：可选参数，表示在结果存入目标图像(第 5 个参数 dst) 之前可选的 delta 值，有默认值 0。

❖ borderType：可选参数，边界样式，建议默认。

❖ 返回值 dst：Sobel 滤波处理后的图像。

功能说明： 根据输入图像、ddepth、dx、dy 等参数实现 Sobel 滤波，并返回处理后的图像。

④ **dst = Laplacian (src，ddepth，dst = None，ksize = None，scale = None，delta = None，borderType = None)**

参数说明：

❖ src：输入图像。

❖ ddepth：输出图像的期望深度，指的是数据类型。

❖ dst：输出图像，可选参数，与输入图像具有相同的尺寸和通道数。

❖ ksize：用于计算二阶导数滤波的内核大小。必须是 1、3、5 等正奇数。

❖ scale：可选参数，用于计算 Laplacian 值，默认情况下不使用该参数。

❖ delta：可选参数，表示在结果存入目标图像之前可选的 delta 值，有默认值 0。

❖ borderType：可选参数，边界样式，建议默认。

❖ 返回值 dst：Laplacian 滤波处理后的图像。

功能说明： 根据输入图像、ddepth 等参数实现 Laplacian 滤波，并返回处理后的图像。

实现代码：

在"D：\ lena. jpg"目录下，存放一幅名为 lena. jpg 的图像，分别调用 filter2D( )、Sobel( ) 和 Laplacian( )实现图像滤波的 Robert 算法、Prewitt 算法、Sobel 算法和 Laplacian 算法，程序执行代码如下：

```python
import cv2 as cv
import matplotlib.pyplot as plt
import numpy as np


img=cv.imread("D:/lena.jpg") # 读取图像
rgb_img=cv.cvtColor(img, cv.COLOR_BGR2RGB) # 转为 RGB 图像
gray_image=cv.cvtColor(img, cv.COLOR_BGR2GRAY) # 灰度化处理图像
gaussian_blur=cv.GaussianBlur(gray_image,(3,3),0) # 高斯滤波
# Robert 算子
kernelx=np.array([[-1,0],[0,1]], dtype=int) # Robert 算子主对角线方向卷积核
kernely=np.array([[0,-1],[1,0]], dtype=int) # Robert 算子副对角线方向卷积核
x=cv.filter2D(gaussian_blur, cv.CV_16S, kernelx) # 自定义滤波-x 方向
y=cv.filter2D(gaussian_blur, cv.CV_16S, kernely) # 自定义滤波-y 方向
absX=cv.convertScaleAbs(x) # 将图像转换为八位图,x 方向
absY=cv.convertScaleAbs(y) # 将图像转换为八位图,y 方向
Robert=cv.addWeighted(absX, 0.5, absY, 0.5, 0) # 图像合成
# Prewitt 算子
kernelx=np.array([[-1,0,1],[-1,0,1],[-1,0,1]], dtype=int) #x 方向卷积核
```

```
kernely = np.array([[1, 1, 1], [0, 0, 0], [-1, -1, -1]], dtype = int) #y 方向
卷积核
x = cv.filter2D(gaussian_blur, cv.CV_16S, kernelx) # 自定义滤波-x 方向
y = cv.filter2D(gaussian_blur, cv.CV_16S, kernely) # 自定义滤波-y 方向
absX = cv.convertScaleAbs(x) # 将图像转换为八位图,x 方向
absY = cv.convertScaleAbs(y) # 将图像转换为八位图,y 方向
Prewitt = cv.addWeighted(absX, 0.5, absY, 0.5, 0) # 图像合成
# Sobel 算子
x = cv.Sobel(gaussian_blur, cv.CV_16S, 1, 0) # 调用函数实现 x 方向
y = cv.Sobel(gaussian_blur, cv.CV_16S, 0, 1) # 调用函数实现 y 方向
absX = cv.convertScaleAbs(x) # 将图像转换为八位图,x 方向
absY = cv.convertScaleAbs(y) # 将图像转换为八位图,y 方向
Sobel = cv.addWeighted(absX, 0.5, absY, 0.5, 0) # 图像合成
# 拉普拉斯算子
dst = cv.Laplacian(gaussian_blur, cv.CV_16S, ksize = 3) #调用函数实现
Laplacian = cv.convertScaleAbs(dst) # 将图像转换为八位图
# 显示图像
plt.rcParams['font.sans-serif'] = ['SimHei']
titles = ['(a) 原始图像', '(b) Gaussian 滤波', '(c) Robert 算子锐化',
    '(d) Prewitt 算子锐化', '(e) Sobel 算子锐化', '(f) Laplacian 算子锐化']
images = [rgb_img, gaussian_blur, Robert, Prewitt, Sobel, Laplacian]
for i in np.arange(6):
    plt.subplot(2, 3, i + 1), plt.imshow(images[i], 'gray')
    plt.title(titles[i], y = -0.15)
    plt.xticks([]), plt.yticks([])
plt.show()
```

结果与分析： 原图像如图 4.29(a)所示，通过灰度转换和高斯滤波，得到的原始灰度图像如图 4.29(b)所示，Robert、Prewitt、Sobel 和 Laplacian 算子滤波处理分别如图 4.29(c)、(d)、(e)、(f)所示。通过人工分析可知，Prewitt、Sobel 滤波图像锐化结果较好，而 Robert 和 Laplacian 滤波锐化结果稍差。

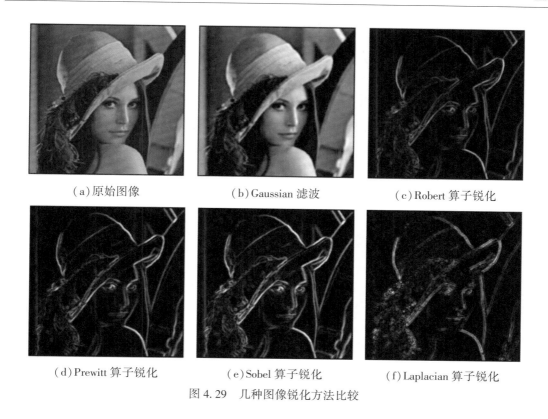

(a)原始图像　　　　　(b)Gaussian 滤波　　　　　(c)Robert 算子锐化

(d)Prewitt 算子锐化　　　(e)Sobel 算子锐化　　　(f)Laplacian 算子锐化

图 4.29　几种图像锐化方法比较

实践拓展： 读入一幅图像，通过调用 filter2D( )实现 Sobel 和 Laplacian 锐化。

4.5　频率域增强

图像增强主要包括消除噪声和突出边缘，前者是为了改善图像的视觉效果，后者是为了边缘的识别和处理。前面介绍的是关于图像空间域增强的方法，下面介绍频率域增强方法。

假定原图像为 $f(x, y)$，经傅里叶变换为 $F(u, v)$，频率域增强就是选择合适的滤波器 $H(u, v)$ 对 $F(u, v)$ 的频谱成分进行调整，然后经傅里叶逆变换得到增强的图像 $g(x, y)$。图 4.30 描述的是频率域增强的一般过程。

$$F(x,y) \xRightarrow{\text{DFT}} F(u,v) \xRightarrow[\text{滤波}]{H(u,v)} F(u,v) H(u,v) \xRightarrow{\text{IDFT}} g(x,y)$$

图 4.30　频率域增强的一般过程

4.5.1 频率域平滑

图像的平滑除了可以在空间域中进行外，也可以在频率域中进行。由于噪声主要集中在高频部分，为去除噪声，改善图像质量，在图 4.30 中滤波器采用低通滤波器 $H(u, v)$ 来抑制高频部分，然后再进行傅里叶逆变换获得滤波图像，就可达到平滑图像的目的。常用的频率域低通滤波器 $H(u, v)$ 有以下几种。

1. 理想低通滤波器

设傅里叶平面上理想低通滤波器离开原点的截止频率为 D_0，则理想低通滤波器的传递函数为：

$$H(u, v) = \begin{cases} 1, & D(u, v) \leqslant D_0 \\ 0, & D(u, v) > D_0 \end{cases} \tag{4-54}$$

式中，$D(u, v) = \sqrt{u^2 + v^2}$，$D_0$ 有两种定义：一种是取 $H(u, 0)$ 降到 1/2 时对应的频率；另一种是取 $H(u, 0)$ 降低到 $1/\sqrt{2}$ 时对应的频率，这里采用第一种。理想低通滤波器传递函数的透视图及其剖面分别如图 4.31(a)、(b)所示。在理论上，$F(u, v)$ 在 D_0 内的频率分量无损通过，而在 $D > D_0$ 的频率分量却被除掉，然后经傅里叶逆变换得到平滑图像。由于高频成分包含有大量的边缘信息，因此采用该滤波器在去噪声的同时将会导致边缘信息损失而使图像边缘模糊，并且产生振铃效应，严重降低了图像质量，难以进行后续处理。

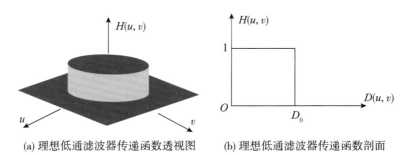

(a) 理想低通滤波器传递函数透视图   (b) 理想低通滤波器传递函数剖面

图 4.31　理想低通滤波器

2. Butterworth 低通滤波器

n 阶 Butterworth 低通滤波器的传递函数为：

$$H(u, v) = \cfrac{1}{1 + \left[\cfrac{D(u, v)}{D_0}\right]^{2n}} \tag{4-55}$$

Butterworth 低通滤波器传递函数的透视图及剖面图分别如图 4.32（a）、（b）所示。它的特性是连续性衰减，而不像理想低通滤波器那样陡峭和呈明显的不连续性。因此采用该滤波器在滤波抑制噪声的同时，图像边缘的模糊程度大大减小，没有振铃效应产生，但计算量大于理想低通滤波器。

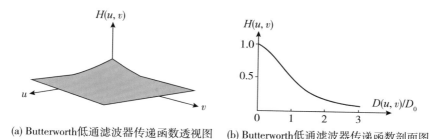

(a) Butterworth低通滤波器传递函数透视图　(b) Butterworth低通滤波器传递函数剖面图

图 4.32　Butterworth 低通滤波器

4.5.2　频率域锐化

图像的边缘、细节主要在高频部分得到反映，而图像的模糊是由于高频成分比较弱产生的。为了消除模糊，突出边缘，采用高通滤波器让高频成分通过，使低频成分削弱，再经傅里叶逆变换得到边缘锐化的图像。常用的高通滤波器有如下形式：

1. 理想高通滤波器

理想高通滤波器的传递函数为：

$$H(u, v) = \begin{cases} 0, & D(u, v) \leqslant D_0 \\ 1, & D(u, v) > D_0 \end{cases} \tag{4-56}$$

它的透视图和剖面图分别如图 4.33（a）、（b）所示。它与理想低通滤波器相反，它把半径为 D_0 的圆内所有频谱成分完全去掉，对圆外则无损地通过。

2. Butterworth 高通滤波器

n 阶 Butterworth 高通滤波器的传递函数定义如式（4-57）所示，其传递函数的剖面图如图 4.34 所示。

$$H(u, v) = \cfrac{1}{1 + \left[\cfrac{D_0}{D(u, v)}\right]^{2n}} \qquad (4\text{-}57)$$

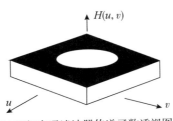
(a) 理想高通滤波器传递函数透视图

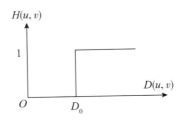
(b) 理想高通滤波器传递函数剖面图

图 4.33　理想高通滤波器

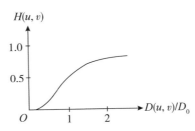

图 4.34　Butterworth 高通滤波器

📝 实例 4.8　理想高通滤波

工具： Python，PyCharm，numpy，matplotlib，OpenCV。

步骤：

➤ 读取图像；

➤ 转换为灰度图像；

➤ 傅里叶变换；

➤ 理想高通滤波器实现；

➤ 频谱调整；

➤ 傅里叶逆变换；

➤ 显示图像。

📖 **调用函数：** 本例没有新增 OpenCV 函数，但调用了一些 numpy、matplotlib 库函数，已在代码中作说明，此处不详细展开。

实现代码:

在"D: \ lena.jpg"目录下,存放一幅名为 lena.jpg 的图像,通过设计理想高通滤波算法,实现该图像的理想高通滤波。代码如下:

```python
import numpy as np
import cv2 as cv
from matplotlib import pyplot as plt
plt.rcParams['font.sans-serif']=['SimHei'] #设置字体
plt.rcParams['axes.unicode_minus']=False #设置坐标轴
img=cv.imread("D:/lena.jpg") #读入图像
(r,g,b)=cv.split(img) #通道拆分
img=cv.merge([b,g,r]) #通道合并
gray=np.double(cv.cvtColor(img,cv.COLOR_RGB2GRAY)) #转为 double 类型灰度图像
D1=1 #设置截止频率为 D1
D2=5 #设置截止频率为 D2
D3=10 #设置截止频率为 D3
Fuv=np.fft.fftshift(np.fft.fft2(gray)) #灰度图像的傅里叶变换
print('Fuv',Fuv) #打印傅里叶变换结果
print(img.shape) #打印拆分-合并通道后 img 图像维度
m,n=img.shape[0],img.shape[1] #获取 img 图像列数和行数
xo=np.floor(m/2) #向下取整,找到图像 x 轴中点
yo=np.floor(n/2) #向下取整,找到图像 y 轴中点
h1=np.zeros((m,n)) #创建 m×n 零矩阵,用于高通滤波
h2=np.zeros((m,n)) #创建 m×n 零矩阵,用于高通滤波
h3=np.zeros((m,n)) #创建 m×n 零矩阵,用于高通滤波
#对 h1,h2,h3 三个截止频率图进行赋值
for i in range(m): #遍历图像
    for j in range(n):
        D=np.sqrt((i-xo)**2+(j-yo)**2) #计算到图像中心的距离
        if D>=D1:
            h1[i,j]=1 #如果大于截止频率 D1,赋值为 1
        else:
            h1[i,j]=0 #否则赋值 0
        if D>=D2:
```

```
        h2[i,j]=1 #如果大于截止频率 D2,赋值为1
    else:
        h2[i,j]=0 #否则赋值 0
    if D>=D3:
        h3[i,j]=1 #如果大于截止频率 D3,赋值为1
    else:
        h3[i,j]=0 #否则赋值 0
Guv1=h1*Fuv #截止频率 D1 频谱调整
Guv2=h2*Fuv #截止频率 D2 频谱调整
Guv3=h3*Fuv #截止频率 D3 频谱调整
g1=np.fft.ifftshift(Guv1) #低频平移到中心
g1=np.uint8(np.real(np.fft.ifft2(g1))) #傅里叶逆变换,获取实部并转换为
uint8 类型
print('g1',g1) #打印转换结果
g2=np.fft.ifftshift(Guv2) #低频平移到中心
g2=np.uint8(np.real(np.fft.ifft2(g2))) #傅里叶逆变换,获取实部并转换为
uint8 类型
print('g2',g2) #打印转换结果
g3=np.fft.ifftshift(Guv3) #低频平移到中心
g3=np.uint8(np.real(np.fft.ifft2(g3))) #傅里叶逆变换,获取实部并转换为
uint8 类型
print('g3',g3) #打印转换结果
# 显示图形
plt.rcParams['font.sans-serif']=['SimHei'] #允许设置汉字标题
titles=['(a)原始图像','(b)D0=1','(c)D0=5','(d)D0=10'] #定义标题列表
images=[img,g1,g2,g3] #定义图像列表
for i in range(4): #遍历图像和标题列表,绘制图像
    plt.subplot(2, 2, i+1), plt.imshow(images[i], 'gray')
    plt.title(titles[i],y=-0.15)
    plt.xticks([]), plt.yticks([])
plt.show()
```

结果与分析: 原图像如图 4.35(a)所示,将 D_0 分别设置为 1、5 和 10,结果分别如图 4.35(b)、(c)、(d)所示。随着 D_0 的增加,低频越来越少,高频也越来越少,但高频

的起点增高，因此图像的边缘和细节信息展示越来越明显。

（a）原始图像　　　　　　　　（b）$D_0 = 1$

（c）$D_0 = 5$　　　　　　　　（d）$D_0 = 10$

图 4.35　理想高通滤波

实践拓展：　读入一幅图像，设计 Butterworth 高通滤波器实现 Butterworth 高通滤波。

4.6　色彩增强

人眼能分辨灰度级的能力是十分有限的，一般介于十几级到二十几级之间，而对不同亮度和色调的彩色分辨能力可达到灰度分辨能力的百倍以上。利用视觉系统的这一特性，将灰度图像变成彩色图像或改变已有彩色的分布，都会改善图像的可分辨性。彩色增强方法分为伪彩色增强和真彩色增强两类。

4.6.1　伪彩色增强

伪彩色增强是把黑白图像的各不同灰度级按照线性或非线性的映射函数变换成不同的彩色，得到一幅彩色图像的技术。它使原图像细节更易辨认，目标更容易识别。伪彩色增强有多种方法，下面仅介绍密度分割法。

密度分割法也称为强度分割法，是伪彩色增强中一种最简单的方法。如图 4.36(a)所示，它是把黑白图像的灰度级从 0(黑)到 M_0(白)分成 N 个区间 $I_i(i = 1, 2, \cdots, N)$，给每个区间 I_i 指定一种彩色 C_i，得到灰度颜色对照表(图 4.36(b))，然后按对照表查找灰度图像各个像素的颜色值，这样，便可以把一幅灰度图像变成一幅伪彩色图像。此法比较直观简单，缺点是变换出的彩色数目有限。

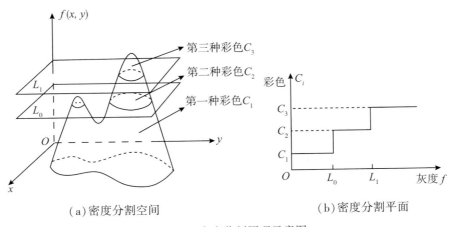

(a)密度分割空间　　　　　　　　　(b)密度分割平面

图 4.36　密度分割原理示意图

4.6.2　真彩色增强

在彩色图像处理中，选择合适的彩色模型是很重要的。显示器和彩色扫描仪都是根据 RGB 模型工作的。为了在屏幕上显示彩色图像一定要借用 RGB 模型，但 HIS 模型(色度、亮度和饱和度，与 HSV 的区别在于亮度取值不同)在许多处理中有其独特的优点。首先，在 HIS 模型中，亮度分量与色度分量是分开的；其次，在 HIS 模型中，色调和饱和度的概念与人的感知是紧密相连的。

如果将 RGB 图转化为 HIS 图，亮度分量和色度分量就分开了。真彩色图像增强处理过程步骤如下：

(1)将 R、G、B 分量转化为 H、I、S 分量图；

(2)利用对灰度图增强的方法增强其中的 I 分量图；

(3)再将结果转换为用 R、G、B 分量图表示。

以上方法并不改变原图的彩色内容，但增强后的图看起来可能会有些不同。这是因为尽管色调与饱和度没有变化，但亮度分量得到了增强，整个图像会比原来更亮一些。

需要指出，尽管直接使用 R、G、B 各分量对灰度图的增强方法可以增加图中的可视细节亮度，但得到的增强图中的色调有可能完全没有意义。这是因为在增强图中对应同一个像素的 R、G、B 这三个分量都发生了变化，它们的相对数值与原来不同，从而导致原图颜色的较大改变。

实例 4.9　真彩色增强

工具：Python，PyCharm，numpy，OpenCV。

步骤：

➢ 读取图像；

➢ 转换为 HSV 图像；

➢ 分离 H、S、V 通道；

➢ V 通道增强；

➢ 合并调整后的 H、S、V 通道；

➢ 显示图像。

▦ 调用函数：本实例主要应用了 OpenCV 的 split() 函数和 merge() 函数，没有新增函数。

实现代码：

在"D：\ peony.jpg"目录下，存放一幅名为 peony.jpg 的图像，通过拆分该图像的 H、S、V 通道，放大 V 通道值，实现该图像的真彩色增强。代码如下：

```
importcv2 as cv
import numpy as np
img=cv.imread("D:/peony.jpg")
hsv_img=cv.cvtColor(img,cv.COLOR_BGR2HSV)
h,s,v=cv.split(hsv_img) #分离图像的 HSV 通道
print("v channel",v)
v_Enhancement=np.uint8(1.5*v) #增强 v 通道
print("v_Enhancement channel",v_Enhancement)
hsv_img_merge=cv.merge([h,s,v_Enhancement]) #合并增强后的图像
cv.imshow("Original Image",img) #显示原图像
cv.imshow("HSV Image",hsv_img) #显示原图像转换后的 HSV 图像
cv.imshow("ColorEnhancement Image",hsv_img_merge) #显示彩色增强后的 HSV 图像
```

```
cv.waitKey()
cv.destroyAllWindows()
```

结果与分析： 原图像如图 4.37(a)所示，原图 HSV 图像如图 4.37(b)所示，真彩色增强后的 HSV 图像如图 4.37(c)所示，比较图 4.37(b)和(c)可以发现，图像 V 通道增强后轮廓明晰了，但是图像亮度并非全部增强，而是局部像素亮度增加，局部像素亮度衰减，原因是 OpenCV 的 V 通道像素值范围为[0，255]，当乘以 1.5 后部分像素超过 255，系统自动求余，反而使像素值变小。

 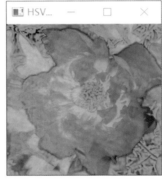 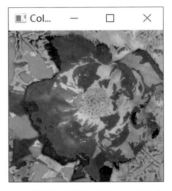

| (a)原始图像 | (b)原图 HSV 图像 | (c)真彩色增强后的 HSV 图像 |

图 4.37 真彩色增强

实践拓展： 读入一幅图像，仿照本例进行程序设计，通过增强 V 通道像素值，使全体像素亮度增强，不存在衰减。

疑点解析： 本实例中应用的是 HSV 图像真彩色增强而非 HIS 图像增强，原因是 OpenCV 并未封装 HIS 图像处理方法。事实上，HSV 和 HIS 图像空间非常接近，V 和 I 通道均表示亮度，不同的是，对于原始 RGB 图像，HSV 的 V 通道像素取的是 R、G、B 三者之中的最大值，即 $V = \max\{R，G，B\}$，而 HIS 的 I 通道像素取的是三者之中的平均值，即 $I = (R+G+B)/3$。

☑ 本章小结

本章的重点内容是空间域平滑、锐化处理和频率域增强，学习的时候要注意知识点的逻辑关系，如空间平滑和锐化各有哪些方法，其模板构成和处理特点是什么，适用于什么情况等。此外，还要注意各种增强方法的关联性，如空间域平滑和频域低通滤波处理结果类似，空间域锐化和频域高通滤波处理结果类似。本章是全书重点之一，学习时一定要注意知识点的联系与比较，做到求同存异，学会贯通。

第 5 章

图 像 复 原

图像复原是图像处理中的一个重要研究方面。图像复原的目的是从退化图像中重建原始图像，改善退化图像的视觉质量，在这一点上和图像增强是类似的，所不同的是图像复原过程需要根据图像退化的过程或现象建立一定的图像退化模型来完成。可能的退化现象有光学系统中的衍射、传感器的非线性失真、光学系统的像差、图像运动造成的模糊，以及镜头畸变等。

✎ 本章学习目标

理解图像退化的原因，掌握离散图像的退化模型，掌握线性运动退化函数等常见退化模型的原理；掌握代数复原法中的约束最小二乘复原和频域恢复法的维纳滤波复原方法，能解释方法的数学模型。

✎ 本章思维导图

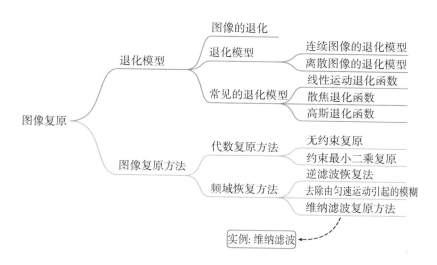

5.1 退化模型

由于退化原因各异，目前还没有统一的恢复方法。典型的图像复原方法是根据图像退化的先验知识建立一个退化模型，以此模型为基础，采用各种逆退化处理方法进行恢复，使图像的质量得到改善。

5.1.1 图像的退化

由于图像恢复时只有退化图像，原未退化的图像是不可知的，而退化过程则是随机噪声的污染过程。因此，图像复原实际是对原图像的估计过程，目的是在某种客观准则下，得到对原未退化模型图像的最优估计。也就是说，对于图像退化过程的先验知识，掌握的精确度越高，图像复原效果越好。

基于先验知识，人们对图像复原结果的评价已确定了一些准则，这些准则包括最小均方准则、加权均方准则和最大熵准则等，这些准则是用来规定复原后的图像与原图像相比较的质量标准。目前，图像复原技术有多种类型。在给定模型条件下，图像复原技术可分为无约束和有约束两大类。按照处理的领域可分为频域和空域两大类。许多图像复原技术在频域中进行，但越来越多的空域处理得到了应用。图像复原的基本步骤：查找退化原因→建立退化模型→反向推演→恢复图像。

与图像增强相比较，图像复原是为了改善图像的质量，但是两者存在着明显的区别，具体如下：

(1)图像复原需要利用退化过程的先验知识来建立退化模型，在退化模型的基础上采取与退化相反的过程来恢复图像；而图像增强是不需要建立模型的。

(2)图像复原是针对整幅图像的，以改善图像的整体质量；而图像增强则是针对图像的局部，以改善图像局部的特性，如图像的平滑和锐化。

(3)图像复原是利用图像退化过程来恢复图像的原来面目，其最终结果是能够被客观的评价准则来衡量的；而图像增强主要是尝试用各种技术来改善图像的视觉效果，以适应人的需求，而不考虑处理后的图像是否与原图相符，不需要统一的客观评价准则。

5.1.2 退化模型

假设输入图像 $f(x, y)$ 经过某个退化系统 $h(x, y)$ 后产生退化图像 $g(x, y)$。在退化过程中引进的随机噪声为加性噪声 $n(x, y)$（若不是加性噪声，是乘性噪声，可以用对数转换方式转化为相加形式），则图像退化过程中的空间域模型如图 5.1(a) 所示，类似地，图像退化过程频域模型如图 5.1(b) 所示。

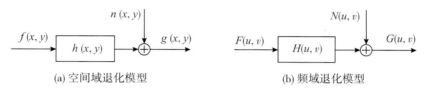

(a) 空间域退化模型　　　　　　　　　(b) 频域退化模型

图 5.1　图像退化模型

图像退化模型的一般表达式为

$$g(x, y) = h(x, y) * f(x, y) + n(x, y) \qquad (5\text{-}1)$$

式中，$*$ 为空间卷积，或者上式也可以表示成

$$g(x, y) = H[f(x, y)] + n(x, y) \qquad (5\text{-}2)$$

式(5-1)中，$h(x, y)$ 为退化函数的空间描述，也称为成像系统的冲激响应或点扩展函数；式(5-2)中，$H[f(x, y)]$ 为输入图像 $f(x, y)$ 的退化算子。频域上图像退化模型如图 5.1(b)所示，由于空间域上的卷积等同于频域上的乘积，因此把退化模型写成式(5-3)的频域表示，即

$$G(u, v) = H(u, v)F(u, v) + N(u, v) \qquad (5\text{-}3)$$

式中，$H(u, v)$ 为系统点冲激响应函数 $h(x, y)$ 的傅里叶变换，称为系统在频率上的传递函数。

1. 连续图像的退化模型

一幅连续图像 $f(x, y)$ 可以看成是由一系列点源组成的。因此，$f(x, y)$ 可以通过点源函数的卷积来表示，即

$$f(x, y) = \int_{-\infty}^{+\infty} \int_{-\infty}^{+\infty} f(\alpha, \beta)\delta(x - \alpha, y - \beta)\mathrm{d}\alpha\mathrm{d}\beta \qquad (5\text{-}4)$$

式中，δ 函数为点源函数，表示空间上的点脉冲。

在不考虑噪声的一般情况下，连续图像经过退化系统 H 后的输出为

$$g(x, y) = H[f(x, y)] \qquad (5\text{-}5)$$

将式(5-4)代入式(5-5)，得

$$g(x, y) = H[f(x, y)] = H\left[\int_{-\infty}^{+\infty} \int_{-\infty}^{+\infty} f(\alpha, \beta)\delta(x - \alpha, y - \beta)\mathrm{d}\alpha\mathrm{d}\beta\right] \qquad (5\text{-}6)$$

在线性和空间不变系统的情况下，退化算子 H 具有以下性质。

（1）线性：设 $f_1(x, y)$ 和 $f_2(x, y)$ 分别为两幅输入图像，k_1 和 k_2 为常数，则

$$H[k_1 f_1(x, y) + k_2 f_2(x, y)] = k_1 H[f_1(x, y)] + k_2 H[f_2(x, y)] \tag{5-7}$$

由该性质可得到以下两个推论：

①若 $k_1 = k_2 = 1$，可得

$$H[f_1(x, y) + f_2(x, y)] = H[f_1(x, y)] + H[f_2(x, y)] \tag{5-8}$$

②若 $f_2(x, y) = 0$，则

$$H[k_1 f_1(x, y)] = k_1 H[f_1(x, y)] \tag{5-9}$$

（2）空间不变性：对任意 $f(x, y)$，a 和 b，存在

$$H[f(x - a, y - b)] = g(x - a, y - b) \tag{5-10}$$

对于线性空间不变系统，输入图像经过退化后的输出为

$$g(x, y) = H[f(x, y)] = H[f(x, y) * \delta(x, y)]$$

$$= H\left[\int_{-\infty}^{+\infty}\int_{-\infty}^{+\infty} f(\alpha, \beta)\delta(x - \alpha, y - \beta)\,\mathrm{d}\alpha\mathrm{d}\beta\right]$$

$$= \int_{-\infty}^{+\infty}\int_{-\infty}^{+\infty} f(\alpha, \beta)H[\delta(x - \alpha, y - \beta)]\,\mathrm{d}\alpha\mathrm{d}\beta$$

$$= \int_{-\infty}^{+\infty}\int_{-\infty}^{+\infty} f(\alpha, \beta)h(x - \alpha, y - \beta)\,\mathrm{d}\alpha\mathrm{d}\beta \tag{5-11}$$

式中，$h(x - \alpha, y - \beta)$ 为该退化系统的点扩展函数，或称为系统的冲激响应函数。它表示系统对坐标为 (α, β) 处的冲激函数 $\delta(x - \alpha, y - \beta)$ 的响应。换句话说，即只要系统对冲激函数的响应为已知的，则可以很清楚地知道图像是怎样退化的。

此时，退化系统的输出就是输入图像信号 $f(x, y)$ 与点扩展函数 $h(x, y)$ 的卷积，即

$$g(x, y) = \int_{-\infty}^{+\infty}\int_{-\infty}^{+\infty} f(\alpha, \beta)h(x - \alpha, y - \beta)\,\mathrm{d}\alpha\mathrm{d}\beta = f(x, y) * h(x, y) \tag{5-12}$$

图像复原实际上就是通过退化数学模型在空间域已知 $g(x, y)$ 逆向求 $f(x, y)$，得到其估计近似值 $\hat{f}(x, y)$，或在频率域已知 $G(u, v)$ 求 $F(u, v)$，得到其估计近似值 $\hat{F}(u, v)$ 的问题，上述两种表述是等价的。进行图像复原的关键问题是寻求降质退化系统在空间域上的冲激响应函数 $h(x, y)$，或者说降质系统在频率域上的传递函数 $H(u, v)$。实际上，$h(x, y)$ 和 $H(u, v)$ 很难精确求得，因此一般都是设法求得近似的降质系统传递函数 $\hat{h}(x, y)$ 或者 $\hat{H}(u, v)$。

2. 离散图像的退化模型

由于数字图像处理系统处理的是离散图像，因此需对图像 $f(x, y)$ 和点扩散函数 $h(x, y)$ 进行均匀采样，得到离散的退化模型。若数字图像 $f(x, y)$ 和点扩散函数 $h(x, y)$ 的大小分别为 $A \times B$ 和 $C \times D$，可先将各函数添零并延拓成 $M \times N$ 的周期函数。即

$$f_e(x, y) = \begin{cases} f(x, y), & 0 \leqslant x \leqslant A - 1 \text{ 且 } 0 \leqslant y \leqslant B - 1 \\ 0, & A \leqslant x \leqslant M - 1 \text{ 或 } B \leqslant y \leqslant N - 1 \end{cases} \tag{5-13}$$

和

$$h_e(x, y) = \begin{cases} h(x, y), & 0 \leqslant x \leqslant C - 1 \text{ 且 } 0 \leqslant y \leqslant D - 1 \\ 0, & C \leqslant x \leqslant M - 1 \text{ 或 } D \leqslant y \leqslant N - 1 \end{cases} \tag{5-14}$$

将周期延拓的 $f_e(x, y)$ 和 $h_e(x, y)$ 作为二维周期函数来处理，即在 x 和 y 方向上，周期分别为 M 和 N，即可得到离散的退化模型为

$$g_e(x, y) = \sum_{m=0}^{M-1} \sum_{n=0}^{N-1} f_e(m, n) h_e(x - m, y - n) + \eta_e(x, y) \tag{5-15}$$

式中，$x = 0, 1, 2, \cdots, M - 1$，$y = 0, 1, 2, \cdots, N - 1$，函数 $g_e(x, y)$ 为周期函数，其周期与 $f_e(x, y)$ 和 $h_e(x, y)$ 的周期一样。函数 $\eta_e(x, y)$ 是一个延拓为 $M \times N$ 的离散噪声项。

式(5-15)进一步用矩阵运算加以描述，可得

$$g = Hf + \eta \tag{5-16}$$

式中，f、g 和 η 为 $MN \times 1$ 维的列向量，分别是由 $M \times N$ 维的矩阵 $f_e(x, y)$、$g_e(x, y)$ 和 $\eta_e(x, y)$ 的各行堆积而成的，如下所示：

$$f = \begin{bmatrix} f_e(0, 0) \\ f_e(0, 1) \\ \vdots \\ f_e(0, N-1) \\ f_e(1, 0) \\ f_e(1, 1) \\ \vdots \\ f_e(M-1, N-1) \end{bmatrix}, \quad g = \begin{bmatrix} g_e(0, 0) \\ g_e(0, 1) \\ \vdots \\ g_e(0, N-1) \\ g_e(1, 0) \\ g_e(1, 1) \\ \vdots \\ g_e(M-1, N-1) \end{bmatrix}, \quad \eta = \begin{bmatrix} \eta_e(0, 0) \\ \eta_e(0, 1) \\ \vdots \\ \eta_e(0, N-1) \\ \eta_e(1, 0) \\ \eta_e(1, 1) \\ \vdots \\ \eta_e(M-1, N-1) \end{bmatrix}$$

$$\tag{5-17}$$

H 为 $MN \times MN$ 维矩阵。这一矩阵是由大小为 $N \times N$ 的 M^2 部分组成的，可表示为

$$H = \begin{bmatrix} H_0 & H_{M-1} & H_{M-2} & \cdots & H_1 \\ H_1 & H_0 & H_{M-1} & \cdots & H_2 \\ H_2 & H_1 & H_0 & \cdots & H_3 \\ \vdots & \vdots & \vdots & & \vdots \\ H_{M-1} & H_{M-2} & H_{M-3} & \cdots & H_0 \end{bmatrix}_{M \times M} \tag{5-18}$$

而 H_i 是由周期延拓图像 $h_e(x, y)$ 的第 i 行按如下方式构成的：

$$H_i = \begin{bmatrix} h_e(i, 0) & h_e(i, N-1) & \cdots & h_e(i, 1) \\ h_e(i, 1) & h_e(i, 0) & \cdots & h_e(i, 2) \\ \vdots & \vdots & & \vdots \\ h_e(i, N-1) & h_e(i, N-2) & \cdots & h_e(i, 0) \end{bmatrix}_{N \times N} \tag{5-19}$$

可以看出，式中利用了 $h_e(x, y)$ 的周期性。此处，H_i 是一个循环矩阵，H 的各个分块的下标均按循环方向标注。因此，式(5-18)中给出的矩阵 H 常被称为分块循环矩阵。直接用 H 进行求解将是一个运算量非常庞大的工作，因此需要利用 H 的特殊性来进行运算，或在频域利用快速算法来进行求解。

5.1.3　常见的退化模型

1. 线性运动退化函数

线性运动退化是由于目标与成像系统之间的相对匀速直线运动造成的退化。水平方向的线性运动可以用以下退化函数来表示

$$h(m, n) = \begin{cases} \dfrac{1}{d}, & 0 \leqslant m \leqslant d \text{ 且 } n = 0 \\ 0, & \text{其他} \end{cases} \tag{5-20}$$

式中，d 为退化函数的长度。对于线性移动为其他方向的情况，也可以用类似的方法进行定义。

2. 散焦退化函数

根据几何光学的原理，光学系统散焦造成的图像退化对应的点扩散函数应该是一个均匀分布的圆形光斑，该退化函数可表示为

$$H(u, v) = \begin{cases} \dfrac{1}{\pi}R^2, & u^2 + v^2 \leqslant R^2 \\ 0, & \text{其他} \end{cases} \tag{5-21}$$

式中，R 为散焦斑的半径。在信噪比较高的情况下，在频域图上可以观察到圆形的轨迹。

3. 高斯退化函数

高斯退化函数是许多光学测量系统和成像系统最常见的退化函数。在这些系统中，由于影响系统点扩散函数的因素比较多，其综合结果往往使最终的点扩散函数趋于高斯型。该退化函数可表示为

$$h(m, n) = \begin{cases} k\mathrm{e}^{[-\alpha(m^2+n^2)]}, & (m, n) \in C \\ 0, & \text{其他} \end{cases} \tag{5-22}$$

式中，k 为归一化常数；α 为一个正常数；C 为 $h(m, n)$ 的圆形支持域。由高斯退化函数的表达式可看出，二维高斯函数能够分解成为两个一维高斯函数的乘积，这一性质在图像复原中的很多地方得到运用。

5.2 图像复原方法

图像复原方法是建立在图像退化模型基础之上的，本节从代数复原和频域复原两个方面说明图像复原方法的原理。

5.2.1 代数复原方法

1. 无约束复原

图像复原的主要目的是在假设具有退化的图像 $g(x, y)$、系统 $h(x, y)$ 和噪声 $n(x, y)$ 的某些知识的情况下，获得退化图像的最佳估计。由式(5-16)可知，其代数表达式可写成

$$g = Hf + n \tag{5-23}$$

式中，g、f 和 n 均为 N 维列向量；H 为 $N \times N$ 维矩阵。此时可用线性代数中的理论解决复原问题。

由式(5-23)可得退化模型中的噪声项为

$$n = g - Hf \tag{5-24}$$

当对 n 一无所知时，有意义的准则函数是寻找一个 $\hat{f}$，使得 $H\hat{f}$ 在最小二乘意义上近似于 g，即要使噪声项的范数尽可能小，也就是使

$$\|n\|^2 = \|g - H\hat{f}\|^2 \tag{5-25}$$

为最小。把这一问题等效地看作求准则函数

$$J(\hat{f}) = \|g - H\hat{f}\|^2 \tag{5-26}$$

关于 $\hat{f}$ 最小的问题。

利用式(5-26)关于 $\hat{f}$ 求偏导数并令其为 0，有

$$\frac{\partial J(\hat{f})}{\partial \hat{f}} = 2H'(g - H\hat{f}) = 0 \tag{5-27}$$

于是可推出

$$\hat{f} = (H'H)^{-1}H'g \tag{5-28}$$

令 $M = N$，则 H 为一方阵。并设 H^{-1} 存在，则式(5-28)化为

$$\hat{f} = H^{-1}(H')^{-1}H'g = H^{-1}g \tag{5-29}$$

式(5-29)就是逆滤波恢复法的表达式。对于位移不变产生的模糊，可以通过在频率域进行去卷积来说明。即

$$\hat{F}(u, v) = \frac{G(u, v)}{H(u, v)} \tag{5-30}$$

若 $H(u, v)$ 有零值，则 H 为奇异的，即使 H^{-1} 或 $(H'H)^{-1}$ 都不存在，也会导致复原问题的病态性或奇异性。

2. 约束最小二乘复原

为了克服图像恢复问题的病态性质，常需要在恢复过程中施加某种约束，即约束复原。令 Q 为 f 的线性算子，约束最小二乘法复原问题是使形式为 $\|Q\hat{f}\|^2$ 的函数，在约束条件 $\|n\|^2 = \|g - H\hat{f}\|^2$ 为最小。这可以归结为寻找一个 $\hat{f}$，使下面准则函数最小：

$$J(\hat{f}) = \|Q\hat{f}\|^2 + \lambda \|g - H\hat{f}\|^2 - \|n\|^2 \tag{5-31}$$

式中，λ 为一常数，叫作拉格朗日系数。

按一般求极小值的解法，令 $J(\hat{f})$ 对 $\hat{f}$ 的导数为零，有

$$\frac{\partial J(\hat{f})}{\partial \hat{f}} = 2Q'Q\hat{f} - 2\lambda H'(g - H\hat{f}) = 0 \tag{5-32}$$

解得

$$\hat{f} = (H'H + \gamma Q'Q)^{-1}H'g \tag{5-33}$$

式中，$\gamma = \dfrac{1}{\lambda}$，这是求约束最小二乘复原图像的通用方程式。通过指定不同的 Q，可以得到不同的复原图像。下面便利用通用方程式给出几种具体的复原方法。

（1）能量约束恢复

若取线性运算 $Q = I$，则得

$$\hat{f} = (H'H + \gamma I)^{-1}H'g \tag{5-34}$$

此解的物理意义是在约束条件为式(5-25)时，复原图像能量 $\|\hat{f}\|^2$ 为最小。也可以说，

当用 g 复原 f 时，能量应保持不变。事实上，上式完全可以在 $\hat{f}'\hat{f} = g'g = c$ 条件下，使 $\|g - H\hat{f}\|$ 为最小推导出来。

（2）平滑约束恢复

把 $\hat{f}$ 考虑成 x，y 的二维函数，平滑约束是指原图像 $f(x, y)$ 为最光滑的，那么它在各点的二阶导数都应最小。顾及二阶导数有正负，约束条件是应使各点二阶导数的平方和最小。Laplace 算子为：

$$\frac{\partial^2 f(x, y)}{\partial x^2} + \frac{\partial^2 f(x, y)}{\partial y^2}$$

$$= f(x + 1, y) + f(x - 1, y) + f(x, y + 1) + f(x, y - 1) - 4f(x, y) \tag{5-35}$$

则约束条件为：

$$\sum_{x=0}^{M-1} \sum_{y=0}^{N-1} [f(x + 1, y) + f(x - 1, y) + f(x, y + 1) + f(x, y - 1) - 4f(x, y)]^2$$

式(5-35)还可用卷积形式表示如下

$$\hat{f}(x, y) = \sum_{m=0}^{2} \sum_{n=0}^{2} f(x - m, y - n) C(m, n) \tag{5-36}$$

$$[C(m, n)] = \begin{bmatrix} 0 & 1 & 0 \\ 1 & -4 & 1 \\ 0 & 1 & 0 \end{bmatrix} \tag{5-37}$$

于是，复原就是在约束条件(5-26)下使 $\|C\hat{f}\|$ 为最小。令 $Q = C$，最佳复原解为

$$\hat{f} = (H'H + \gamma C'C)^{-1} H'g \tag{5-38}$$

（3）均方误差最小滤波（维纳滤波）

将 f 和 n 视为随机变量，并选择 Q 为

$$Q = R_f^{-1/2} R_n^{1/2} \tag{5-39}$$

使 $Q\hat{f}$ 最小。其中，$R_f = \varepsilon\{ff'\}$ 和 $R_n = \varepsilon\{nn'\}$ 分别为信号和噪声的协方差矩阵。可推导出

$$\hat{f} = (H'H + \gamma R_f^{-1} R_n)^{-1} H'g \tag{5-40}$$

一般 $\gamma \neq 1$ 时，为含参维纳滤波，$\gamma = 1$ 时，为标准维纳滤波。在用统计线性运算代替确定性线性运算时，最小二乘滤波将转化成均方误差最小滤波，尽管两者在表达式上有着类似的形式，但意义却有本质的不同。在随机性运算情况下，最小二乘滤波是对一簇图像在统计平均意义上给出的最佳恢复；而在确定运算的情况下，最佳恢复是针对一幅退化图像给出的。

5.2.2 频域恢复方法

1. 逆滤波恢复法

对式(5-1)两边进行傅里叶变换得

$$G(u, v) = F(u, v)H(u, v) + N(u, v) \qquad (5-41)$$

式中，$G(u, v)$，$F(u, v)$，$H(u, v)$ 和 $N(u, v)$ 分别为 $g(x, y)$，$f(x, y)$，$h(x, y)$ 和 $n(x, y)$ 的二维傅里叶变换。$H(u, v)$ 称为系统的传递函数，从频率域角度看，它使图像退化，因而反映了成像系统的性能。

通常在无噪声的理想情况下，式(5-41)可变为

$$G(u, v) = F(u, v)H(u, v) \qquad (5-42)$$

则

$$F(u, v) = \frac{G(u, v)}{H(u, v)} \qquad (5-43)$$

$1/H(u, v)$ 称为逆滤波器。对式(5-43)再进行傅里叶反变换可得到 $f(x, y)$。

这就是逆滤波复原的基本原理。其复原过程可归纳如下：

(1)对退化图像 $g(x, y)$ 作二维离散傅里叶变换，得到 $G(u, v)$。

(2)计算系统点扩散函数 $h(x, y)$ 的二维傅里叶变换，得到 $H(u, v)$。

这里值得注意的是，通常 $h(x, y)$ 的尺寸小于 $g(x, y)$ 的尺寸。为了消除混叠效应引起的误差，需要把 $h(x, y)$ 的尺寸延拓。

(3)按式(5-43)计算 $\hat{F}(u, v)$。

(4)计算 $\hat{F}(u, v)$ 的傅里叶逆变换，求得 $\hat{f}(x, y)$。

若噪声为零，则采用逆滤波恢复法能完全再现原图像。

但实际上遇到的问题都是有噪声，因而只能求 $F(u, v)$ 的估计值 $\hat{F}(u, v)$：

$$\hat{F}(u, v) = F(u, v) + \frac{N(u, v)}{H(u, v)} \qquad (5-44)$$

做傅里叶逆变换得

$$\hat{f}(x, y) = f(x, y) + \int_{-\infty}^{\infty} \int_{-\infty}^{\infty} \left[N(u, v)H^{-1}(u, v) \right] e^{j2\pi(ux+vy)} \mathrm{d}u\mathrm{d}v \qquad (5-45)$$

若噪声存在，而且 $H(u, v)$ 很小或为零时，则噪声被放大。这意味着退化图像中小噪声的干扰在 $H(u, v)$ 较小时，会对逆滤波恢复的图像产生很大的影响，有可能使恢复的图像 $\hat{f}(x, y)$ 和 $f(x, y)$ 相差很大，甚至面目全非。

为此改进的方法有：

（1）在 $H(u, v) = 0$ 及其附近，人为地仔细设置 $H^{-1}(u, v)$ 的值，使 $N(u, v) * H^{-1}(u, v)$ 不会对 $\hat{F}(u, v)$ 产生太大影响。图 5.2 给出了 $H(u, v)$、$H^{-1}(u, v)$ 和改进的滤波器 $H_I(u, v)$ 的一维波形，从中可看出其与正常的逆滤波的差别。

（2）使 $H(u, v)$ 具有低通滤波性质。即满足下式

$$H^{-1}(u, v) = \begin{cases} \dfrac{1}{H(u, v)}, & D \leqslant D_0 \\ 0, & D > D_0 \end{cases} \tag{5-46}$$

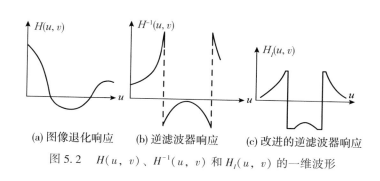

(a) 图像退化响应　　(b) 逆滤波器响应　　(c) 改进的逆滤波器响应

图 5.2　$H(u, v)$、$H^{-1}(u, v)$ 和 $H_I(u, v)$ 的一维波形

2. 去除由匀速运动引起的模糊

在获取图像的过程中，由于景物和摄像机之间的相对运动，往往造成图像的模糊。其中均匀直线运动所造成的模糊图像的恢复问题更具有一般性和普遍意义。因为变速的、非直线的运动在某些条件下可以看成匀速的、直线运动的合成结果。

设图像 $f(x, y)$ 做一个平面运动，令 $x_0(t)$ 和 $y_0(t)$ 分别为在 x 和 y 方向上运动的变化分量，t 表示运动的时间。记录介质的总曝光量是在快门打开到关闭这段时间的积分。则模糊后的图像为

$$g(x, y) = \int_0^T f[x - x_0(t), y - y_0(t)] \mathrm{d}t \tag{5-47}$$

式中，$g(x, y)$ 为模糊后的图像。上式就是由目标物或摄像机相对运动造成图像模糊的模型。

令 $G(u, v)$ 为模糊图像 $g(x, y)$ 的傅里叶变换，对上式两边进行傅里叶变换，得

$$\begin{aligned} G(u, v) &= \int_{-\infty}^{\infty} \int_{-\infty}^{\infty} g(x, y) \mathrm{e}^{-\mathrm{j}2\pi(ux+vy)} \mathrm{d}x\mathrm{d}y \\ &= \int_{-\infty}^{\infty} \int_{-\infty}^{\infty} \left\{ \int_0^T f[x - x_0(t), y - y_0(t)] \mathrm{d}t \right\} \mathrm{e}^{-\mathrm{j}2\pi(ux+vy)} \mathrm{d}x\mathrm{d}y \end{aligned} \tag{5-48}$$

155

改变式(5-48)的积分次序，则

$$G(u, v) = \int_0^T \left\{ \int_{-\infty}^{\infty} \int_{-\infty}^{\infty} f[x - x_0(t), y - y_0(t)] e^{-j2\pi(ux+vy)} dxdy \right\} dt \qquad (5-49)$$

由傅里叶变换的位移性质，可得

$$G(u, v) = \int_0^T F(u, v) e^{-j2\pi[ux_0(t)+vy_0(t)]} dt = F(u, v) \int_0^T e^{-j2\pi[ux_0(t)+vy_0(t)]} dt \qquad (5-50)$$

令

$$H(u, v) = \int_0^T e^{-j2\pi[ux_0(t)+vy_0(t)]} dt \qquad (5-51)$$

则由式(5-50)可得 $G(u, v) = H(u, v)F(u, v)$，即式(5-42)，这是已知退化模型的傅里叶变换式。若 $x(t)$，$y(t)$ 的性质已知，传递函数可直接由式(5-51)求出，因此，$f(x, y)$ 可以恢复出来。下面直接给出沿水平方向和垂直方向匀速运动造成的图像模糊的模型及其恢复的近似表达式。

(1)由水平方向均匀直线运动造成的图像模糊的模型及其恢复用式(5-52)和式(5-53)两式表示：

$$g(x, y) = \int_0^T f\left[\left(x - \frac{at}{T}\right), y\right] dt \qquad (5-52)$$

$$f(x, y) \approx A - mg'[(x - ma), y] + \sum_{k=0}^{m} g'[(x - ka, y], \quad 0 \leqslant x, y \leqslant L \qquad (5-53)$$

式中，a 为总位移量；T 为总运动时间；m 是 $\dfrac{x}{a}$ 的整数部分；$L = ka$(k 为整数)是 x 的取值范围；$A = \dfrac{1}{k} \sum_{k=0}^{K-1} f(x + ka)$。

式(5-52)和式(5-53)的离散式如下：

$$g(x, y) = \sum_{t=0}^{T-1} f[x - \frac{at}{T}, y] \cdot \Delta x \qquad (5-54)$$

$$f(x, y) \approx A - m\{[g[(x - ma), y] - g[(x - ma - 1), y]]/\Delta x\}$$
$$+ \sum_{k=0}^{m} \{[g[(x - ka, y] - g[(x - ka - 1), y]]/\Delta x\}, \quad 0 \leqslant x, y \leqslant L \qquad (5-55)$$

(2)由垂直方向均匀直线运动造成的图像模糊模型及恢复用以下两式表示：

$$g(x, y) = \sum_{t=0}^{T-1} f[x, y - \frac{bt}{T}] \cdot \Delta y \qquad (5-56)$$

$$f(x, y) \approx A - m\{[g[x, (y - mb)] - g[x, (y - mb - 1)]]/\Delta y\}$$
$$+ \sum_{k=0}^{m} \{[g[x, (y - kb)] - g[x, (y - kb - 1)]]/\Delta y\}, \quad 0 \leqslant y, x \leqslant L \qquad (5-57)$$

图 5.3 所示是沿水平方向匀速运动造成的模糊图像的恢复处理例子。其中图 5.3(a)

是模糊图像，图 5.3(b)是复原后的图像。

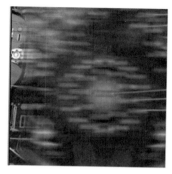

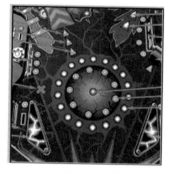

（a）模糊图像 （b）复原后的图像

图 5.3 水平方向匀速运动模糊图像及其复原

3. 维纳滤波复原方法

逆滤波复原方法数学表达式简单，物理意义明确，但其缺点难以克服。因此，在逆滤波理论基础上，不少人从统计学观点出发，设计一类滤波器用于图像复原，以改善复原图像质量。

维纳（Wiener）滤波恢复的思想是在假设图像信号可近似看作平稳随机过程的前提下，按照恢复的图像与原图像 $f(x, y)$ 的均方差最小原则来恢复图像。即

$$E\left[(\hat{f}(x, y) - f(x, y))^2\right] = \min \tag{5-58}$$

为此，当采用线性滤波来恢复时，恢复问题就归结为寻找合适的点扩散函数 $h_w(x, y)$，使 $\hat{f} = h_w(x, y) * g(x, y)$ 满足式(5-58)。

由安德鲁（Andrews）和亨特（Hunt）推导满足这一要求的传递函数为：

$$H_w(u, v) = \frac{H^*(u, v)}{|H(u, v)|^2 + \dfrac{P_n(u, v)}{P_f(u, v)}} \tag{5-59}$$

则有

$$\hat{F}(u, v) = \frac{H^*(u, v)}{|H(u, v)|^2 + \dfrac{P_n(u, v)}{P_f(u, v)}} G(u, v) \tag{5-60}$$

式中，$H^*(u, v)$ 是成像系统传递函数的复共轭；$H_w(u, v)$ 就是维纳滤波器的传递函数。$P_n(u, v)$ 是噪声功率谱；$P_f(u, v)$ 是输入图像的功率谱。

采用维纳滤波器的复原过程步骤如下：

（1）对图像 $g(x, y)$ 实施二维离散傅里叶变换得到 $G(u, v)$。

（2）计算点扩散函数 $h_w(x, y)$ 的二维离散傅里叶变换。同逆滤波一样，为了避免混叠效应引起的误差，应将尺寸进行延拓。

（3）估算图像的功率谱密度 P_f 和噪声的谱密度 P_n。

（4）由式（5-60）计算图像的估计值 $\hat{F}(u, v)$。

（5）计算 $\hat{F}(u, v)$ 的傅里叶逆变换，得到恢复后的图像 $\hat{f}(x, y)$。

这一方法有如下特点：

（1）当 $H(u, v) \to 0$ 或幅值很小时，分母不为零，不会出现被零除的情形。

（2）当 $P_n \to 0$ 时，维纳滤波复原方法就是前述的逆滤波复原方法。

（3）当 $P_f \to 0$ 时，$\hat{F}(u, v) \to 0$，这表示图像无有用信息存在，因而不能从完全是噪声的信号中"复原"有用信息。

对于噪声功率谱 $P_n(u, v)$，可在图像上找一块恒定灰度的区域，然后测定区域灰度图像的功率谱作为 $P_n(u, v)$。

📝 实例 5.1　维纳滤波

工具： Python，PyCharm，numpy，matplotlib，math，OpenCV。

步骤：

➢　编写各过程实现函数；

➢　主过程实现维纳滤波；

➢　图像的可视化展示。

📖　调用函数： 本实例调用的 OpenCV 库函数已学过，涉及 numpy 和 matplotlib 库函数较多，此处不再赘述，希望读者自行延伸阅读。

实现代码：

在"D：\ lena. jpg"目录下，存放一幅名为 lena. jpg 的图像，通过调用自定义的运动模糊、逆滤波、$k = 0.01$ 的 Wiener 滤波、运动和噪声模糊、添加噪声的逆滤波和添加噪声的 Wiener 滤波函数，实现不同的变换效果。程序执行代码如下：

```
importmatplotlib.pyplot as plt
import numpy as np
from numpy import fft
import math
import cv2 as cv
```

```
# 仿真运动模糊
def motion_process(image_size, motion_angle):
    PSF = np.zeros(image_size)
    print(image_size)
    center_position = (image_size[0]-1)/2
    print(center_position)

    slope_tan = math.tan(motion_angle * math.pi /180)
    slope_cot = 1 / slope_tan
    if slope_tan <= 1:
        for i in range(15):
            offset = round(i * slope_tan)  # ((center_position-i) *
slope_tan)
            PSF[int(center_position + offset), int(center_position-
offset)] = 1
        return PSF / PSF.sum()   # 对点扩散函数进行归一化亮度
    else:
        for i in range(15):
            offset = round(i * slope_cot)
            PSF[int(center_position - offset), int(center_position +
offset)] = 1
        return PSF / PSF.sum()


# 对图片进行运动模糊
def make_blurred(input, PSF, eps):
    input_fft = fft.fft2(input)   # 进行二维数组的傅里叶变换
    PSF_fft = fft.fft2(PSF) + eps
    blurred = fft.ifft2(input_fft * PSF_fft)
    blurred = np.abs(fft.fftshift(blurred))
    return blurred


def inverse(input, PSF, eps):   # 逆滤波
    input_fft = fft.fft2(input)
```

```
        PSF_fft = fft.fft2(PSF) + eps    # 噪声功率,这是已知的,考虑 epsilon
        result = fft.ifft2(input_fft / PSF_fft)   # 计算 F(u,v)的傅里叶反变换
        result = np.abs(fft.fftshift(result))
        return result


def wiener(input, PSF, eps, K = 0.01):    # 维纳滤波,K = 0.01
        input_fft = fft.fft2(input)
        PSF_fft = fft.fft2(PSF) + eps
        PSF_fft_1 = np.conj(PSF_fft) /(np.abs(PSF_fft) * * 2 + K)
        result = fft.ifft2(input_fft * PSF_fft_1)
        result = np.abs(fft.fftshift(result))
        return result


def normal(array): # 图像规则化,规范到合适范围并转换合适类型
        array = np.where(array<0, 0, array)
        array = np.where(array>255, 255, array)
        array = array.astype(np.int16)
        return array


def main(gray): # 返回各类处理的灰度通道
        channel = []
        img_h, img_w = gray.shape[:2]
        PSF = motion_process((img_h, img_w), 60)    # 进行运动模糊处理
        blurred = np.abs(make_blurred(gray, PSF, 1e-3))
        result_blurred = inverse(blurred, PSF, 1e-3)    # 逆滤波
        result_wiener = wiener(blurred, PSF, 1e-3)    # 维纳滤波
        blurred_noisy = blurred + 0.1 * blurred.std() * \
                        np.random.standard_normal(blurred.shape)   # 添加噪
声,standard_normal 产生随机的函数
        inverse_mo2no = inverse(blurred_noisy, PSF, 0.1 + 1e-3)   # 对添加噪声
的图像进行逆滤波
        wiener_mo2no = wiener(blurred_noisy, PSF, 0.1 + 1e-3)    # 对添加噪声的
图像进行维纳滤波
```

```python
        channel.append((normal(blurred), normal(result_blurred), normal
(result_wiener),

                        normal(blurred_noisy), normal(inverse_mo2no),
normal(wiener_mo2no)))
        return channel


if __name__ == '__main__':  # 程序实现过程
    image = cv.imread("D:/lena.jpg")
    b_gray, g_gray, r_gray = cv.split(image.copy())
    Result = []
    for gray in [b_gray, g_gray, r_gray]:
        channel = main(gray)
        Result.append(channel)
    blurred = cv.merge([Result[0][0][0], Result[1][0][0], Result[2]
[0][0]])
    result_blurred = cv.merge([Result[0][0][1], Result[1][0][1],
Result[2][0][1]])
    result_wiener = cv.merge([Result[0][0][2], Result[1][0][2],
Result[2][0][2]])
    blurred_noisy = cv.merge([Result[0][0][3], Result[1][0][3],
Result[2][0][3]])
    inverse_mo2no = cv.merge([Result[0][0][4], Result[1][0][4],
Result[2][0][4]])
    wiener_mo2no = cv.merge([Result[0][0][5], Result[1][0][5], Result
[2][0][5]])


    # = = = = = = = = = 结果可视化展示 = = = = = = = = = =
    plt.figure(1)
    plt.xlabel("Original Image")
    plt.imshow(np.flip(image, axis=2))    # 显示原图像
    plt.figure(2)
    plt.figure(figsize=(8, 6.5))
    imgNames = {"(a) Motion blurred": blurred,
```

```
            "(b) inverse deblurred": result_blurred,
            "(c) wiener deblurred(k=0.01)": result_wiener,
            "(d) motion & noisy blurred": blurred_noisy,
            "(e) inverse_mo2no": inverse_mo2no,
            '(f) wiener_mo2no': wiener_mo2no
    for i, (key, imgName) in enumerate(imgNames.items()):
        plt.subplot(231 + i)
        plt.xlabel(key)
        plt.imshow(np.flip(imgName, axis=2))
    plt.show()
```

结果与分析: 本实例未展现原图,图 5.4 所示 6 幅图结果:(a)为模拟运动模糊图像,(b)为逆滤波成果图,(c)为 $K=0.01$ 时的维纳滤波,(d)为运动与噪声模糊,(e)为添加噪声的逆滤波,(f)为添加噪声的维纳滤波。

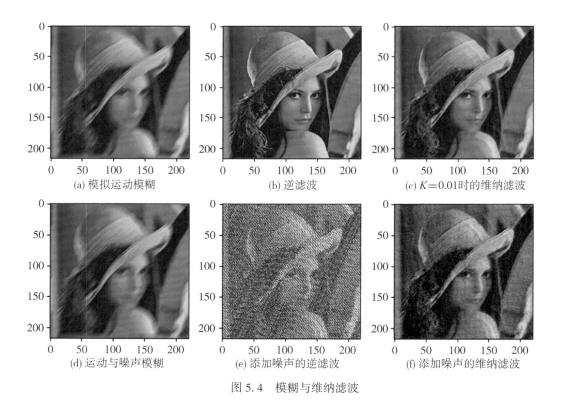

图 5.4 模糊与维纳滤波

实践拓展: 编程实现 $K=0.2$ 时的维纳滤波。

疑点解析： 本实例模拟实现了噪声、模糊以及维纳滤波，OpenCV 库函数调用不多，但是 numpy 函数调用很多，如 np. abs( )、np. where( )、np. random. standard_normal( )、np. conj( )、np. flip( )等，这些库函数需要读者自行掌握。另外，为了便于调用自定义的函数，主程序编写时使用了"if __name__ == '__main__'"语句，实现各类模糊和维纳滤波。

✍ 本章小结

本章主要学习了数字图像的退化模型和复原方法。在退化模型中，主要讲解了什么是图像退化、退化产生的原因和退化的数学模型。在退化模型中，连续退化模型是理论基础，离散退化模型是应用基础。在图像复原方法学习中，讲解了基于代数和频域的恢复方法，其中前者重点介绍了最小二乘复原，后者重点介绍了匀速运动模糊和维纳滤波。本章内容不多，但是公式较多，欲知细节需要延伸阅读。

第 6 章

图 像 分 割

    图像分割的主要目的是将感兴趣目标从背景中提取出来，是为图像分析和理解做准备的处理过程。由于图像的目标特征不同，导致提取方法不同，因此图像分割的方法种类繁多，不一而足。本章主要介绍图像分割的基本原理和方法，包括阈值分割、边缘检测和基于区域的图像分割等。本章还结合 OpenCV 给出了一些分割方法的实例。

本章学习目标

    理解图像分割的集合式定义，掌握图像的邻域与连通性基本规定；掌握阈值分割的原理与方法，能说明全局分割和局部分割的特征和适用范围；重点掌握边缘检测的原理，熟悉 Scharr 算子、Marr-Hildreth 算子和 Canny 边缘检测算子提取边缘中的原理、作用和效果，尤其是要掌握 Canny 算子的算法原理；理解霍夫直角坐标系变换、极坐标系变换和圆变换；掌握基于区域分割的原理，理解区域生长法和分裂合并法两种典型算法。

本章思维导图

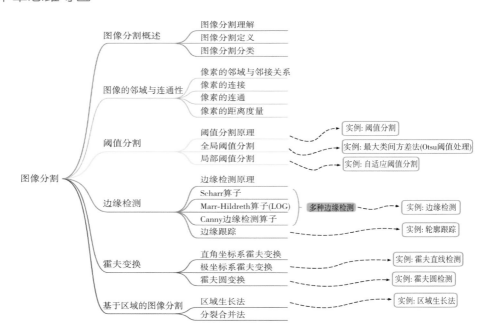

6.1　图像分割概述

图像分割属于计算机视觉研究方向，是图像语义理解的重要一环，目前在场景物体分割、人体前背景分割等方面得到广泛的应用。图像分割是指将图像分成若干具有相似性质区域的过程，从数学角度来看，图像分割是将图像划分成互不相交的区域的过程。本节从图像分割理解入手，简述图像分割的定义和分类。

6.1.1　图像分割理解

一般来说，图像经过处理得到的是一幅改善后的图像，或者是更有利于应用的一幅图像。然而在一些特殊应用场合，可能对图像中的某些局部或特征感兴趣，其输出不一定是一幅完整的图像，这些部分常被称为目标或对象（object），它（们）处于感兴趣的区域（Region of Interest，RoI）。在图像分析中，输出的结果是对图像的描述、分类或其他的某种结论，而不再是另一幅图像。由于这些被分割的区域在某些特征上呈现相近性，因此被称为图像分割。

由此可见，图像分割是从图像处理到图像分析的关键步骤，是计算机视觉的基础，也是图像理解的重要组成部分。如图 6.1 所示，分割后的飞机的外形特征比原图像更加明显。一个典型的图像分析和理解系统，按照处理过程分为图像采集、图像预处理、图像分割、特征提取、图像识别与分类、结论等几部分。图像分割根据目标与背景的先验知识将图像表示为物理上有意义的连通区域的集合，即对图像中的目标、背景进行标记、定位，然后将目标从背景或其他伪目标中分离出来。图像分割以后，通常需要对分割的区域进行表示（representation）和描述（description），以便计算机进一步处理。区域既可以用外部边界特征表示，也可以由组成区域的内部像素表示。在区域表示的基础上，区域描述用一组数量或符号来表征图像中被描述目标的某些特征，即对图像中各组成部分之间关系或对各部分性质的描述。

图像分割的困难在于图像数据的模糊和噪声干扰。图像分割时景物情况各异，需要根据实际情况选择适合的方法。分割结果的好坏或者正确与否，目前还没有一个统一的评价准则，大多从分割的视觉效果和实际的应用场景来判断。图像分割质量评价通过对图像分割算法的性能研究来筛选出更优的分割算法以达到优化分割的目的。为使评价方法实用准确，对评价方法提出了以下三项基本要求：一是具有通用性，即评价方法能够适用于不同的分割算法及各种应用领域；二是采用定量的和客观的性能评价准则；三是选取通用的图像作为参照进行测试，以使各评价结果具有可比性。

（a）原图像

（b）分割后图像

图 6.1　图像分割示例

6.1.2　图像分割定义

图像分割(image segment)常用集合进行定义，令集合 R 代表整个图像区域，对 R 的图像分割可以视为将 R 分成 N 个满足以下条件的非空子集 R_1, R_2, $\cdots$, R_n：

（1）$\bigcup\limits_{i=1}^{N} R_i = R$；

（2）对于所有的 i 和 j，$i \neq j$，有 $R_i \cap R_j = \varnothing$；

（3）对于 $i = 1$，2，$\cdots$，N，有 $P(R_i) = \text{TRUE}$；

（4）对于 $i \neq j$，有 $P(R_i \cup R_j) = \text{FALSE}$；

（5）对于 $i = 1$，2，$\cdots$，N，R_i 是连通的区域。

其中，$P(R_i)$ 是对所有在集合 R_i 中的元素的逻辑判断词，表示 R_i 具有的独有特征，$\varnothing$ 代表空集。条件(1)表示分割的所有子区域的并集就是原来的图像。这一点非常重要，因为它保证了图像处理中的每个像素都被处理的充分条件。条件(2)表明分割结果中各个区域是互不重叠的。条件(3)指出在分割结果中，每个区域都有独特的特性，即满足某种既定条件。条件(4)表示在分割结果中，不同的子区域具有不同的特性，它们没有共同的特性(详见 6.6 节)。条件(5)则要求分割结果中同一个子区域内的像素应当是连通的，即同一个子区域内的任意两个像素在该子区域内互相连通。

这些条件对分割有一定的指导作用。但是，实际的图像处理和分析都是面向某种特定应用的，因此条件中的各种关系也是需要和实际需求结合来设定的。迄今为止，还没有一种通用的方法可以把人类的要求完全转换成图像分割中的各种条件关系，条件表达式往往都是人为的、近似的、差异化的。

6.1.3 图像分割分类

图像是千差万别的，图像的分割方法也是丰富多彩的。图像分割除依照图像自身的特点进行处理外，数学和信号处理领域新的理论和方法，往往被人们引入分割的算法中。因而出现了基于模糊数学的图像分割、数学形态学的图像分割、基于神经网络的分割、基于遗传算法优化的分割等理论。

根据分割方法的不同，通常有以下两种分类方法。

(1) 根据图像的两种特性进行分割：一种是根据各个像素点的灰度不连续性进行分割；另一种是根据同一区域具有相似的灰度进行分割。

(2) 根据分割的处理策略不同进行分割：一种是并行算法，所有的判断和决策可以独立进行；另一种是串行算法，后期的处理依赖前期的运算结果。后者运算时间较长，但抗干扰能力较强。

根据应用目的不同，分为粗分割和细分割：对于模式识别应用，一个物体对象内部的细节与颜色或灰度渐变应被忽略，而且一个物体对象只应被表示为一个或少数几个分割区域，即粗分割；而对于基于区域或对象的图像压缩与编码，其分割的目的是得到颜色或灰度信息一致的区域，以利于高效的区域编码。若同一区域内含有大量变化细节，则难以编码，图像需要细分割，即需要捕捉图像的细微变化。

根据分割对象的属性，可分为灰度图像分割和彩色图像分割。

根据分割对象的状态，可分为静态图像分割和动态图像分割。

根据分割对象的应用领域，可分为遥感图像分割、交通图像分割、医学图像分割、工业图像分割、军事图像分割等。

6.2 图像的邻域与连通性

图像由像素组成，像素在图像空间上按一定规律排列，相互之间有一定的联系，具体表现在像素的邻域与连接、连通性和距离度量等几个方面。

6.2.1 像素的邻域与邻接关系

在第 4 章中，简略介绍过像素的邻接关系，这里再作深入介绍。如图 6.2(a)所示，

如果研究的像素点 P 的四周有 8 个像素，P 的坐标为 (x, y)，四周的 8 个像素自左上角开始顺时针坐标分别为 $(x-1, y-1)$、$(x, y-1)$、$(x+1, y-1)$、$(x+1, y)$、$(x+1, y+1)$、$(x, y+1)$、$(x-1, y+1)$、$(x-1, y)$，那么像素 P 的 4 邻域为其上、下、左、右 4 个邻接像素，从上方像素起，顺时针坐标分别为 $(x, y-1)$、$(x+1, y)$、$(x, y+1)$、$(x-1, y)$，即图 6.2(b) 标注的"R"像素，符号表示为 $N_4(P)$；像素 P 的对角邻域为其左上、右上、右下、左下 4 个角邻接像素，坐标为 $(x-1, y-1)$、$(x+1, y-1)$、$(x+1, y+1)$、$(x-1, y+1)$，即图 6.2(c) 标注的"S"像素，符号表示为 $N_D(P)$；P 四周的 8 个像素（$N_4(P)$ 和 $N_D(P)$）统称为像素 P 的 8 邻域，符号表示为 $N_8(P)$，根据定义，有 $N_8(P) = N_4(P) + N_D(P)$。需要注意的是，边缘像素的邻域不满足上述条件，需要特别处理。

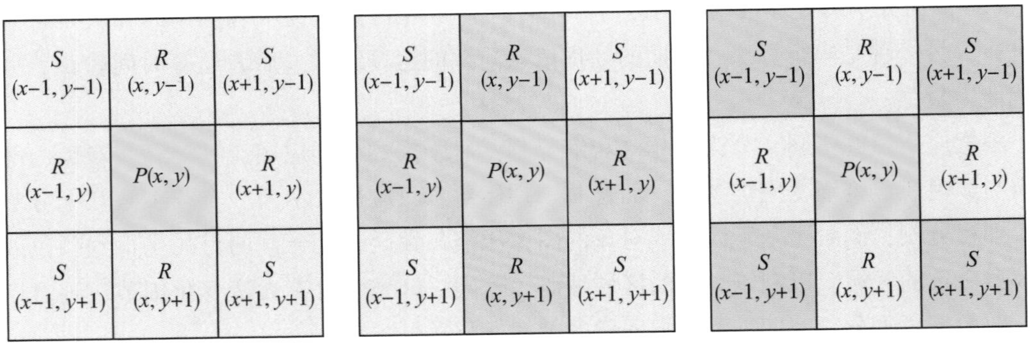

S $(x-1, y-1)$	R $(x, y-1)$	S $(x+1, y-1)$		S $(x-1, y-1)$	R $(x, y-1)$	S $(x+1, y-1)$		S $(x-1, y-1)$	R $(x, y-1)$	S $(x+1, y-1)$
R $(x-1, y)$	$P(x, y)$	R $(x+1, y)$		R $(x-1, y)$	$P(x, y)$	R $(x+1, y)$		R $(x-1, y)$	$P(x, y)$	R $(x+1, y)$
S $(x-1, y+1)$	R $(x, y+1)$	S $(x+1, y+1)$		S $(x-1, y+1)$	R $(x, y+1)$	S $(x+1, y+1)$		S $(x-1, y+1)$	R $(x, y+1)$	S $(x+1, y+1)$

(a) 像素8邻域　　　　　　　　(b) 像素4邻域　　　　　　　　(c) 像素对角邻域

图 6.2　像素的邻域与邻接关系

6.2.2　像素的连接

像素的邻接仅考虑像素间的空间关系，而像素的连接是指空间上邻接且像素灰度值相似的两个像素是否可以归为一类。两个像素是否连接取决于两个条件，第一是这两个像素是否接触（邻接），第二是灰度值是否满足某个特定的相似准则，即灰度值相等或同在一个灰度值集合中。

1. 4-连接

假设 V 为灰度值集合，若 2 个像素 P 和 R 均在 V 中取值，且 R 在 $N_4(P)$ 中，称像素 P 和 R 为 4-连接。如图 6.3(a) 的中心像素上方的"1"，既在 $V = \{1\}$ 集合中，又位于中心像

素的 $N_4(P)$ 中，因此 2 像素为 4-连接，构成灰色连通区域。

2. 8-连接

假设 V 为灰度值集合，若 2 个像素 P 和 R 均在 V 中取值，且 R 在 $N_8(P)$ 中，称像素 P 和 R 为 8-连接。如图 6.3（b）中的中心像素右下方的"1"，既在 $V = \{1\}$ 集合中，又位于中心像素的 $N_8(P)$ 中，因此 2 像素为 8-连接。此外，对于中心像素的上方像素"1"，与中心像素的关系也为 8-连接。

3. m-连接（混合连接）

若 2 个像素 P 和 R 均在 V 中取值，且满足下列条件之一，称为 m-连接。
（1）R 在 $N_4(P)$ 中；
（2）R 在 $N_D(P)$ 中，且 $N_4(P) \cap N_4(R) = \varnothing$。

如图 6.3（c）、（d）所示，灰色像素表示取值为 V 的像素，因为图 6.3（c）中的 R 在 $N_D(P)$ 中，且 $N_4(P) \cap N_4(R) = \varnothing$，即标有"√√"的像素不能取值为 V，满足条件，因此为 m-连接。而图 6.3（d）中，$N_4(P) \cap N_4(R) \neq \varnothing$，即标有"√√"的像素有一个可以取值为 V，因此为非 m-连接。

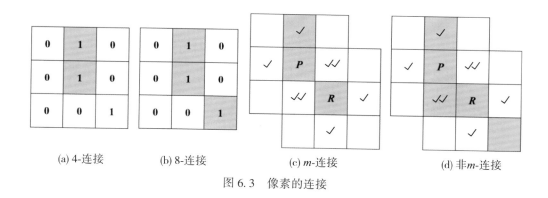

(a) 4-连接　　(b) 8-连接　　(c) m-连接　　(d) 非m-连接

图 6.3　像素的连接

6.2.3　像素的连通

1. 通路

像素 $P(x, y)$ 到像素 $Q(s, t)$ 的一条通路由一系列具有坐标 (x_0, y_0)，(x_1, y_1)，(x_2, y_2)，$\cdots$，(x_i, y_i)，$\cdots$，(x_n, y_n) 的独立像素组成。这里 $(x, y) = (x_0, y_0)$，$(x_n, y_n) = (s, t)$，且 (x_i, y_i) 与 (x_{i-1}, y_{i-1}) 邻接。其中 $1 \leqslant i \leqslant n$，$n$ 为通路长度。通路种类

包括 4-通路和 8-通路。

2. 连通

通路上的所有像素灰度值满足相似准则,即: (x_i, y_i) 与 (x_{i-1}, y_{i-1}) 连接,连通的种类包括 4-连通、8-连通和 m-连通。

6.2.4 像素的距离度量

1. 定义

假设像素 P、Q 和 Z 的坐标分别为 (x, y),(s, t),(u, v),如果:

(1) $D(P, Q) \geqslant 0(D(P, Q) = 0$,当且仅当 $P = Q)$;

(2) $D(P, Q) = D(Q, P)$;

(3) $D(P, Z) \leqslant D(P, Q) + D(Q, Z)$。

则称 D 是距离函数或度量。

2. 欧氏距离 D_e

点 $P(x, y)$ 与点 $Q(s, t)$ 的欧氏距离为

$$D_e(P, Q) = \left[(x - s)^2 + (y - t)^2 \right]^{\frac{1}{2}} \tag{6-1}$$

所有 D_e 小于或等于某一个值 r 的像素位于一个中心在 (s, t)、半径为 r 的圆平面内。

3. D_4 距离(城市距离)

D_4 距离定义如下式所示:

$$D_4(P, Q) = |x - s| + |y - t| \tag{6-2}$$

如图 6.4(a)所示,距点 (s, t) 的 D_4 距离小于或等于某一个值 r 的像素形成一个中心在 (s, t) 的菱形,如 $D_4 = 1$ 的像素是点 (s, t) 的 N_4。

4. D_8 距离(棋盘距离)

D_8 距离定义为

$$D_8(P, Q) = \max \{ |x - s|, |y - t| \} \tag{6-3}$$

如图 6.4(b)所示,距点 (s, t) 的 D_8 距离小于或等于某一个值 r 的像素形成一个中心在 (s, t) 的正方形,如 $D_8 = 1$ 的像素是点 (s, t) 的 N_8。

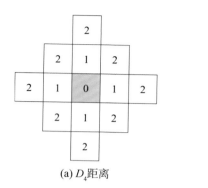

(a) D_4距离   (b) D_8距离

图 6.4 像素的 D_4 距离和 D_8 距离

6.3 阈 值 分 割

阈值分割是通过设定阈值的方法，将灰度值不同的像素进行分类。阈值分割的核心是寻找满足应用条件的阈值，本节在介绍阈值分割原理的基础上，重点讲解全局阈值分割和局部阈值分割两种方法的原理，并辅以实例说明二者的图像分割效果和适用范围。

6.3.1 阈值分割原理

图像的阈值分割技术属于并行区域分割算法。若图像中的目标和背景具有明显不同的灰度集合，且两个灰度集合可用一个灰度级阈值 T 进行分割，那么就可以用阈值分割灰度级的方法在图像中分割出目标区域与背景区域。在目标与背景有较强对比度的图像中，应用此种方法特别有效，例如印刷文字图像。

设图像为 $f(x, y)$，其灰度集的范围是 $[z_1, z_k]$，在 z_1 和 z_k 之间选择一个合适的灰度阈值 T 即可完成图像分割，该方法可由下式描述：

$$g(x, y) = \begin{cases} z_E, & f(x, y) \geqslant T \\ z_B, & f(x, y) < T \end{cases} \tag{6-4}$$

这样得到的 $g(x, y)$ 是一幅目标灰度为 z_E、背景灰度为 z_B（或目标灰度为 z_B、背景灰度为 z_E）的二值图像。

阈值的选取方法一般可以分为全局阈值法和局部阈值法两类。如果分割过程中对图像上每个像素所使用的阈值相等，则为全局阈值法；如果每个像素所使用的阈值不同，则为局部阈值法。

✍ 实例6.1　阈值分割

工具：Python，PyCharm，OpenCV。

步骤：

➢ 以灰度方式读取图像；

➢ 调用 threshold( )函数；

➢ 显示图像；

➢ 销毁窗口。

▦　调用函数：本实例调用了 OpenCV 的 threshold( )函数，通过设置其 type 参数，实现不同阈值分割效果。该函数语法如下：

retval，dst = threshold(src，thresh，maxval，type，dst = None)

参数说明：

❖ src：输入图像，可以是多通道图像。

❖ thresh：阈值，在 125~150 范围内取值效果最好。

❖ maxval：阈值处理时采用的最大值，当参数 type 选用 THRESH_BINARY 或 THRESH_BINARY_INV 类型时需设置此参数。

❖ type：阈值处理类型，可以是 THRESH_BINARY、THRESH_BINARY_INV、THRESH_TOZERO、THRESH_TOZERO_INV、THRESH_TRUNC 等几种类型。

❖ dst：输出图像，阈值处理后的图像。

❖ 返回值 retval：处理时采用的阈值。

❖ 返回值 dst：阈值处理后的图像。

功能说明：利用输入图像和 thresh、maxval、type 等参数，进行图像阈值分割，生成二值化图像。函数调用成功后，返回处理时采用的阈值和二值化处理后的图像。

实现代码：

在"D:＼lena.jpg"目录下，存放一幅名为 lena.jpg 的图像，调用 OpenCV 的 threshold( )函数，通过设置不同的 type 参数，实现不同的二值化阈值分割。程序运行代码如下：

```
importcv2 as cv
img=cv.imread("D:/lena.jpg",0)#以灰度方式读入图像
t1,dst1=cv.threshold(img,127,255,cv.THRESH_BINARY)#THRESH_BINARY
类型二值处理
t2,dst2=cv.threshold(img,127,255,cv.THRESH_BINARY_INV)#THRESH_
BINARY_INV 类型二值处理
t3,dst3=cv.threshold(img,127,255,cv.THRESH_TOZERO)#THRESH_TOZERO
类型二值处理
t4,dst4=cv.threshold(img,127,255,cv.THRESH_TOZERO_INV)#THRESH_
TOZERO_INV 类型二值处理
```

```
t5, dst5=cv.threshold(img, 127, 255, cv.THRESH_TRUNC) #THRESH_TRUNC 类型二值处理
cv.imshow("Original Image", img) #显示转化灰度后的原图
cv.imshow("BINARY", dst1) #THRESH_BINARY 类型二值处理结果
cv.imshow("BINARY_INV", dst2) #THRESH_BINARY_INV 类型二值处理结果
cv.imshow("TOZERO", dst3) #THRESH_TOZERO 类型二值处理结果
cv.imshow("TOZERO_INV", dst4) #THRESH_TOZERO_INV 类型二值处理结果
cv.imshow("TRUNC", dst5) #THRESH_TRUNC 类型二值处理结果
cv.waitKey()
cv.destroyAllWindows()
```

　　结果与分析： 原图像如图 6.5(a)所示，实例中阈值选择 127，阈值处理最大值为 255。图 6.5(b)是二值化分割结果，大于 127 的像素为 1，小于 127 的像素为 0；图 6.5 (c)是(b)的反转；图 6.5(d)是低于阈值零处理，即低于 127 的像素为 0，其他像素保持原值；图 6.5(e)为(d)的反转，即高于 127 的像素为 0，其他像素维持原值；图 6.5(f)为截断处理，即像素值小于 127 时为原值，大于 127 时就取 127。

(a)原图　　　　　　　　(b)二值化　　　　　　　　(c)反二值化

(d)低于阈值零处理　　　(e)高于阈值零处理　　　(f)截断处理

图 6.5　阈值分割

实践拓展： 以灰度方式读入一幅图像，通过设置 thresh、maxval、type 三个参数，体会 threshold( )函数实现二值化处理的特点。

疑点解析： OpenCV 的 threshold( )函数 thresh 参数是图像二值化的临界点，一般选图像灰度值区间的中数，参数 maxval 为阈值处理时采用的最大值，一般为 255，若 thresh 设置为 127，而图像中没有像素值为 127 的像素，这时函数会根据算法改变预设的阈值 thresh，这个改变的阈值就是 retval。

6.3.2 全局阈值分割

全局阈值(global thresholding)是最简单的图像分割方法。根据不同的目标，选用最佳的阈值。常用以下几种方法确定分割的最佳阈值。

1. 实验法

如果分割之前就知道图像的一些特征，那么阈值确定就比较简单，只要用不同的阈值进行测试，即可检查该阈值是否适合图像的已知特征。这种方法需要知道图像的某些特征，但有时这些特征是不可预知的，需要用实验的方法确定合理阈值。

2. 直方图法

数字图像直方图是图像特征的反映，直方图法是先做出图像的灰度直方图，然后由直方图特征确定阈值。图 6.6(a)是原图，图 6.6(b)是其对应的直方图，如果直方图呈双峰且有明显的谷底，则可以割出来(灰度值在 120 左右)。这种方法适用于目标和背景的灰度差较大，且直方图有明显谷底的情况。

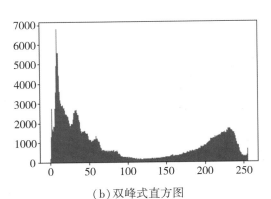

（a）原图 （b）双峰式直方图

图 6.6 直方图法全局阈值分割

3. 最小误差法

假设背景的像素概率密度为 $p_1(z)$，感兴趣目标的像素概率密度为 $p_2(z)$，背景像素数占图像总像素数的百分比为 θ，前景(即目标)的像素数百分比为 $(1-\theta)$，如图 6.7 所示，则混合概率密度为

$$p(z) = \theta p_1(z) + (1-\theta)p_2(z) \tag{6-5}$$

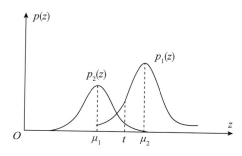

图 6.7 背景与前景灰度概率密度

当选定阈值为 t 时，把目标像素错分为背景像素的概率为

$$E_2(t) = \int_t^\infty p_2(z)\,\mathrm{d}z \tag{6-6}$$

同理，把背景像素错分为目标像素的概率为

$$E_1(t) = \int_{-\infty}^t p_1(z)\,\mathrm{d}z \tag{6-7}$$

总错误概率为

$$E(t) = \theta E_1(t) + (1-\theta)E_2(t) \tag{6-8}$$

为了使这个误差最小，可令 $\dfrac{\partial E(t)}{\partial t} = 0$，则有

$$-\theta p_1(t) + (1-\theta)p_2(t) = 0 \tag{6-9}$$

用上述方法求得的阈值为最佳阈值。假设背景与前景的灰度分布都是正态分布的，背景的均值和方差分别为 μ_1 和 σ_1^2，前景的均值和方差分别为 μ_2 和 σ_2^2，即

$$p_1(z) = \frac{1}{\sqrt{2\pi}\,\sigma_1}\mathrm{e}^{\frac{-(z-\mu_1)^2}{2\sigma_1^2}} \tag{6-10}$$

$$p_2(z) = \frac{1}{\sqrt{2\pi}\,\sigma_2}\mathrm{e}^{\frac{-(z-\mu_2)^2}{2\sigma_2^2}} \tag{6-11}$$

将式(6-10)和式(6-11)代入式(6-9)中，实施对数运算可以得出

$$\ln \frac{\theta \sigma_2}{(1 - \theta) \sigma_1} - \frac{(t - \mu_1)^2}{2\sigma_1^2} = \frac{-(t - \mu_2)^2}{2\sigma_2^2}$$

$$(6\text{-}12)$$

当 $\sigma_1^2 = \sigma_2^2 = \sigma^2$ 时，有

$$t = \frac{\mu_1 + \mu_2}{2} + \frac{\sigma^2}{\mu_1 - \mu_2} \ln \frac{1 - \theta}{\theta}$$

$$(6\text{-}13)$$

如果先验概率已知，例如 $\theta = \dfrac{1}{2}$，有

$$t = \frac{\mu_1 + \mu_2}{2}$$

$$(6\text{-}14)$$

这表示如果目标和背景是正态分布的，那么最佳阈值可以按式(6-13)式(6-14)求取。若 $p_1(z)$ 和 $p_2(z)$ 不是正态分布的，则可根据式(6-9)来计算阈值 t。

4. 最大类间方差法(Otsu)

该法又称为大津算法(Otsu's method)，算法选择阈值使得目标和背景类间方差(inter-class variance)最大化。目标(设为 C_1 类)和背景(设为 C_2 类)之间的类间方差越大，说明构成图像的两部分的差别越大。大津算法同时指出最小化类内方差(intra-class variance)与最大化类间方差是等价的。当部分目标错分为背景或部分背景错分为目标都会导致两部分差别变小。该算法因其简单、快速、分割精确、适用范围广而成为广泛采用的一种图像阈值分割方法。

设图像的像素数为 N，灰度范围为 $[0, L-1]$，灰度级为 i，且 $i \in [0, L-1]$ 的像素数为 n_i，概率为

$$p_i = \frac{n_i}{N}$$

$$(6\text{-}15)$$

又知 $\sum\limits_{i=0}^{L-1} p_i = 1$，$\theta = \sum\limits_{i=0}^{t} p_i$，$C_1$ 类的灰度值 $\in [0, t]$，C_2 类的灰度值 $\in [t+1, L-1]$，则图像的总均值、C_1 类和 C_2 类的均值分别为 μ、μ_1 和 μ_2，此时有

$$\mu = \sum\limits_{i=0}^{L-1} ip_i, \quad \mu_1 = \frac{\sum\limits_{i=0}^{t} ip_i}{\theta}, \quad \mu_2 = \frac{\sum\limits_{i=t+1}^{L-1} ip_i}{1 - \theta}$$

$$(6\text{-}16)$$

由于 $\sum\limits_{i=0}^{L-1} ip_i = \sum\limits_{i=0}^{t} ip_i + \sum\limits_{i=t+1}^{L-1} ip_i$，因此将式(6-16)的后两式变形，解出 $\sum\limits_{i=0}^{t} ip_i$ 和 $\sum\limits_{i=t+1}^{L-1} ip_i$，然后代入第一式，可得

$$\mu = \theta\mu_1 + (1 - \theta)\mu_2$$

$$(6\text{-}17)$$

大津算法类间方差定义如下

$$\sigma^2 = \theta(\mu - \mu_1)^2 + (1 - \theta)(\mu_2 - \mu)^2 \qquad (6\text{-}18)$$

将式(6-17)代入式(6-18)，得

$$\sigma^2 = \theta(1 - \theta)(\mu_2 - \mu_1)^2 \qquad (6\text{-}19)$$

上述 θ、μ_1 和 μ_2 均为 t 的因变量，采用遍历 t 的方法可得到使类间方差最大的阈值 t，即为所求。

✍ 实例6.2　最大类间方差法（Otsu 阈值处理）

工具： Python，PyCharm，OpenCV。

步骤：

➢ 以灰度方式读取图像；

➢ 调用 threshold( )函数，设置其 type 参数；

➢ 显示图像；

➢ 销毁窗口。

▥　**调用函数：** 本实例调用了 OpenCV 的 threshold( )函数，通过设置其 type 参数，增加 Otsu 算法，实现最大类间方差法阈值处理。

实现代码：

在"D：\ ikebana. jpg"目录下，存放一幅名为 ikebana. jpg 的插花图像，调用 OpenCV 的 threshold( )函数，通过将 type 的参数设置为 THRESH_BINARY+THRESH_OTSU，实现 Otsu 阈值处理。程序运行代码如下：

```
importcv2 as cv

image=cv.imread("D:/ikebana.jpg") #读入图像
image_Gray=cv.cvtColor(image, cv.COLOR_BGR2GRAY) #转化为灰度图像
t1, dst1=cv.threshold(image_Gray, 127, 255, cv.THRESH_BINARY) #二值化处理
t2, dst2 = cv.threshold ( image _ Gray, 0, 255, cv.THRESH _ BINARY +
cv.THRESH_OTSU) #Otsu 二值化处理
print("BINARY threshold", t1) #打印二值化处理实际阈值
print("Otsu threshold", t2) #打印 Otsu 二值化处理阈值
cv.imshow("Original Gray", image_Gray) #显示原始图像转化后的灰度图像
cv.imshow("BINARY", dst1) #显示二值化处理图像
cv.imshow("Otsu", dst2) #显示 Otsu 二值化处理图像
```

```
cv.waitKey()
cv.destroyAllWindows()
```

结果与分析： 原图像转化的灰度图如图6.8(a)所示，图6.8(b)为二值化阈值为127时的分割结果，由于图6.8(a)整体灰度值偏大，因此阈值选择为127是不合理的，图6.8(b)二值化后没有很好地保留原图特征，而Otsu阈值分割通过寻找合理阈值(191)实现了较好的二值化处理。

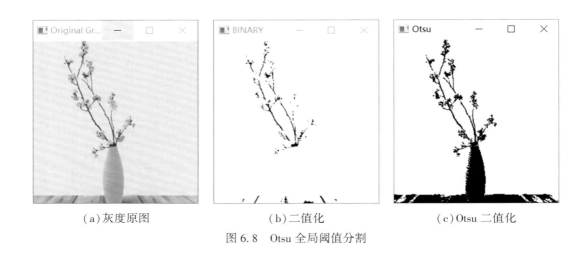

（a）灰度原图　　　　　　　（b）二值化　　　　　　　（c）Otsu二值化

图6.8　Otsu全局阈值分割

实践拓展： 以灰度方式读入较暗、中等和较亮三幅图像，比较二值化方法和Otsu方法各自的特点，并总结这两种方法适用情况。

6.3.3　局部阈值分割

局部阈值分割法(local thresholding)常用于照度不均或灰度连续变化的图像分割，也称为自适应阈值分割法。当照明不均匀、有突发噪声或者背景灰度变化比较大的时候，单一的阈值不能兼顾图像各个像素的实际情况。这时，可以对图像进行分块处理，对每一块分别选定一个阈值进行分割，这种阈值分割法称为动态阈值方法，也称为自适应阈值的方法。

这类算法的时间复杂度和空间复杂度比较大，但是抗噪声的能力比较强，对采用全局阈值不容易分割的图像有较好的效果。这种方法的关键问题是如何将图像进行细分和如何为得到的子图像估计阈值。由于用于每个像素的阈值取决于像素在子图像中的位置，因此这类阈值处理是自适应的。

在图像细分后，得到一个 $n \times n$ 的子图像，子图像的估计阈值可按如下步骤确定：

（1）对于子图像中的某个像素值，如果原来像素值为 S，在 $n \times n$ 范围的区域内求取像素均值或高斯加权值 T；

（2）对 8 位图像，如果 $S > T$，则该像素点二值化为 255，否则为 0。

上述算法可以进一步优化，增加超参数，优化如下：

（1）通过卷积操作，即均值模糊或高斯模糊，求取区域均值或高斯加权值；

（2）在上面的步骤中，增加超参数 C，C 可以为任何实数，当 $S > T - C$ 时，把原像素二值化为 255；

（3）也可以设置超参数 $\alpha \in [0, 1]$，当 $S > (1 - \alpha)T$ 时，把原像素点二值化为 255，α 通常取 0.15。

📝 实例 6.3　自适应阈值分割

工具：Python，PyCharm，OpenCV。

步骤：

➤ 以灰度方式读取图像；

➤ 调用 threshold( ) 函数和 adaptiveThreshold( ) 函数；

➤ 显示图像；

➤ 销毁窗口。

🎞 调用函数：本实例引入了 OpenCV 的 adaptiveThreshold( ) 函数以实现自适应阈值分割。该函数语法如下：

dst = adaptiveThreshold(src，maxValue，adaptiveMethod，thresholdType，blockSize，C，dst = None)

参数说明：

❖ src：输入图像，为灰度图像。

❖ maxValue：阈值处理时采用的最大值。

❖ adaptiveMethod：阈值分割的自适应阈值计算方法，OpenCV 提供了 ADAPTIVE_THRESH_MEAN_C 和 ADAPTIVE_THRESH_GAUSSIAN_C 两种方法。

❖ thresholdType：阈值处理类型，需要注意的是，它必须是 THRESH_BINARY、THRESH_BINARY_INV 中的一种。

❖ blockSize：一个正方形区域的大小，如 7 表示 7×7 的区域。

❖ C：常量，阈值等于均值或者加权值减去这个常量。

❖ dst：输出图像，有默认值，为阈值处理后的图像。

❖ 返回值 dst：阈值处理后的返回图像。

功能说明： 利用输入图像和各个参数，进行图像自适应阈值分割，生成二值化图像。函数调用成功后，返回自适应阈值分割图像。

实现代码：

在"D：\ book.jpg"目录下，存放一幅名为 book.jpg 的亮度不均书面图像，通过调用 OpenCV 的 adaptiveThreshold()函数，实现自适应分割，并与其他二值化方法进行比较。程序运行代码如下：

```
importcv2 as cv
img = cv.imread("D:/book.jpg")
img_Gray = cv.cvtColor(img, cv.COLOR_BGR2GRAY)   # 转换为灰度图像
t1, dst1 = cv.threshold(img_Gray, 92, 255, cv.THRESH_BINARY)   # 二值化处理,阈值为92
t2, dst2 = cv.threshold(img_Gray, 127, 255, cv.THRESH_BINARY)   # 二值化处理,阈值为127
t3, dst3 = cv.threshold(img_Gray, 154, 255, cv.THRESH_BINARY)   # 二值化处理,阈值为154
# 均值自适应分割
athdMean = cv.adaptiveThreshold(img_Gray, 255, cv.ADAPTIVE_THRESH_MEAN_C, cv.THRESH_BINARY, 5, 3)
# 高斯自适应分割
athdGAUS = cv.adaptiveThreshold(img_Gray, 255, cv.ADAPTIVE_THRESH_GAUSSIAN_C, cv.THRESH_BINARY, 5, 3)
cv.imshow("Original Gray", img_Gray)   # 显示原图转换的灰度图像
cv.imshow("BIN92", dst1)   # 显示阈值为92的二值化图像
cv.imshow("BIN127", dst2)   # 显示阈值为127的二值化图像
cv.imshow("BIN154", dst3)   # 显示阈值为154的二值化图像
cv.imshow("MEAN_C", athdMean)   # 显示均值自适应分割图像
cv.imshow("GAUSSIAN_C", athdGAUS)   # 显示高斯自适应分割图像
cv.waitKey()
cv.destroyAllWindows()
```

结果与分析： 原图像转化的灰度图如图 6.9(a)所示，由于原图较暗，在二值化处理时阈值较小处理效果较好，因此图 6.9(b)效果好于图 6.9(c)，图 6.9(c)效果好于图 6.9(d)，但即使如此，图像左下角的文字仍然无法显现。图 6.9(e)和(f)是自适应阈值分割

方法，在 5×5 区域内进行自适应分割，由于各区块阈值不同，避免了单一阈值造成分割误差，区块自适应特征显著，将所有文字显现出来。图 6.9(f)和(e)相比，整体差别不大，但高斯自适应分割产生的噪声更少。

（a）灰度原图

（b）阈值＝92

（c）阈值＝127

（d）阈值＝154

（e）均值自适应分割

（f）高斯自适应分割

图 6.9　自适应阈值分割

实践拓展：

①以灰度方式读入较暗、中等和较亮的三幅图像，比较二值化方法和自适应阈值分割法的特点，并总结其适用条件。

②调用 adaptiveThreshold( )时，调整各个参数并观察处理结果，体会参数意义。

疑点解析：　OpenCV 的 adaptiveThreshold( )函数参数 C 是超参数，类似改正数对区域像素均值或加权值进行修正。自适应分割方法之一是 ADAPTIVE_THRESH_MEAN_C，它是对正方形区域内所有像素进行加权平均计算；自适应分割方法之二是 ADAPTIVE_THRESH_GAUSSIAN_C，它是根据高斯函数按照像素与中心点的距离对一个正方形区域内所有像素进行加权计算。

6.4 边 缘 检 测

边缘检测是图像处理和计算机视觉中的基本问题，边缘检测的目的是标识数字图像中亮度变化明显的点。图像属性中的显著变化通常反映了属性的重要变化，包括深度上的不连续、表面方向不连续、物质属性变化和场景照明变化。边缘检测是图像处理和计算机视觉中，尤其是特征提取中的一个研究领域，本节将介绍边缘检测的原理和几种常见的边缘检测方法，通过实例比较这几种边缘检测的特征。

6.4.1 边缘检测原理

前述的阈值法是基于像素的分割方法。实验表明，人们对图像中边缘的识别不是通过设置阈值来分割的，目标的边缘一般表现为灰度(对彩色图像还包括色度)的突变。对于人类的视觉感知，图像边缘对理解图像内容起到了关键作用。在第4章中，我们讨论了如何使用梯度、拉普拉斯算子及2种高通滤波处理方法对图像边缘进行锐化增强。事实上，只要再进行一次阈值处理，便可以将边缘增强的方法用于边缘检测。但需要注意的是，对边缘处理的目的已经不是对整幅图像的边缘进行加强，而是根据边缘来进行图像分割。边缘检测要按照图像的内容和应用目的进行，可以先对图像做预处理，使边缘突出，然后选择合适的阈值进行分割。

6.4.2 Scharr 算子

Scharr 与 Sobel 算子思想一样，只是卷积核的系数不同，Scharr 算子提取边界也更加灵敏，能提取到更细小的边界，但是，这种灵敏性也往往造成边缘误判。式(6-20)的 S_x 是计算水平梯度时的卷积核，S_y 是计算垂直梯度时的卷积核。

$$S_x = \begin{bmatrix} -3 & 0 & 3 \\ -10 & 0 & 10 \\ -3 & 0 & 3 \end{bmatrix} \qquad S_y = \begin{bmatrix} -3 & -10 & -3 \\ 0 & 0 & 0 \\ 3 & 10 & 3 \end{bmatrix} \qquad (6\text{-}20)$$

6.4.3 Marr-Hildreth 算子(LOG)

Marr-Hildreth 边缘检测算子是将高斯算子和拉普拉斯算子结合在一起而形成的一种新

的边缘检测算子，先用高斯算子对图像进行平滑处理，然后采用拉普拉斯算子根据二阶微分过零点来检测图像边缘，因此该算子也称为 LOG(Laplacian of Gaussian)算子，计算方法如式(6-21)所示。

$$LOG(x, y) = \frac{1}{\pi\sigma^4}\left[1 - \frac{x^2 + y^2}{2\sigma^2}\right]e^{-\frac{x^2+y^2}{2\sigma^2}} \tag{6-21}$$

图 6.10 为 LOG 算子中心点的像素与其邻域像素的距离和位置加权系数的关系。LOG算子很像一顶墨西哥草帽，因此，LOG 算子又叫墨西哥草帽滤波器。

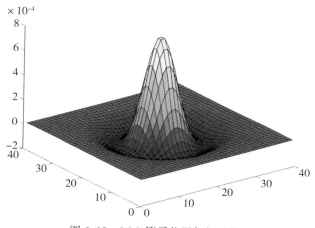

图 6.10 LOG 算子位置加权系数

图像与模板卷积运算时，运算速度与选取的模板大小有直接关系。模板越大，检测效果越明显，速度越慢，反之则效果差一点，但速度提高了很多。因此，在不同的条件下应选取不同大小的模板。在实际计算时，还可以通过分解的方法提高运算速度，即把二维滤波器分解为独立的行、列滤波器。常用的 5×5 模板的 Marr-Hildreth 边缘算子如式(6-22)所示。

$$S = \begin{bmatrix} -2 & -4 & -4 & -4 & -2 \\ -4 & 0 & 8 & 0 & -4 \\ -4 & 8 & 24 & 8 & -4 \\ -4 & 0 & 8 & 0 & -4 \\ -2 & -4 & -4 & -4 & -2 \end{bmatrix} \tag{6-22}$$

6.4.4 Canny 边缘检测算子

Canny 边缘检测算子是近年来在数字图像处理中广泛应用的边缘算子，它是应用变分原理推导出的一种用高斯模板导数逼近的最优算子。通过 Canny 边缘检测，可以计算出数字图像的边缘强度和边缘梯度方向，为后续边缘点的判断提供依据。

Canny 算子用泛函求导方法推导出高斯函数的一阶导数，该值即为最优边缘检测算子的最佳近似。由于卷积运算可交换、可结合，故 Canny 算法首先采用二维高斯函数对图像进行平滑，二维高斯函数表示为

$$G(x, y) = \frac{1}{2\pi\sigma^2} e^{-\frac{x^2+y^2}{2\sigma^2}} \tag{6-23}$$

式(6-23)中，σ 为高斯滤波器参数，它控制着平滑的程度，σ 较小的滤波器定位精度高，但信噪比低；σ 较大的滤波器情况正好相反。因此，要根据需要选取高斯滤波器参数。

传统 Canny 算法利用一阶微分算子来计算平滑后图像 f 各点处的梯度幅值和梯度方向，获得相应的梯度幅值图像 G 和梯度方向图像 φ。点 (i, j) 处两个方向的偏导数 $G_x(i, j)$ 和 $G_y(i, j)$ 分别为

$$G_x(i, j) = [f(i, j + 1) - f(i, j) + f(i + 1, j + 1) - f(i + 1, j)]/2 \tag{6-24}$$

$$G_y(i, j) = [f(i + 1, j) - f(i, j) + f(i + 1, j + 1) - f(i, j + 1)]/2 \tag{6-25}$$

则此时点 (i, j) 处的梯度幅值和梯度方向分别表示为

$$G(i, j) = \sqrt{G_x(i, j)^2 + G_y(i, j)^2} \tag{6-26}$$

$$\varphi(i, j) = \arctan \frac{G_y(i, j)}{G_x(i, j)} \tag{6-27}$$

为了精确定位边缘，必须细化梯度幅值图像 G 中的屋脊带，只保留幅值的局部极大值，即非极大值抑制（NMS）。Canny 算法在梯度幅值图像 G 中以点 (i, j) 为中心 3×3 的邻域内沿梯度方向 $\varphi(i, j)$ 进行插值，若点 (i, j) 处的梯度幅值 $G(i, j)$ 大于 $\varphi(i, j)$ 方向上与其相邻的两个插值，则将点 (i, j) 标记为候选边缘点，反之则标记为非边缘点。这样，就得到了候选的边缘图像 E。

传统 Canny 算法采用双阈值法从候选边缘点中检测和连接出最终的边缘。双阈值法首先选取高阈值 T_H 和低阈值 T_L，然后开始扫描图像。对候选边缘图像 E 中标记为候选边缘点的任一像素点 (i, j) 进行检测，若点 (i, j) 梯度幅值 $G(i, j)$ 高于高阈值 T_H，则认为该点一定是边缘点，若点 (i, j) 梯度幅值 $G(i, j)$ 低于低阈值 T_L，则认为该点一定不是边缘点。而对于梯度幅值处于两个阈值之间的像素点，则将其看作疑似边缘点，再进一步依据边缘的连通性对其进行判断，若该像素点的邻接像素中有边缘点，则认为该点也为边缘点，否则，认为该点为非边缘点。

在下面描述的 3 个标准下，Canny 边缘检测算子对受白噪声影响的阶跃状边缘检测是最优的。

（1）检测标准——不丢失重要的边缘，不应有虚假的边缘；

（2）定位标准——实际边缘与检测到的边缘位置之间的偏差最小；

（3）单响应标准——将多个响应降低为单个边缘响应。

Canny 边缘检测算子是基于以下几个概念提出的。

（1）边缘检测算子是针对一维信号表达的，对检测标准和定位标准最优。

（2）如果考虑第 3 个标准（多个响应），则需要通过数值优化的方法得到最优解。该最优 Canny 算子可以有效地近似为标准差为 σ 的高斯平滑滤波器的一阶微分，因此可以实现边缘检测误差小于 20%，这与 LOG 边缘检测算子很相似。

（3）将边缘检测算子推广到二维情况，阶跃状边缘由位置、方向和可能的幅度来确定。

📝 实例 6.4 边缘检测

工具： Python，PyCharm，matplotlib，OpenCV。

步骤：

➢ 读取图像；

➢ Scharr 边缘检测；

➢ LOG 边缘检测；

➢ Canny 边缘检测；

➢ 显示图像。

🖼 **调用函数：** 本实例引入了 OpenCV 的 Scharr（）函数、Canny（）函数分别实现 Scharr 边缘检测和 Canny 边缘检测，这两个函数语法如下：

① **dst＝Scharr（src，ddepth，dx，dy，dst＝None，scale＝None，delta＝None，border Type＝None）**

参数说明：

❖ src：输入图像。

❖ ddepth：输出图像的期望深度，指的是数据类型。

❖ dx：x 方向差分阶数。

❖ dy：y 方向差分阶数。

❖ dst：输出图像，可选参数，与输入图像具有相同的尺寸和类型。

❖ scale：可选参数，用于计算导数值，默认情况下不使用该参数。

❖ delta：可选参数，表示在结果存入目标图像（第 5 个参数 dst）之前可选的 delta 值，有默认值 0。

❖ borderType：可选参数，边界样式，建议默认。

❖ 返回值 dst：Scharr 边缘检测后的图像。

功能说明： 利用输入图像和各个参数，实现 Scharr 边缘检测，并返回检测的结果图像。

② edges = Canny（image，threshold1，threshold2，edges = None，apertureSize = None，L2gradient = None）

参数说明：

❖ image：检测的原始图像，应是单通道 8 位图像。

❖ threshold1：第一个阈值，可以是最小阈值，也可以是最大阈值，一般设置为最小阈值。

❖ threshold2：第二个阈值，一般设置为最大阈值。

❖ edges：可选参数，检测后的边缘图，单通道 8 位影像，和 image 尺寸相同。

❖ apertureSize：可选参数，Sobel 算子的孔径大小。

❖ L2gradient：可选参数，计算图像梯度的标识，默认为 False。值为 True 时会采用更精确的算法进行计算。

❖ 返回值 edges：计算后的边缘二值图像。

功能说明： 利用输入图像和各个参数，实现 Canny 边缘检测，并返回检测后的边缘二值图像。

实现代码：

在"D：\ dragonfly.jpg"目录下，存放一幅名为 dragonfly.jpg 的蜻蜓图像，通过调用 Scharr（）函数，实现 Scharr 算子边缘检测；通过先后调用 GaussianBlur（）函数和 Laplacian（）函数，实现 LOG 算子边缘检测；通过调用 Canny（）函数，实现 Canny 边缘检测，程序运行代码如下：

```
importcv2 as cv
import matplotlib.pyplot as plt

# 读取图像
img=cv.imread("D:/dragonfly.jpg")
rgb_img=cv.cvtColor(img, cv.COLOR_BGR2RGB)
gray_img=cv.cvtColor(img, cv.COLOR_BGR2GRAY)

#Scharr 算子开始 * * * * * * * * * * * * * * * * * * * * * * * *
x=cv.Scharr(gray_img, cv.CV_16S, 1, 0) # X 方向
y=cv.Scharr(gray_img, cv.CV_16S, 0, 1) # Y 方向
absX=cv.convertScaleAbs(x) # 将 X 方向差分阶数转换为 8 位正整数
absY=cv.convertScaleAbs(y) # 将 Y 方向差分阶数转换为 8 位正整数
```

```
Scharr = cv.addWeighted(absX, 0.5, absY, 0.5, 0)
#Scharr 算子结束* * * * * * * * * * * * * * * * * * * * *


#LOG 算法开始* * * * * * * * * * * * * * * * * * * * * *
# 先通过高斯滤波降噪
gaussian = cv.GaussianBlur(gray_img, (3, 3), 0)
# 再通过拉普拉斯算子做边缘检测
dst = cv.Laplacian(gaussian, cv.CV_16S, ksize = 3)
LOG = cv.convertScaleAbs(dst) #换为 8 位正整数
#LOG 算法结束* * * * * * * * * * * * * * * * * * * * *


#Canny 算法开始* * * * * * * * * * * * * * * * * * * * *
canny = cv.Canny(gray_img,100,200)
#Canny 算法结束* * * * * * * * * * * * * * * * * * * * *


# 用来正常显示中文标签
plt.rcParams['font.sans-serif'] = ['SimHei']
# 显示图形
titles = ['(a)原始图像', '(b)Scharr 算子', '(c)LOG 算子', '(d)Canny 算子']
images = [rgb_img,Scharr,LOG,canny]
for i in range(4):
    plt.subplot(2, 2, i+1), plt.imshow(images[i], 'gray')
    plt.title(titles[i],y = -0.15)
    plt.xticks([]), plt.yticks([])
plt.show()
```

结果与分析：原图像如图 6.11(a)所示，Scharr 算子边缘检测、LOG 算子边缘检测和 Canny 算子边缘检测结果分别如图 6.11(b)、(c)、(d)所示。从检测的细节来看，Scharr 算子检测保留更多细节，从边缘检测效果来看，Canny 检测具有最好的效果。事实上，Canny 边缘检测可以通过设置最小阈值和最大阈值来控制边缘检测的精细程度，当两个阈值都较小时，会检测出较多的细节；当两个阈值都较大时，会忽略较多的细节。

(a) 原始图像   (b) Scharr算子

(c) LOG算子   (d) Canny算子

图6.11 边缘检测

实践拓展: 编程实现 Canny 边缘检测,通过设置不同的低、高阈值,查看检测结果,总结 Canny 边缘检测的特点。

6.4.5 边缘跟踪

在一些应用场合,仅仅得到边缘点是不够的。由于噪声和光照不均等因素会使得原本连续的边缘出现间断现象,因此,在使用边缘检测算法后,有必要采用边缘跟踪方法将间断的边缘转换成有意义的边缘信息。

基本的跟踪方法是从图像的一个边缘点出发,根据某种判别准则,寻找下一个边缘点,以此形成目标的边界。起始点的选择十分重要,起始点不同可能导致不同的跟踪结果。同样,跟踪的终点由搜索的终止条件决定。

1. 光栅扫描跟踪法

光栅扫描跟踪法是一种简单的利用局部信息、通过扫描的方式将边缘点连接起来的方法。图 6.12（a）是一幅含有 3 条曲线的模糊图像。假设在任一点上，曲线斜率都不超过 90°，现在要从该图中检测出这些曲线。光栅扫描跟踪的具体步骤如下：

（1）确定一个比较高的阈值 d，把高于阈值的像素作为检出点，称该阈值为"检测阈值"，在本例中选 $d = 7$。

（2）用检测阈值 d 逐行对像素进行检测，凡超过或等于 d 的点都接受为检出点。本例检测结果如图 6.12（b）所示。

（3）选取一个比较低的阈值 T 作为跟踪阈值，该阈值可以根据不同准则来选择。例如，本例中是根据相邻对象点的灰度差所能允许的最大值来选择的，取 4 作为跟踪阈值。

（4）确定跟踪邻域。本例中取像素 (i, j) 的下一行像素 $(i + 1, j - 1)$，$(i + 1, j)$ 和 $(i + 1, j + 1)$ 为跟踪邻域。

（5）从第一行开始进行检测，找出第一行中由 d 确定的检出点作为对象点，扫描下一行像素，凡位于上一行已检测出来的对象点的跟踪邻域的像素，其灰度差小于或等于跟踪阈值 T 的，都接受为对象点，反之去除。

（6）对于已检测出的某一对象点，如果在下一行跟踪邻域中，没有任何一个像素被接受为对象点，那么这一条曲线的跟踪可结束。如果同时有 2 个甚至 3 个邻域点均被接受为对象点，则说明曲线发生分支，跟踪将对各分支同时进行。如果若干分支曲线合并成一条曲线，则跟踪可集中于一条曲线上进行。一条曲线跟踪结束后，采用类似上述的步骤从第一行的其他检出点开始下一条曲线的跟踪。

（7）对于未被接受为对象点的检出点，再次用上述方法进行检测，并以检出的点为起始点，重新使用跟踪阈值程序，以检测出不是从第一行开始的其他曲线。

（8）当扫描完最后一行时，跟踪便可结束。本例的跟踪结果如图 6.12（c）所示。

由跟踪结果可以看出，本例原图像中存在着 3 条曲线，2 条从顶端开始，1 条从中间开始。然而，如果不用跟踪法，只用一种阈值 d 检测，就不能得到满意的结果。

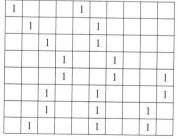

图 6.12 光栅扫描跟踪

光栅扫描跟踪和扫描方向有关,因此最好沿其他方向再跟踪一次,如逆向跟踪,然后将两种跟踪的结果综合起来得到更好的结果。另外,若边缘和光栅扫描方向平行时效果不好,则最好在垂直扫描方向再跟踪一次,相当于把图像转置90°后再进行光栅扫描跟踪。

2. 轮廓跟踪法

设图像是由黑色物体和白色背景组成的二值图像。轮廓跟踪的目的是找出目标的边缘轮廓,如图6.13所示。

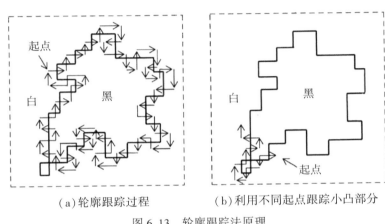

(a)轮廓跟踪过程   (b)利用不同起点跟踪小凸部分

图6.13 轮廓跟踪法原理

轮廓跟踪算法可描述如下:

(1)在靠近边缘处任取一起始点,然后按照每次只前进一步,步距为一个像素的原则开始跟踪。

(2)当跟踪中的某步是由白区进入黑区时,则以后各步向左转,直到穿出黑区为止。

(3)当跟踪中的某步是由黑区进入白区时,则以后各步向右转,直到穿出白区为止。

(4)当围绕目标边界循环跟踪一周回到起点时,则所跟踪的轨迹便是目标的轮廓;否则,应按步骤2和步骤3的原则继续进行跟踪。

在轮廓跟踪中需要注意的问题如下:

(1)目标中的某些凸起部分可能因被迂回过去而被漏掉,如图6.13(a)左下部所示。避免这种情况的常用方法是选取不同的多个起始点(图6.13(b))进行多次重复跟踪,然后把相同的跟踪轨迹作为目标轮廓。

(2)由于这种跟踪方法可形象地看作一个爬虫在爬行,因此又称为"爬虫跟踪法"。当出现围绕某个局部的闭合小区域重复爬行而回不到起点时,就出现了爬虫掉进陷阱的情况。防止爬虫掉进陷阱的一种方法是让爬虫具有记忆能力,当爬行中发现在走重复的路径时，便退回到原起始点，并重新选择起始点和爬行方向进行轮廓跟踪。

📝 实例6.5 轮廓跟踪

工具：Python，PyCharm，OpenCV。

步骤：

➢ 读取图像并进行灰度转换；

➢ 二值化阈值处理；

➢ 高斯滤波去噪；

➢ Canny 边缘检测；

➢ 轮廓跟踪；

➢ 绘制轮廓；

➢ 显示轮廓图像。

📖 **调用函数**：本实例新引入了 OpenCV 的 findContours( ) 函数和 drawContours( ) 函数，分别用于轮廓跟踪和轮廓绘制，这两个函数语法如下。

① contours，hierarchy = findContours（image，mode，method，contours = None，hierarchy = None，offset = None）

参数说明：

❖ image：被检测的图像，必须是8位单通道二值图像。如果原始图像是彩色图像，必须转化为灰度图，并进行二值化阈值处理。

❖ mode：轮廓的检索模式，可以是 RETR_EXTERNAL、RETR_LIST、RETR_CCOMP、RETR_TREE、RETR_FLOODFILL 中的一种。

❖ method：检测轮廓时使用的方法。可以是 CHAIN_APPROX_NONE、CHAIN_APPROX_SIMPLE、CHAIN_APPROX_TC89_KCOS、CHAIN_APPROX_TC89_L1 中的一种。

❖ contours：默认参数，检测出的轮廓，每一个轮廓以点向量方式存储。

❖ hierarchy：默认参数，输出轮廓之间的层次关系，包含影像的拓扑信息。

❖ offset：默认参数，轮廓点可以移动的偏移量，这对于整幅图像的感兴趣区域轮廓提取和分析十分有用。

❖ 返回值 contours，hierarchy：和参数含义一样。

功能说明：利用输入的二值图像和 image、mode、method 等各个参数，实现边缘检测后的轮廓跟踪，并返回跟踪的轮廓和它们的拓扑层次关系。

② image = drawContours（image，contours，contourIdx，color，thickness = None，lineType = None，hierarchy = None，maxLevel = None，offset = None）

参数说明：

❖ image：被绘制轮廓的原始图像，可以是多通道图像。

❖　contours：findContours( )检测出的轮廓列表。

❖　contourIdx：绘制轮廓的索引，如果是−1，则表示绘制所有轮廓。

❖　color：绘制轮廓采用的颜色，为 BGR 格式。

❖　thickness：可选参数，绘制线条的粗细，如果是−1，表示绘制实心轮廓。

❖　lineType：可选参数，绘制轮廓的线型。

❖　hierarchy：可选参数，findContours( )得出的层次关系。

❖　maxLevel：可选参数，绘制轮廓的层次深度，即最深绘制第 maxLevel 层。

❖　offset：可选参数，偏移量，即改变绘制结果的位置。

❖　返回值 image：和参数中的 image 相同，函数执行后原始图像就已绘制轮廓了，可以不使用此返回值保存结果。

功能说明：　根据 image、contours、contourIdx、color 等各参数绘制 findContours( )函数跟踪的轮廓。

实现代码：

在"D：\ topographicMap. jpg"目录下，存放一幅名为 topographicMap. jpg 的地形图图像，通过调用 findContours( )函数追踪 Canny 边缘检测得到的轮廓，然后调用 drawContours( )函数将跟踪到的轮廓绘制在原图上。代码如下：

```python
import cv2 as cv


img = cv.imread("D:/topographicMap.jpg")
# 灰度变换
img_gray = cv.cvtColor(img, cv.COLOR_BGR2GRAY)
# 二值化处理
ret, img_threshold = cv.threshold(img_gray, 127, 256, cv.THRESH_BINARY)
# 高斯滤波去噪
img_Gaussian = cv.GaussianBlur(img_threshold, (5, 5), 0, 0)
# Canny 边缘检测
img_edges = cv.Canny(img_Gaussian, 50, 200)
# 轮廓检测 findContours
contours, hierarchy = cv.findContours(img_edges, cv.RETR_TREE, cv.CHAIN_APPROX_NONE)
print("contours", contours)
print("hierarchy", hierarchy)
```

```
img=cv.drawContours(img,contours,-1,(0,0,255),1)
cv.imshow("Threshold Image",img_threshold)
cv.imshow("Gaussian Image",img_Gaussian)
cv.imshow("Canny Image",img_edges)
cv.imshow("Contours Image",img)
cv.waitKey()
cv.destroyAllWindows()
```

结果与分析：原图二值化处理的图像如图6.14(a)所示，经高斯滤波去噪后的图像如图6.14(b)所示，Canny检测后的结果如图6.14(c)所示，跟踪的轮廓以红色绘出，结果如图6.14(d)所示。从图6.14(c)、(d)可以看出，findContours()函数追踪的结果较好，几乎将Canny检测的边缘全部跟踪出来。为了查看findContours()函数跟踪得到的数据，打印了它的contours和hierarchy两个返回值，从打印结果来看，这两个返回值均为列表类型，分别表示轮廓坐标和层次拓扑结构。

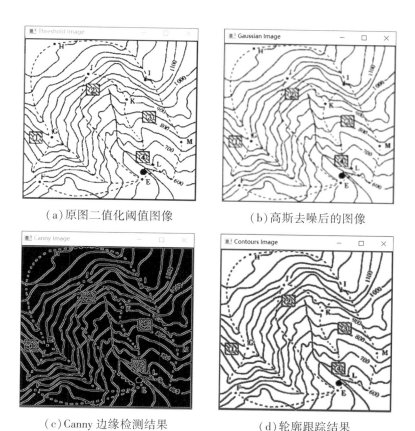

(a)原图二值化阈值图像　　　　　　　　(b)高斯去噪后的图像

(c)Canny边缘检测结果　　　　　　　　(d)轮廓跟踪结果

图6.14　Canny边缘检测的轮廓跟踪

193

实践拓展： 分别用 Robert 算子、Prewitt 算子、Sobel 算子、Scharr 算子和 LOG 算子边缘检测的图像进行轮廓跟踪，查看跟踪结果，分析它们的适用条件。

疑点解析： findContours( )函数是通过计算图像梯度判断出图像的边缘，然后将边缘点封装成数组返回。findContours( )函数的 mode 和 method 两个参数的理解是难点，按照 OpenCV 的官方解释，mode 参数和 method 参数的释义如表 6.1 所示。

表 6.1 **mode 和 method 参数解释**

参数	参数值	释义
mode	RETR_EXTERNAL	只检测轮廓
	RETR_LIST	检测所有轮廓，但不建立层次关系
	RETR_CCOMP	检测所有轮廓，并建立两级层次关系
	RETR_TREE	检测所有轮廓，并建立树状结构层次关系
	RETR_FLOODFILL	洪水法填充连通区域
method	CHAIN_APPROX_NONE	存储轮廓上的所有点
	CHAIN_APPROX_SIMPLE	只保存水平、垂直或对角线轮廓的端点
	CHAIN_APPROX_TC89_KCOS	Ten-Chinl 近似算法中的一种
	CHAIN_APPROX_TC89_L1	Ten-Chinl 近似算法中的一种

6.5 霍 夫 变 换

霍夫变换(Hough Transform)本质上也是一种边界跟踪方法，它利用图像的全局特性直接检测目标轮廓。利用霍夫变换可以从图像中识别几何形状，应用很广泛，也有很多改进算法。最基本的霍夫变换是从黑白图像中检测直线(线段)，在预先知道区域形状的条件下，利用霍夫变换可以方便地将不连续的边缘像素点连接起来得到边界曲线的逼近，其主要优点是受噪声和曲线间断的影响较小。

6.5.1 直角坐标系霍夫变换

霍夫变换基于点-线的对偶性(duality)，即在图像空间(原空间)中同一条直线上的点对应在参数空间(变换空间)中是相交的直线。反过来，在参数空间中相交于同一点的所有直线，在图像空间中都有共线的点与之对应。

假设在图像空间 XOY 中，已知二值化图像中有一条直线，由于所有过点 (x, y) 的直线一定都满足斜截式方程

$$y = px + q \qquad\qquad (6\text{-}28)$$

式中，p 为斜率，q 为截距，式(6-28)也可写成

$$q = -px + y \qquad\qquad (6\text{-}29)$$

即直角坐标中对点 (x, y) 的霍夫变换。如果将 x 和 y 视为参数，那么它也表示参数空间 POQ 中过点 (p, q) 的一条直线。

图 6.15(a)为一条直线的图像空间，图 6.15(b)是对应的参数空间。在图像空间 XOY 中过点 (x_i, y_i) 的所有直线方程为 $y_i = px_i + q$，即点 (x_i, y_i) 确定了一簇直线。它们在参数空间 POQ 中也是一条直线 $q = -px_i + y_i$。同理，通过点 (x_j, y_j) 的直线方程为 $y_j = px_j + q$，它在参数空间 POQ 中是另一条直线。因为 (x_i, y_i) 和 (x_j, y_j) 是同一条直线上的两点，所以它们一定具有相同的参数 (p', q')，而这一点正是参数空间 POQ 中两条直线 $q = -px_i + y_i$ 和 $q = -px_j + y_j$ 的交点。由此可见，图像空间 XOY 中过点 (x_i, y_i) 和 (x_j, y_j) 的直线上的每一点，都对应于参数空间中的一条直线，而这些直线必定相交于一点 (p', q')，(p', q') 恰恰就是图像空间 XOY 中那条直线方程的参数。这样，通过霍夫变换，可以将图像空间中直线的检测问题转化为参数空间中点的检测问题，而参数空间中点的检测只需进行简单的累加统计就可以完成。

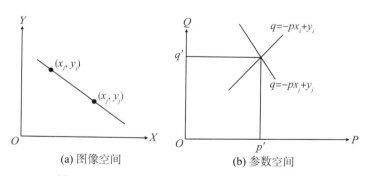

(a) 图像空间 (b) 参数空间

图 6.15　图像空间和参数空间中点和线的对偶性

霍夫变换的具体步骤如下：

(1)在参数空间 POQ 中建立一个二维的累加数组 A。A 第一维的范围是图像空间坐标中直线斜率的可能范围 $[p_{\min}, p_{\max}]$，第二维的范围是图像坐标空间中直线截距的可能范围 $[q_{\min}, q_{\max}]$，累加数组 A 如图 6.16 所示。

(2)开始时，数组 A 初始化为零，对图像空间坐标的每一个前景点 (x_i, y_i)，将参数

空间中每一个 p 的离散值代入式(6-29)中，从而计算出对应的 q 值。每计算出一对 $(p,$
$q)$，都将对应的数组元素 $A(p, q)$ 加 1，即 $A(p, q) = A(p, q) + 1$。所有的计算结束之
后，在参数计算表决结果中找到 $A(p, q)$ 的最大峰值，所对应的 (p^*, q^*) 就是原图像中
共线点数目最多(共 $A(p, q)$ 个共线点)的直线方程的参数，接下来可以继续寻找第 2 峰
值、第 3 峰值和第 4 峰值等，它们对应于原图中共线点略少的直线。

这种利用二维累加器的离散方法大大简化了 Hough 变换的计算，参数空间 POQ 上的
细分程度决定了最终找到直线上点的共线精度。上述二维累加数组 A 也被称为 Hough
矩阵。

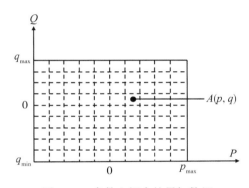

图 6.16   参数空间中的累加数组

综上所述，霍夫变换也可以视为一种聚类分析技术，将图像空间中的每一点对参数空
间的参数集合进行投票表决，获得多数表决票的参数即为所求的特征参数。当被检测直线
垂直时，斜率 p 将为无穷大，计算量激增，这时需采用极坐标法解决这一问题。

6.5.2   极坐标系霍夫变换

设 ρ 为直线到原点的垂直距离，θ 为原点到直线的垂线与 X 轴的夹角，则极坐标中的
点法式直线方程为

$$\rho = x\cos\theta + y\sin\theta \tag{6-30}$$

可以证明，与直角坐标系中的霍夫变换不同的是，式(6-30)将图像空间 XOY 上的点
映射为 $\rho\theta$ 平面上的正弦曲线。如图 6.17(a)所示，某条直线的参数为 (ρ, θ)，其上的两
点分别为 (x_i, y_i) 和 (x_j, y_j)。图 6.17(b)为变换后两点形成的正弦曲线，分别为 $\rho =$
$x_i\cos\theta + y_i\sin\theta$ 和 $\rho = x_j\cos\theta + y_j\sin\theta$，两共线点生成参数空间中的曲线交于点 (ρ', θ')。

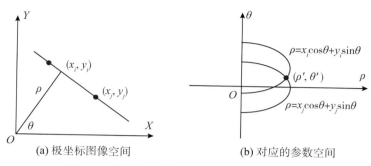

(a) 极坐标图像空间 　　　　(b) 对应的参数空间

图 6.17　极坐标图像空间及其对应的参数空间

在参数空间建立累加二维数组 A 的方法与直角坐标系中的方法类似,但参数为 ρ 和 θ。θ 的取值范围为 $[-90°,90°]$;若图像的大小为 $M\times N$,则 ρ 取值范围为 $\left[-\dfrac{\sqrt{M^2+N^2}}{2},\dfrac{\sqrt{M^2+N^2}}{2}\right]$。

在进行霍夫变换前应该先对图像进行预处理,一般先对灰度图像进行二值化阈值处理,然后细化边缘得到图像骨架,再采用霍夫变换提取图像中的直线。霍夫变换扩展后可以检测所有给出解析式的曲线,如圆等。进一步,利用广义霍夫变换可以检测无解析式的任意形状边界。

📝 实例 6.6　霍夫直线检测

工具: Python,PyCharm,numpy,OpenCV。

步骤:

➤ 读取图像,复制图像;

➤ 高斯滤波去噪;

➤ 灰度转换;

➤ Canny 边缘检测;

➤ Hough 直线检测;

➤ 绘制直线;

➤ 原图上显示检测出的直线。

🎛 **调用函数:** Hough 直线检测调用了 OpenCV 的 HoughLinesP( ) 函数,此外,为了在原图上绘制出检测的直线,调用了 line( ) 函数,这两个函数语法如下:

① **lines = HoughLinesP (image , rho , theta , threshold , lines = None , minLineLength = None , maxLineGap = None)**

参数说明:

❖ image:被检测的图像,必须是 8 位单通道二值图像,在调用函数时,该图像会被修改。

❖ rho：线段以像素为单位的距离精度，double 类型，推荐使用 1.0。

❖ theta：线段以弧度为单位的角度精度。推荐值为 π/180，表示检测所有角度。

❖ threshold：累加平面的阈值参数，int 类型，超过设定阈值才被检测出线段，值越大，意味着检出的线段越长，但检出的线段个数越少；值越小，检测的线段就越多。

❖ lines：可选参数，Hough 直线检测的结果。

❖ minLineLength：可选参数，线段以像素为单位的最小长度，小于该长度的直线不会记录到结果中，因此应根据应用场景设置。

❖ maxLineGap：可选参数，同一直线上连接点的最大允许间距。值越大，越有可能检出潜在的直线段。

❖ 返回值 lines：检测出的所有直线段，多维数组，每个线段也是一个数组，由线段两个端点的横纵坐标组成，如 $[[[x_1, y_1, x_2, y_2], [x_3, y_3, x_4, y_4]]]$。

功能说明： 该函数的功能是根据各输入参数在二值图像中查找直线段。

② **img = line(img, pt1, pt2, color, thickness = None, lineType = None, shift = None)**

参数说明：

❖ img：画布，即绘"线"所依据的图像。

❖ pt1：线段的起点坐标，一般为像素坐标，如(50，150)。

❖ pt2：线段的终点坐标，为像素坐标。

❖ color：绘制线条的颜色，为 BGR 格式。

❖ thickness：可选参数，绘制线条的粗细。

❖ lineType：可选参数，绘制直线的线型。

❖ shift：可选参数，点坐标中的小数位数。

❖ 返回值 img：绘制"线"后图像。

功能说明： 该函数根据 img、pt1、pt2、color 等参数绘制一条直线，并返回绘制直线的图像。

实现代码：

在"D：\books.jpg"目录下，存放一幅名为 books.jpg 的剪贴画图书图像，通过调用 Canny()函数实现边缘检测，通过调用 HoughLinesP()函数实现 Hough 直线检测，最后调用 line()函数将检测到的直线绘制在原图的复制图上。程序代码如下：

```python
importcv2 as cv
import numpy as np


img = cv.imread("D:/books.jpg") #读入图像
```

```
img_copy = img.copy()  #复制读入图像,用于 Canny 检测
img_copy1 = img.copy()  #复制读入图像,用于绘制 Hough 追踪到的直线
img_copy = cv.GaussianBlur(img_copy, (5, 5), 0, 0)  #高斯滤波去噪
gray = cv.cvtColor(img_copy, cv.COLOR_BGR2GRAY)  #转为灰度图像
binary = cv.Canny(gray, 20, 150)  #Canny 边缘检测
lines = cv.HoughLinesP(binary, 1.0, np.pi /180, 15, minLineLength = 50,
maxLineGap = 10)  #Hough 直线检测
if np.any(lines):  #检查 Hough 直线是否为空
    for line in lines:  #遍历检测出的直线
        x1, y1, x2, y2 = line[0]
        cv.line(img_copy1, (x1, y1), (x2, y2), (0, 0, 255), 2)  #绘制检测出
的直线
cv.imshow("Orininal Image", img)  #显示原图
cv.imshow("Canny", binary)  #显示 Canny 边缘检测图
cv.imshow("HoughLines", img_copy1)  #显示原图上绘制的 Hough 直线
cv.waitKey()
cv.destroyAllWindows()
```

结果与分析: 原图像如图 6.18(a)所示, Canny 边缘检测的结果如图 6.18(b)所示, Hough 直线检测的最终结果如图 6.18(c)所示。从图中可以看出 Hough 直线检测效果较好, 能够检测出图像中的长直线段, 但对短线段不敏感。OpenCV 中还有一个 HoughLines() 函数(注意, 不带"P")也可用于直线检测, 与 HoughLinesP() 函数不同的是, 该函数可以在二值图像中检测无限长直线。

(a)原始图像　　(b)Canny 边缘检测图像　　(c)Hough 直线检测结果

图 6.18　Hough 直线检测

实践拓展：　编写 Hough 直线检测程序，反复调整 threshold、minLineLength 和 maxLineGap 参数，注意察看检测效果，总结 HoughLinesP( ) 函数的使用方法。

6.5.3　霍夫圆变换

霍夫圆变换的基本思路是认为图像上每一个非零像素点都有可能是一个潜在的圆上的一点，跟霍夫线变换一样，也是通过投票生成累积坐标平面，设置一个累积权重来定位圆。在笛卡儿坐标系中圆的方程为：

$$(x - a)^2 + (y - b)^2 = r^2 \tag{6-31}$$

式中，(a, b) 为圆心；r 为半径。写成参数方程形式为：$x = a + r\cos\theta$，$y = b + r\sin\theta$，因此下式成立：

$$\begin{cases} a = x - r\cos\theta \\ b = y - r\sin\theta \end{cases} \tag{6-32}$$

在笛卡儿的 XOY 坐标系中经过某一点的所有圆映射到 abr 坐标系中就是一条三维曲线，经过 XOY 坐标系中所有的非零像素点的所有圆就构成了 abr 坐标系中很多条三维曲线。在 XOY 坐标系中同一个圆上的所有点的圆方程是一样的，它们映射到 abr 坐标系中的是同一个点，因此在 abr 坐标系中该点就应该有圆的总像素 N 个曲线相交。通过判断 abr 中每一点的相交(累积)数量，大于一定阈值的点就认为是圆，这就是标准霍夫圆变换的实现算法。

📝 实例 6.7　霍夫圆检测

工具：　Python，PyCharm，numpy，OpenCV。

步骤：

➤　读取图像，复制图像；

➤　高斯滤波去噪；

➤　灰度转换；

➤　Hough 圆检测；

➤　绘制圆和圆心；

➤　原图上显示霍夫圆。

🔲　调用函数：　Hough 圆检测调用了 OpenCV 的 HoughCircles( ) 函数，为了在原图上绘制出检测的圆，还调用了 circle( ) 函数，这两个函数语法如下：

① **circles = HoughCircles (image，method，dp，minDist，circles = None，param1 = None，param2 = None，minRadius = None，maxRadius = None)**

参数说明：

❖ image：被检测的图像。

❖ method：检测方法，推荐 HOUGH_GRADIENT 方法。

❖ dp：累加器分辨率与原始图像分辨率之比的倒数，值为 1 时，累加器与原始图像具有相同的分辨率；值为 2 时，累加器的分辨率为原始图像的 1/2，通常选 1 作为参数。

❖ minDist：圆心之间最小距离。

❖ circles：可选参数，与返回值相同。

❖ param1：可选参数，Canny 边缘检测使用的最大阈值。

❖ param2：可选参数，检测圆环结果的投票数。第一轮筛选时投票数超过该值的圆才会进入第二轮筛选。值越大，检测出的圆越少，但越精准。

❖ minRadius：可选参数，圆的最小半径。

❖ maxRadius：可选参数，圆的最大半径。

❖ 返回值 circles：一个数组，元素为检测出的圆，每个圆也是一个数组，内容为圆心横坐标、纵坐标和半径长度，如 $[[[x_1, y_1, r_1], [x_2, y_2, r_2]]]$。

功能说明：该函数的功能是根据各输入参数在图像中查找圆。

② $img = circle(img, center, radius, color, thickness = None, lineType = None, shift = None)$

参数说明：

❖ img：画布，即绘"圆"所依据的图像。

❖ center：圆形的圆心坐标，如 $(50, 100)$。

❖ radius：圆形的半径。

❖ color：绘制圆形时的线条颜色，为 BGR 格式。

❖ thickness：可选参数，绘制线条的粗细。

❖ lineType：可选参数，绘制直线的线型。

❖ shift：可选参数，点坐标中的小数位数。

❖ 返回值 img：绘制"圆"后图像。

功能说明：该函数根据 img、center、radius 等参数在画布上绘制一个圆，并返回绘制圆的图像。

实现代码：

在"D:\coins.jpg"目录下，存放一幅名为 coins.jpg 的铜钱图像，通过调用 HoughCircles() 函数实现 Hough 圆检测，最后调用 circle() 函数将检测的圆绘制在原图的复制图上。程序代码如下：

```
importcv2 as cv
import numpy as np

img=cv.imread("D:/coins.jpg")
```

```
img_copy = img.copy( )    # 复制读入图像,用于绘制检测出的圆
img_copy1 = img.copy( )    # 复制读入图像,用于 Hough 圆检测
img_copy1 = cv.GaussianBlur( img_copy1, ( 5, 5 ), 0, 0 )    # 高斯滤波去噪
gray = cv.cvtColor( img_copy1, cv.COLOR_BGR2GRAY )    # 转化为灰度图像
circles = cv.HoughCircles( gray, cv.HOUGH_GRADIENT, 1, 180, param1 = 100,
param2 = 25, minRadius = 80, maxRadius = 150 )    # Hough 圆检测
circles = np.uint( np.round( circles ) )    # circles 取整并转换为无符整型
for c in circles[0]:    # 遍历圆
    x, y, r = c    # 获取圆心横坐标、纵坐标和圆心
    cv.circle( img_copy, ( x, y ), r, ( 0, 0, 255 ), 3 )    # 绘制圆环( 大圆 )
    cv.circle( img_copy, ( x, y ), 2, ( 0, 0, 255 ), 3 )    # 绘制圆心( 小圆 )
cv.imshow( "Original Image", img )    # 显示原图像
cv.imshow( "HoughCircles", img_copy )    # 显示绘制 Hough 圆的图像
cv.waitKey( )
cv.destroyAllWindows( )
```

结果与分析： 原图像如图 6.19(a)所示，霍夫圆检测的结果如图 6.19(b)所示。由于图像目标尺度不同，需反复调整 minRadius 和 maxRadius 参数，使 Hough 圆检测效果达到最好。

(a)原始图像

(b)Hough 圆检测结果

图 6.19　Hough 圆检测

实践拓展： 读入一幅具有不同尺度圆的图像，编写 Hough 圆检测程序，调整 HoughCircles( ) 函数的各个参数，使检测结果达到最佳。

　　疑点解析： OpenCV 霍夫圆变换对标准霍夫圆变换做了运算上的优化。它采用的是"霍夫梯度法"。它的检测思路是去遍历累加所有非零点对应的圆心。圆心一定是在圆上的每个点的模向量上，即在垂直于该点并且经过该点的切线的垂直线上，这些圆上的模向量的交点就是圆心。霍夫梯度法就是要去查找这些圆心，根据该"圆心"上模向量相交数量的多少进行最终的判断。

6.6　基于区域的图像分割

　　基于区域的图像分割是根据图像的灰度、纹理、颜色和像素统计等空间局部特征，把图像中的像素划归到各个物体或区域中，进而将图像分割成若干个不同区域的一种分割方法。典型的分割方法有区域生长法、分裂合并法等。

6.6.1　区域生长法

　　区域生长法的基本思想是根据事先定义的相似性准则，将图像中满足相似性准则的像素或子区域聚合成更大区域的过程。

　　区域生长的基本方法是首先在每个需要分割的区域中找一个"种子"像素作为生长的起点，然后将种子像素周围邻域中与种子像素有相同或相似性质的像素（根据事先确定的相似准则判定）合并到种子像素所在的区域中，接着以合并成的区域中的所有像素作为新的种子像素，继续上面的相似性判别与合并，直到再没有满足相似性条件的像素可被合并进来为止。这样就使得满足相似性条件的像素组成（生长成）了一个区域。

　　由此可见，在区域生长法的图像分割方法中，需要解决种子像素的合理选择、生长过程中能将相邻像素合并进来的相似性准则和终止生长过程的条件（规则）这 3 个关键问题。

1. 选择和确定一组能正确代表所需区域的种子像素

　　（1）接近聚类中心的像素可作为种子像素。例如，图像直方图中像素最多且处在聚类中心的像素。

　　（2）红外图像目标检测中最亮的像素可作为种子像素。

　　（3）按位置要求确定种子像素。

　　（4）根据某种经验确定种子像素。

值得注意的是，最初的种子像素可以是某一个具体的像素，也可以是由多个像素点聚集而成的种子区。种子像素的选取可以通过人工交互的方式实现，也可以根据物体中像素的某种性质或特点自动选取。

2. 确定在生长过程中能将相邻像素合并进来的相似性准则

（1）当图像是彩色图像时，可以以颜色为准则，并考虑图像的连通性和邻近性。

（2）待检测像素点的灰度值与已合并成的区域中所有像素点的平均灰度值满足某种相似性准则，比如灰度值差小于某个值。

（3）待检测点与已合并成的区域构成的新区域符合某个尺寸或形状要求等。

3. 确定终止生长过程的条件或规则

（1）一般的停止生长准则是生长过程进行到没有满足生长准则的像素时为止。

（2）其他与生长区域需要的尺寸、形状等全局特性有关的准则。

显然，有时可能因为要建立区域生长的终止条件，需要根据图像、图像中物体的特征、某种先验知识及结果要求等建立一些专门的模型。

例1 设有原始图像如图 6.20（a）所示。种子像素为灰度值最大的那个像素，生长方法是由种子像素和与其相邻的像素组成新区域，相似性度量方法是新区域的所有像素的平均灰度值与拟被生长的那个像素的灰度值之差的绝对值小于等于 2。请完成区域生长操作，并对计算过程进行详细说明。

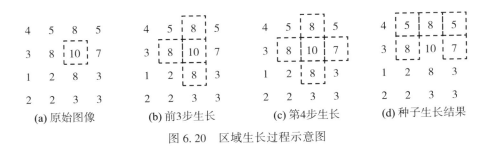

图 6.20　区域生长过程示意图

解：检测可知，种子像素是灰度值为 10 的像素，用图 6.20（a）中的虚线框标注。生长过程为：

（1）图 6.20（b）是前 3 步的区域生长结果，即逐次地将相邻像素合并进来的生长过程，具体流程如下：

①拟被生长的第一个相邻像素灰度值为 8，因为（10+8）/2=9，$|8-9|=1<2$，所以可将相邻的第一个灰度值为 8 的像素合并进来。

②第二个相邻像素灰度值为 8。因为 $(10+8+8)/3 = 8.67$，$|8 - 8.67| = 0.67 < 2$，所以可将相邻的第二个灰度值为 8 的像素合并进来。

③第三个相邻像素灰度值为 8。因为 $(10+8+8+8)/4 = 8.5$，$|8 - 8.5| = 0.5 < 2$，所以可将相邻的第三个灰度值为 8 的像素合并进来。

(2)拟被生长的第四个相邻像素灰度值为 7。因为 $(10+8+8+8+7)/5 = 8.2$，$|7 - 8.2| = 1.2 < 2$，所以可将相邻的第四个灰度值为 7 的像素合并进来，如图 6.20(c)所示。

(3)因为 $(10+8+8+8+7+5)/6 = 7.67$，而 $|5 - 7.67| = 2.67 > 2$，不满足相似性准则，所以生长过程终止，也即图 6.20(c)是区域生长的最终结果。显然，通过区域生长将原图像分割成了 3 个连通区域。

图 6.20(d)为以右上角的 5 为种子像素的生长结果。这个例子说明，当选择不同的种子像素时，分割成的区域也会不同。当然，生长准则的相似度阈值不同，分割成的区域也会不同。

📝 实例 6.8 区域生长法

工具： Python，PyCharm，numpy，OpenCV。

步骤：

➤ 定义三个功能函数；

➤ 读入图像；

➤ 初始化种子；

➤ 执行区域生长法；

➤ 显示图像。

📇 **调用函数：** 本例第一次调用了 OpenCV 的 connectedComponentsWithStats()函数，用于图像的连通域分析，这个函数语法如下：

retval，labels，stats，centroids = connectedComponentsWithStats(image，labels = None，stats = None，centroids = None，connectivity = None，ltype = None)

参数说明：

❖ image：输入图像，必须是二值图，即 8 位单通道图像。

❖ labels：可选参数，图像上每一像素的标记，用数字 1，2，…表示(不同的数字表示不同的连通域)。

❖ stats：可选参数，每一个标记的统计信息，是一个 5 列的矩阵，每一行对应每个连通区域的外接矩形的 x、y、width、height 和面积，示例如下：0，0，720，720，291805。

❖ centroids：可选参数，连通域的中心点。

❖ connectivity：可选参数，可选值为 4 或 8，也就是使用 4 连通还是 8 连通。

❖ ltype：可选参数，输出图像标记的类型，目前支持 CV_32S 和 CV_16U。

❖ 返回值 retval，labels，stats，centroids：retval 是连通区域的个数，labels，stats，centroids 与参数意义相同。

功能说明： 该函数的功能是根据二值化图像实施连通域分析，即找到图像的各个连通区域并进行标记。

实现代码：

在"D：\ dragonfly.jpg"目录下，存放一幅名为 dragonfly.jpg 的蜻蜓图像，通过自定义 getGrayDiff( )、regional_growth( )和 originalSeed( )三个函数，分别实现图像像素差值计算、区域生长和种子初始化功能。程序代码如下：

```python
import cv2 as cv
import numpy as np
# 求两个点的差值
def getGrayDiff(image, currentPoint, tmpPoint):
    return abs(int(image[currentPoint[0], currentPoint[1]]) - int(image[tmpPoint[0], tmpPoint[1]]))
# 区域生长算法
def regional_growth(gray, seeds, threshold=5):
    # 每次区域生长时的像素之间的八个邻接点
    connects = [(-1, -1), (0, -1), (1, -1), (1, 0), (1, 1), \
                (0, 1), (-1, 1), (-1, 0)]
    threshold = threshold   # 生长时的相似性阈值,默认灰度级之差不超过 5 以内的都算为相同
    height, weight = gray.shape
    seedMark = np.zeros(gray.shape)
    seedList = []
    for seed in seeds:
        if (seed[0]<gray.shape[0] and seed[1]<gray.shape[1] and seed[0]>0 and seed[1]>0):
            seedList.append(seed)   # 添加到列表中
    print(seedList)
    label = 1   # 标记点的 flag
    while (len(seedList)>0):   # 如果列表里还存在点
        currentPoint = seedList.pop(0)   # 将最前面的那个抛出
```

```
        seedMark[currentPoint[0], currentPoint[1]] = label    # 将对应位
置的点标志为1
            for i in range(8):    # 对这个点周围的8个点一次进行相似性判断
                tmpX = currentPoint[0] + connects[i][0]
                tmpY = currentPoint[1] + connects[i][1]
                if tmpX<0 or tmpY<0 or tmpX >= height or tmpY >= weight:
# 如果超出限定的阈值范围
                    continue    # 跳过并继续
                grayDiff = getGrayDiff(gray, currentPoint, (tmpX, tmpY))
# 计算此点与像素点的灰度级之差
                if grayDiff<threshold and seedMark[tmpX, tmpY] == 0:
                    seedMark[tmpX, tmpY] = label
                    seedList.append((tmpX, tmpY))
    return seedMark
# 初始种子选择
def originalSeed(gray):
    ret, img1 = cv.threshold(gray, 245, 255, cv.THRESH_BINARY)    # 二值
图,种子区域(不同划分可获得不同种子)
    retval, labels, stats, centroids = cv.connectedComponentsWithStats
(img1)    # 进行连通域操作,取其质点
    centroids = centroids.astype(int)    # 转化为整数
    return centroids


img = cv.imread("D:/dragonfly.jpg")
img_copy = img.copy()
img = cv.cvtColor(img, cv.COLOR_BGR2GRAY)
seed = originalSeed(img)
img = regional_growth(img, seed)
cv.imshow("Original Image", img_copy)
cv.imshow("regionGrowing Image", img)
cv.waitKey()
cv.destroyAllWindows()
```

结果与分析: 原图像如图 6.21(a)所示,区域生长法分割的结果如图 6.21(b)所示,

从图中可以看出，本方法的最终分割效果与图像的种类和属性，图像中像素间的连通性、邻近性、均匀性等都有关系，例如蜻蜓足下的区域和背景像素值接近，然而却被提取为前景信息，存在误生长现象。

（a）原始图像　　　　　　　　　　（b）区域生长法分割图像

图 6.21　区域生长法的图像分割

实践拓展：　调整本例 regional_ growth( )函数的 threshold 参数，查看分割效果有何不同，并分析原因。

6.6.2　分裂合并法

分裂合并分割方法是根据事先确定的分裂合并准则，即区域特征一致性的测度，从整个图像出发，利用图像中各区域的不一致性把图像或区域分裂成新的子区域，同时，可查找相邻区域有没有相似的特征，当相邻子区域满足一致性特征时，把它们合并成一个较大区域，直至所有区域不再满足分裂和合并的条件为止。分裂合并法的基础是图像四叉树表示法。

1. 图像四叉树

当整个图像或图像中的某个区域的特征不一致时，就把该图像(区域)分裂成大小相同的 4 个象限区域，并分别根据已经分裂得到的新区域的特征是否一致，将特征不一致的区域进一步分成大小相同的 4 个更小的象限区域，如此不断继续分割下去，就会得到 1 个以该图像为树根，以分成的新区域或更小区域为中间结点或树叶节点的四叉树，如图 6.22所示。

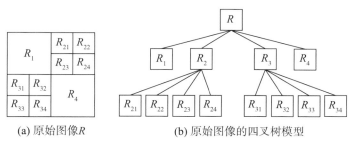

(a) 原始图像R　　　　　　　(b) 原始图像的四叉树模型

图 6.22　图像的四叉树表示

2. 分裂合并分割法

设用 R_0 表示整幅图像，用 $R_i(i > 0)$ 表示分割成的一个图像区域；并假设当同一区域 R_i 中的所有像素满足某一相似度测量准则(认为它们具有相同的性质)时，$P(R_i)$ = TRUE，否则 $P(R_i)$ = FALSE。当 $P(R_i)$ = TRUE 时，不再进一步分割该区域；当 $P(R_i)$ = FALSE 时，继续将该区域分成大小相同的 4 个更小的象限区域。在这种分割过程中，必定存在 R_h 的某个子区域 R_j，与 R_l 的某个子区域 R_k 具有相同性质，也即 $P(R_j \cup R_k)$ = TRUE，这时就可以把 R_j 和 R_k 合并组成新的区域。

综上所述，可以将分裂合并分割方法描述为：

(1)对于任何区域 R_i，如果 $P(R_i)$ = FALSE，则将该区域 R_i 拆分成 4 个相连的象限区域。

(2)如果此时存在任意两个相邻的区域 R_j 和 R_k，使 $P(R_j \cup R_k)$ = TRUE 成立，就将 R_j 和 R_k 合并。

(3)重复步骤(1)和步骤(2)，直到无法进行拆分和合并为止。

分裂合并方法的核心就是连续进行区域分裂，直到每个区域成为单一像素点为止；然后按照特征的一致性测量准则再进行合并。

图 6.23 给出了一个二值图像的分裂过程示例。在该示例的四叉树中，白色框形式的节点表示该区域中的像素都为白色，黑色框形式的节点表示该区域中的像素都为黑色，这两种节点对应的图像区域不能再进一步拆分；灰色框形式的节点表示该区域中的像素有白色和黑色两种类型的像素，需要继续拆分。

图 6.23 所示的原始图像区域为 8×8 像素，按照图中给定的分裂顺序，第一次分裂后，1、2 号位区域分别为白、黑像素区域，因此不可再分，拆分停止；3、4 号位区域混有黑白像素，需要进一步拆分。第二次拆分时，第一次拆分的 3 号位区域拆分为 1 黑、3 灰像素区域；4 号位区域拆分为 4 灰像素区域，这 7 个灰色像素区域均需继续拆分。第三次拆

分在第二次拆分的基础上进行，一次拆分 3 号位、二次拆分 2、3、4 号位，三个区域分别拆分为黑黑黑白、黑黑白白、黑白黑黑共计 12 个像素，由于不存在灰色像素区域，因此拆分结束；一次拆分 4 号位、二次拆分 1、2、3、4 号，四个区域分别拆分为黑黑白白、黑黑白白、白白黑黑、白白黑黑共计 16 个像素，由于已拆分至像素，因此拆分结束。经过以上分裂算法，最终第一次分裂为 4 个区域，第二次分裂为 10 个区域，第三次分裂为 31 个区域。

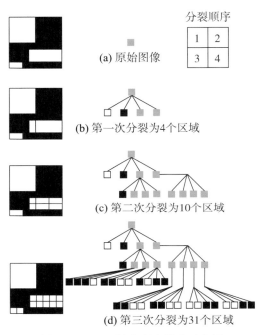

图 6.23　四叉树分裂合并法示意图

若是对灰度图像进行分割，进行同一区域内相似度度量的一种可行标准为：假设当同一区域 R_i 内至少有 80% 的像素满足式(6-33)时，$P(R_i) =$ TRUE，否则，就要对其进行进一步的分裂。

$$|z_j - m_i| \leqslant 2\sigma_i \tag{6-33}$$

式中，z_j 为区域 R_i 内的第 j 个像素的灰度值；m_i 为区域 R_i 内所有像素的灰度值的均值；σ_i 为区域 R_i 内所有像素的灰度值的标准差。

如果在式(6-33)的条件下有 $P(R_i) =$ TRUE，则将 R_i 内所有像素的灰度值置为 m_i。

最后需要说明的是，分裂合并分割方法会分割出或产生出块状的区域，如果毗连的块状区域不够均匀(不满足相似性要求)，就被分割成更小的块状区域；如果两个毗连的块状区域足够均匀(满足相似性要求)，该两个区域就会被合并。对某一区域是否需要进行分裂和对相邻区域是否应当合并的准则应该是一致的。下面都是一些可以选择的准则：

(1)同一区域中最大灰度值与最小灰度值之差或方差小于某选定的阈值。

(2)两个区域的平均灰度值之差及方差小于某个选定的阈值。

(3)两个区域的灰度分布函数之差小于某个选定的阈值。

(4)两个区域的某种图像统计特征值的差小于等于某个阈值。

本章小结

本章也是全书重点章节之一，从图像分割常识开始，逐步给图像分割进行定义。为了讲解图像分割，首先介绍了基于像素的图像邻域和连通性，然后讲解了阈值分割原理，并介绍了全局阈值分割与局部阈值分割。本章重点内容是边缘检测部分，介绍了经典的 Scharr 算子、Marr-Hildreth 算子和 Canny 边缘检测方法，并基于 OpenCV 进行了实例演示与分析。霍夫变换主要讲解了直角坐标系变换、极坐标系变换和霍夫圆变换，分别引入了实例来进行探讨。最后讲授了基于区域的图像分割方法，典型算法是区域生长法和分裂合并法，这两个算法对于深入理解图像分割具有重要意义。

本章学习要多联系以前的内容，如图像的邻域与连通性和第 4 章图像平滑部分内容接近，但第 4 章仅介绍一些基本概念，而本章则进行了深入详解，再如边缘检测和图像锐化也有相似内容，而阈值分割与第 7 章二值图像分析又有很大关联。总之，本章学习要多联系、多比较、多动手、多分析。

第 7 章

数字图像特征分析

数字图像的分析和理解是图像处理的高级阶段，目的是使用计算机分析和识别图像，为此必须分析图像的特征。图像特征是指图像中可用作标志的属性，分为视觉特征和统计特征。图像特征随着应用目标的不同而不同，并可以根据需要挖掘有意义特征。本章主要讨论基于视觉特性的二值图像形态学分析、模板匹配、角点分析，以及基于统计特性的纹理分析，重点介绍了这几种图像特征分析的原理和算法。

📝 本章学习目标

掌握腐蚀、膨胀、开运算、闭运算、顶帽运算、黑帽运算和击中击不中二值图像分析原理与方法；掌握模板匹配的原理，理解模板匹配的高精度和高效率改进方法；理解纹理特征、纹理描述方法，掌握灰度共生矩阵定义、特征与应用；掌握图像角点特征的描述方法，尤其要掌握 Harris 和 SIFT 角点检测算法。

📝 本章思维导图

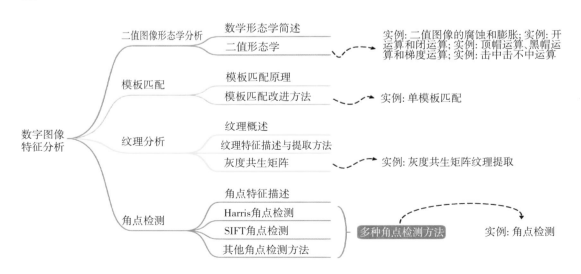

7.1 二值图像形态学分析

数学形态学是用集合论方法定量描述目标几何结构的学科，它在集合代数的基础上通过物体和结构元素相互作用的某些运算得到物体更本质的形态，其基本思想和方法对图像处理的理论和技术产生了重大影响，已成为数字图像处理的一个主要研究领域，在文字识别、显微图像分析、医学图像、工业检测、机器人视觉应用领域都有成功的应用。

本节主要介绍二值形态学的腐蚀、膨胀算法，以及以它们为基础发展起来的开闭运算、击中击不中变换等。同时，本节还将介绍形态学梯度、Top-Hat 变换等内容。

7.1.1 数学形态学简述

1. 数学形态学的诞生与发展

数学形态学最初起源于岩相学对岩石结构的定量描述，主要是通过对目标影像的形态变换来实现结构分析和特征提取，其历史可追溯到 19 世纪。而真正地将数学形态学应用于图像处理与分析领域，当归功于法国的马瑟荣(G. Matheron)和塞拉(J. Serra)。1964 年，法国巴黎矿业学院的博士生塞拉在导师马瑟荣的指导下从事有关铁矿岩定量岩石学分析的博士论文研究工作，在研究工作中，塞拉摒弃了传统的分析方法，建立了一个数字图像分析设备，并将它称为"纹理分析器"。随着实验研究与分析工作的不断深入，塞拉逐渐形成了击中击不中的概念。与此同时，马瑟荣在一个更为理论的层面上第一次引入了形态学的表达式，建立了颗粒分析方法，他们的工作奠定了这门学科的基础。

数学形态学首先用于处理二值图像，它将二值图像看成集合，并用结构元素来探测。基本的数学形态学运算是将结构元素在图像的范围内平移，同时施加交、并等基本的集合运算，以达到对二值图像的处理。它广泛应用于二值图像处理中且效果显著。灰度数学形态学是二值数学形态学对灰度图像的自然扩展，其中，二值形态学中所用到的交、并运算分别用最大、最小极值运算代替。数学形态学在灰度图像中已形成了较完备的理论体系和较为成熟的算法，但从灰度图像向彩色图像的推广，即形态学在彩色图像中的应用研究仍处于实验阶段，其中的主要问题在于彩色图像序结构的建立。二值图像的"包含"关系和灰度图像的"强度"关系，确立了其像素间的序结构。但彩色图像像素的颜色是一个多维向量，不存在明显的序结构。由此，在彩色图像中采用不同的序结构就会产生不同的彩色形态学方法。现有对于彩色图像进行处理的方法可归纳为两大类：分量法和向量排序法，这些方法已经应用到彩色图像的处理中。

人们还研究了各种不同的其他方法与数学形态学结合，以产生不同的形态学方法。将模糊数学引入数学形态学领域，形成模糊数学形态学。另一种数学形态学方法是软数学形态学，软数学形态学具有与硬数学形态学相似的代数特性，但具有更强的抗噪声干扰的能力，对加性噪声及微小形状变化不敏感。也有人将模糊集合理论应用于软数学形态学，提出了模糊软数学形态学。近来提出的形态小波是一种非线性的多分辨率分析方法，兼顾了数学形态学与小波变换的优点，具有更好的多分辨率分析特性和更好的抗噪声性能。

经过几十年的发展，数学形态学已形成一种新的图像处理分析方法和理论，它可以用来解决图像滤波、边缘检测、图像分割、形状识别、纹理分析、图像压缩、图像恢复与重建等图像处理问题。但在实际应用中仍存在很多不尽完善的地方，如数学形态学如何在彩色图像处理中更好地应用、形态学快速算法的实现、形态运算的通用性与适应性等问题还有待进一步研究。

2. 数学形态学思想

从某种特定意义上讲，形态学图像处理是以几何学为基础，它着重研究图像的几何结构，这种结构表示的可以是分析对象的宏观性质，也可以是微观性质。例如，在分析一个印刷字符的形状时，研究的就是其宏观结构形态，而在分析由小的基元产生的纹理时，研究的是微观结构形态。形态学研究图像几何结构的基本思想是利用一个结构元素去探测一个图像，看是否能够将这个结构元素很好地填放在图像的内部，同时验证填放结构元素的方法是否有效。如图 7.1 所示，图中包括一个二值图像 A 和结构元素 B，观察者在图像中不断地移动结构元素 B，看是否能将这个结构元素很好地填放在物体区域（或目标）A 的内部，并对图像内适合放入结构元素的位置做标记，从而得到关于目标结构 A 的信息。这些信息与结构元素 B 的尺寸和形状都有关。构造不同的结构元素（如方形或圆形结构元素），便可完成不同的图像分析，得到不同的分析结果。

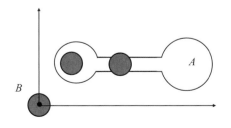

图 7.1　数学形态学基本思想

7.1.2 二值形态学

数学形态学用于处理二值图像，它将二值图像看成集合，并用结构元素来探测。二值图像的形态学算法以腐蚀和膨胀这两种基本运算为基础，并引出了其他几种常用的数学形态学运算，最常见的有开运算、闭运算、击中击不中变换等。

1. 基本符号和定义

在介绍基本的二值形态学变换前，先介绍几个相关的符号和定义。

（1）集合论的概念

属于关系：对于一个集合 A（图像中一般指物体区域）和一个元素 b，如果 b 是集合 A 内的元素，则 b 属于集合 A，记为 $b \in A$；如果 b 不在集合 A 内，则 b 不属于 A，记为 $b \notin A$。

包含关系：对于集合 A 和 B，如果 B 中任意一个元素都属于 A，则 B 包含于 A，记为 $B \subseteq A$；如果 B 中至少存在一个元素不在 A 内，则 B 不包含于 A，记为 $B \nsubseteq A$。

交集和并集：集合 A 和集合 B 中的公共元素组成的集合称为两个集合的交集，记为 $A \cap B$，即 $A \cap B = \{a \mid a \in A \text{且} a \in B\}$；集合 A 和集合 B 中的所有元素组成的集合称为两个集合的并集，记为 $A \cup B$，即 $A \cup B = \{a \mid a \in A \text{或} a \in B\}$。

补集：一个集合 A，所有集合 A 以外的元素构成的集合称为 A 的补集，记作 A^c。

（2）平移

若 $a \in A$，一个集合 A 的平移距离 b 可以表示为 $A + b$，其定义如式（7-1）所示。

$$A + b = \{a + b \mid a \in A\} \tag{7-1}$$

图 7.2 说明了集合平移的过程，从几何上看，$A + b$ 表示 A 沿矢量 b 平移了一段距离。

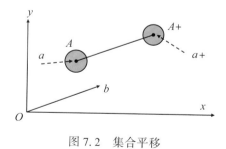

图 7.2　集合平移

（3）对称集

如图 7.3 所示，设有一幅图像 A，将 A 中所有元素相对原点转 180°，即令 (x_0, y_0) 变

成 $(-x_0, -y_0)$，所得到的新集合称为 A 的对称集，记为 $-A$。

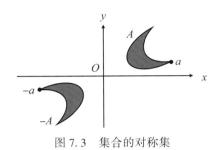

图 7.3　集合的对称集

（4）物体与结构元素的集合关系

如图 7.4 所示，设 A 和 B 为 R 空间的子集，A 为物体区域，B 为某种结构元素，则 B 结构元素对 A 的关系有三类，分别是：

① B 包含于 A，记为 $B \subseteq A$；

② B 击中 A，记作 $B \cap A \neq \varnothing$；

③ B 击不中 A，记作 $B \cap A = \varnothing$。

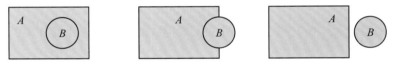

图 7.4　包含、击中和击不中示意图

2. 二值腐蚀和膨胀

（1）腐蚀

集合 A 被 B 腐蚀，表示为 $A \ominus B$，其定义为

$$A \ominus B = \{c \mid B + c \in A\} \tag{7-2}$$

式中，A 称为输入图像，B 称为结构元素。

$A \ominus B$ 由将 B 平移 c 仍包含在 A 内的所有点组成。如果将 B 看作模板，那么，$A \ominus B$ 则由模板平移的过程中所有可以填入 A 内部的模板的原点组成，换句话说，每当在目标图像 A 中找到一个与结构元素 B 相同的子图像时，就把该子图像中与 B 的原点位置对应的那个像素位置标注为 1，由图像 A 上所有标注为 1 的像素组成的集合，就是腐蚀运算的结果。如图 7.5 所示，腐蚀具有收缩输入图像的作用。一般可以得到下列性质：如果原点在结构元素的内部，则腐蚀后的图像为输入图像的子集；如果原点在结构元素的外部，那么腐蚀后的图像则可能不在输入图像的内部(腐蚀只记录原点位置),如图 7.6 所示。

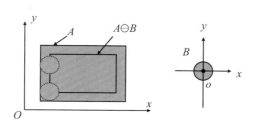

图 7.5 腐蚀的收缩作用

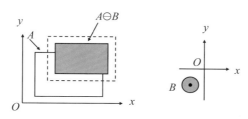

图 7.6 结构元素不包含原点时的腐蚀结果

从图 7.6 中可以看出腐蚀是表示用某种"探针"(即结构元素)对一个图像进行探测,以便找出图像内部可以放下该基元的区域。它是一种消除边界点、使边界向内部收缩的过程。可以用来消除小且无意义的物体。

例 1 在某目标图像中,用 0 代表背景,1 代表目标,假设数字图像 S 和结构元素 E 分别为 $S = \begin{bmatrix} 0 & 1 & 0 & 1 & 0 \\ 0 & 1 & 1 & 0 & 1 \\ 0 & 1 & 1 & 1 & 0 \end{bmatrix}$, $E = \begin{bmatrix} 1 & 0 \\ 1 & 1_\Delta \end{bmatrix}$, 其中, 下标"Δ"代表坐标原点, 试描述 E 对 S 的腐蚀结果。

解: 根据腐蚀的意义, 每当在目标图像 S 中找到一个与结构元素 E 相同的子图像时, 就把该子图像中与 E 的原点位置对应的那个像素位置标注为 1, 否则标注为 0。图像 S 上标注出的所有这样的像素组成的集合, 即为腐蚀运算的结果。按照上述方法, 将模板 E 在图像 S 中滑动, 如图 7.7 所示。

腐蚀运算第一次滑动时, 将 $E = \begin{bmatrix} 1 & 0 \\ 1 & 1_\Delta \end{bmatrix}$ 与其覆盖的 S 子图像 $\begin{bmatrix} 0 & 1 \\ 0 & 1 \end{bmatrix}$ 作比对, 结果发现二者不同, 原点 1_Δ 覆盖的像素 1 标注为 0(S 对应位置像素灰度值改变, 实框表示); 第二次滑动时, 比较 $\begin{bmatrix} 1 & 0 \\ 1 & 1_\Delta \end{bmatrix}$ 和 $\begin{bmatrix} 1 & 0 \\ 1 & 1 \end{bmatrix}$ 发现二者相同, 原点 1_Δ 覆盖的像素 1 标注为 1(S 对应

位置像素灰度值未改变，虚框表示）；第三次滑动时，$\begin{bmatrix} 1 & 0 \\ 1 & 1_\Delta \end{bmatrix}$ 与对应的 S 子图像 $\begin{bmatrix} 0 & 1 \\ 1 & 0 \end{bmatrix}$ 不一样，原点 1_Δ 覆盖的像素 0 标注为 0（S 对应位置像素灰度值未改变）；第四次滑动时，$\begin{bmatrix} 1 & 0 \\ 1 & 1_\Delta \end{bmatrix}$ 与对应的 S 子图像 $\begin{bmatrix} 1 & 0 \\ 0 & 1 \end{bmatrix}$ 不一样，原点 1_Δ 覆盖的像素 1 标注为 0（S 对应位置像素灰度值改变）。第一行结束后，以同样的方法扫描第二行，最终 $S \ominus E$ 结果如下：

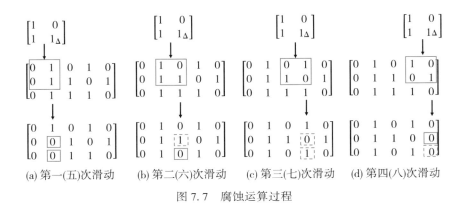

(a) 第一(五)次滑动　(b) 第二(六)次滑动　(c) 第三(七)次滑动　(d) 第四(八)次滑动

图 7.7　腐蚀运算过程

$$S \ominus E = \begin{bmatrix} 0 & 1 & 0 & 1 & 0 \\ 0 & 0 & 1 & 0 & 0 \\ 0 & 0 & 0 & 1 & 0 \end{bmatrix}$$

例 1 说明腐蚀运算具有缩小图像和消除图像中比结构元素小的成分的作用，因此在实际应用中可以利用腐蚀运算去除物体之间的粘连，消除图像中的小颗粒噪声。

需要注意的是，如果结构元素 E 中原点位置的值不为 1（即原点不属于结构元素）时，也要把它看作 1（把不属于结构元素的原点看作结构元素的成分）。

（2）膨胀

集合 A 被 B 膨胀，表示为 $A \oplus B$，其定义为

$$A \oplus B = \{ x \mid [(-B) + y] \cap A \neq \varnothing \} \tag{7-3}$$

式(7-3)表示的目标图像 A 被结构元素 B 膨胀的含义：先求出结构元素 B 做关于其原点的对称集合 $-B$，然后在目标图像 A 上将 $-B$ 平移 y，那些 $-B$ 平移后与目标图像 A 至少有 1 个非零公共元素相交时，对应的 $-B$ 的原点位置所组成的集合就是膨胀运算的结果，膨胀原理如图 7.8 所示。膨胀运算还有另一种定义：

$$A \oplus B = \{ x \mid [(-B) + y] \cap A \subseteq A \} \tag{7-4}$$

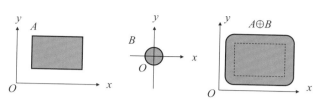

图 7.8 膨胀运算原理

根据定义，膨胀运算的基本过程是：

①求结构元素 B 关于其原点的对称集合 $-B$；

②每当结构元素 $-B$ 在目标图像 A 上平移后，结构元素 $-B$ 与其覆盖的子图像中至少有一个元素相交时，就将目标图像中与结构元素 $-B$ 的原点对应的那个位置的像素值置为 1，否则置为 0。

例 2　在目标数字图像中，用 0 代表背景，1 代表目标，假设目标数字图像 S 和结构元素 E 分别如图 7.9（a）、（b）所示，其中，下标"Δ"代表坐标原点，试描述 E 对 S 的膨胀结果。

解：为了醒目起见，当膨胀运算结果与目标图像 S 上的像素值相同时，仍标注为原来的值 1 或 0，其中表示 1 的方块为灰色；当膨胀运算结果与目标图像 S 上的像素值不同时，将 0 变 1 的值设置为黑色方块。计算过程如下：

①求取结构元素 E 关于其原点的对称集合 $-E$，结果如图 7.9（c）所示。

②与腐蚀类似，让 $-E = \begin{bmatrix} 1 & 1_\Delta \\ 0 & 1 \end{bmatrix}$ 从上至下、从左至右覆盖 S 进行遍历，当 $-E$ 覆盖的 S 子图像中有至少一个"1"时，将该像素置为 1，膨胀运算的最终结果如图 7.9（d）所示。

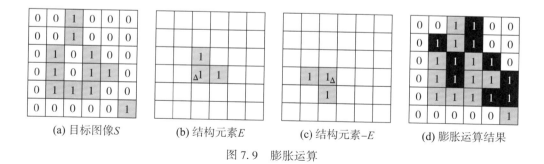

| (a) 目标图像 S | (b) 结构元素 E | (c) 结构元素 $-E$ | (d) 膨胀运算结果 |

图 7.9　膨胀运算

从图 7.9（d）可以看出，膨胀运算可以填充图像中相对于结构元素较小的小孔，连接相邻的物体，同时它对图像具有扩大的作用。

需要注意的是：在膨胀运算中，当结构元素中原点位置的值不为 1 而为 0 时，应该把它看作 0，而不是 1。膨胀运算只要求结构元素的原点在目标图像的内部平移，换句话说，当结构元素在目标图像上平移时，允许结构元素中的非原点像素超出目标图像范围。

实例 7.1　二值图像的腐蚀和膨胀

工具： Python，PyCharm，numpy，OpenCV。

步骤：

➢ 读入图像；

➢ 创建腐蚀(膨胀)核；

➢ 图像腐蚀(膨胀)；

➢ 显示图像。

调用函数： 图像腐蚀调用 OpenCV 的 erode( ) 函数，图像膨胀调用 dilate( ) 函数，这两个函数语法如下：

① **dst = erode（src，kernel，dst = None，anchor = None，iterations = None，borderType=None，borderValue=None）**

参数说明：

❖　src：待腐蚀的原始图像。

❖　kernel：腐蚀使用的核。

❖　dst：可选参数，输出图像，与原始图像具有相同的类型和尺寸。

❖　anchor：可选参数，核的锚点位置，默认值为(-1, -1)，表示在核中心。

❖　iterations：可选参数，腐蚀的迭代次数，默认值为 1。

❖　borderType：可选参数，边界样式，建议使用默认值。

❖　borderValue：可选参数，边界值，建议使用默认值。

❖　返回值 dst：与参数 dst 相同。

功能说明： 该函数的功能是利用 kernel 等参数对图像进行腐蚀，并返回腐蚀处理后的图像。

② **dst = dilate（src，kernel，dst = None，anchor = None，iterations = None，borderType=None，borderValue=None）**

参数说明：

❖　src：待膨胀的原始图像。

❖　kernel：膨胀使用的核。

❖　dst：可选参数，输出图像，与原始图像具有相同的类型和尺寸。

❖　anchor：可选参数，核的锚点位置，默认值为(-1, -1)，表示在核中心。

❖　iterations：可选参数，腐蚀的迭代次数，默认值为 1。

❖   borderType：可选参数，边界样式，建议使用默认值。

❖   borderValue：可选参数，边界值，建议使用默认值。

❖   返回值 dst：与参数 dst 相同。

功能说明： 该函数的功能是利用 kernel 等参数对图像进行膨胀，并返回膨胀处理后的图像。

实现代码：

在"D：\ erodeDilate. jpg"目录下，存放一幅名为 erodeDilate. jpg 的聚集白圆二值图像，分别调用 erode( )函数和 dilate( )两个函数，实现图像的腐蚀和膨胀。程序代码如下：

```python
import cv2 as cv
import numpy as np


# 腐蚀
img = cv.imread("D:/erodeDilate.jpg")
k = np.ones((5,5), np.uint8) # 构造腐蚀核
cv.imshow("Original Image", img)
dst_erode = cv.erode(img, k) # 迭代 1 次腐蚀
dst_erode3 = cv.erode(img, k, iterations=3) # 迭代 3 次腐蚀
dst_erode5 = cv.erode(img, k, iterations=5) # 迭代 5 次腐蚀
cv.imshow("erode", dst_erode)
cv.imshow("erode3", dst_erode3)
cv.imshow("erode5", dst_erode5)
# 膨胀
k = np.ones((5,5), np.uint8) # 构造膨胀核
dst_dilate = cv.dilate(img, k) # 迭代 1 次膨胀
dst_dilate3 = cv.dilate(img, k, iterations=3) # 迭代 3 次腐蚀
cv.imshow("dilate", dst_dilate)
cv.imshow("dilate3", dst_dilate3)
cv.waitKey()
cv.destroyAllWindows()
```

结果与分析： 原图像如图 7.10(a)所示，图 7.10(b)图是原图腐蚀 1 次的结果，较原图增加了一些孔洞，图 7.10(c)是原图腐蚀 3 次的结果，和图 7.10(b)相比，孔洞没有增加，但是线条变细了很多，图 7.10(d)是原图腐蚀 5 次的情形，和图 7.10(c)相比，其中的细线条已经腐蚀掉，圆形形成了一些孤立的不规则多边形。图 7.10(e)是原图膨胀 1 次

221

的结果，与原图相比，图形内部的一些小的孔洞得到了填充，且图形的边界整体向外扩展，图 7.10(f) 是 3 次膨胀的结果，可以看到内部孔洞已被完全填充，图形边界进一步向外扩展。由本例可以看出，腐蚀和膨胀处理与核的构造有关，也与锚点的位置有关，因此这两个参数是腐蚀和膨胀运算的关键之处。从处理效果来看，腐蚀可进行孔洞挖掘和边缘剥蚀，而膨胀可以进行孔洞填充和边缘扩张。

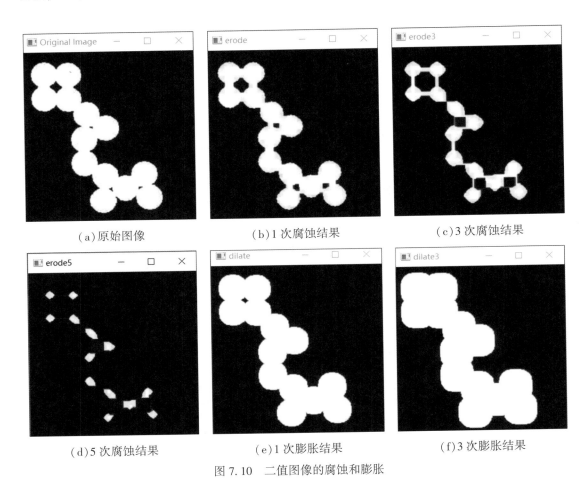

(a) 原始图像　　　　　　(b) 1 次腐蚀结果　　　　　　(c) 3 次腐蚀结果

(d) 5 次腐蚀结果　　　　　　(e) 1 次膨胀结果　　　　　　(f) 3 次膨胀结果

图 7.10　二值图像的腐蚀和膨胀

实践拓展：　调整 erode( ) 函数和 dilate( ) 函数的 kernel、anchor 和 iterations 参数，查看腐蚀和膨胀效果并分析其成因。

疑点解析：　OpenCV 的 erode( ) 函数和 dilate( ) 函数参数类型与返回值完全一致，kernel 实质就是前述理论部分的结构元素，其本质就是 0、1 数字矩阵。anchor 参数为锚点，实质就是结构元素(kernel) 的原点，iterations 表示腐蚀或膨胀执行的次数。

3. 开运算和闭运算

（1）开运算

假定 A 仍为输入图像，B 为结构元素，利用 B 对 A 进行开运算，用符号 $A \circ B$ 表示，其定义为

$$A \circ B = (A \ominus B) \oplus B \tag{7-5}$$

因此，开运算实际上是 A 先被 B 腐蚀，然后再被 B 膨胀的结果。开运算通常用来消除小对象物、在纤细点处分离物体、平滑较大物体边界的同时并不明显改变其体积。图 7.11 是用圆盘对矩形进行开运算的例子。从图 7.11 中可知，开运算具有以下两个显著的作用。

①利用圆盘可以磨光矩形内边缘，即可以使图像的尖角转化为背景。

②用 $A - A \circ B$ 可以得到图像的尖角，因此圆盘的圆化作用可以起到低通滤波的作用。

开运算可以去除图像中目标粘连和目标内部一些小的椒盐噪声，而目标原有大小和形状基本保持不变。

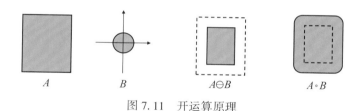

图 7.11 开运算原理

（2）闭运算

闭运算是开运算的对偶运算，定义为先膨胀然后再腐蚀。利用 B 对 A 进行闭运算表示为 $A \cdot B$，其定义为

$$A \cdot B = \left[A \oplus (-B) \right] \ominus (-B) \tag{7-6}$$

即用 $-B$ 对 A 进行膨胀，其结果再用 $-B$ 进行腐蚀。闭运算通常用来填充目标内细小孔洞、连接断开的邻近目标、平滑其边界的同时并不明显改变其面积。闭运算原理如图 7.12 所示。

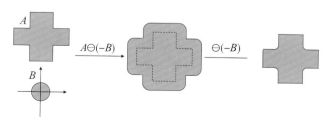

图 7.12 闭运算原理

📝 实例 7.2　开运算和闭运算

　　工具： Python，PyCharm，numpy，OpenCV。
　　步骤：
　　➤　自定义开运算和闭运算函数；
　　➤　读入图像；
　　➤　构造运算核；
　　➤　开(闭)运算；
　　➤　显示运算结果图像。
　　🎞　**调用函数：** 本实例未接触 OpenCV 新函数。
　　实现代码：
　　在"D:\ nigella. jpg"目录下，存放一幅名为 nigella. jpg 的黑种草图像；在"D:\ wbflower. jpg"目录下，存放一幅名为 wbflower. jpg 的二值黑白花图像，通过调用自定义函数 opening( )和 closing( )，实现图像的开运算和闭运算。程序代码如下：

```python
import cv2 as cv
import numpy as np


# 定义开运算函数
def opening(image, kernel):
    dst = cv.erode(image, kernel)  # 先腐蚀
    dst = cv.dilate(dst, kernel)  # 后膨胀
    return dst


# 定义闭运算函数
def closing(image, kernel):
    dst = cv.dilate(image, kernel)  # 先膨胀
    dst = cv.erode(dst, kernel)  # 后腐蚀
    return dst


opening_img = cv.imread("D:/nigella.jpg")  # 读入黑种草图像
opening_img = cv.resize(opening_img, (300, 200))  # 图像缩放
closing_img = cv.imread("D:/wbflower.jpg")  # 读入黑白花二值图像
closing_img = cv.resize(closing_img, (300, 200))  # 图像缩放
k = np.ones((5, 5), np.uint8)  # 构建开运算和闭运算核
```

```
opening_calc=opening(opening_img, k)   # 开运算
closing_calc=closing(closing_img, k)   # 闭运算
cv.imshow("opening_Orig", opening_img)   # 显示开运算原图
cv.imshow("opening_calc", opening_calc)   # 显示开运算结果图
cv.imshow("closing_Orig", closing_img)   # 显示闭运算原图
cv.imshow("closing_calc", closing_calc)   # 显示闭运算结果图
cv.waitKey()
cv.destroyAllWindows()
```

结果与分析: 开运算的原始图像如图 7.13(a)所示,通过先腐蚀后膨胀的开运算(图 7.13(b)),可以发现黑种草边缘的绿色毛刺被剔除了,起到了低通滤波的作用。图 7.13(c)是闭运算原始图像,通过先膨胀后腐蚀的闭运算(图 7.13(d)),发现白花内部孔洞已被填充。无论开运算还是闭运算,目标的尺寸并未发生明显改变。上述结果表明,如果要消除图像目标的外部细节或噪声,可以采用开运算,如果要消除图像目标的内部细节或噪声,可以采用闭运算。开运算和闭运算产生的图像处理结果和低通滤波相似。

(a)开运算原始图像

(b)开运算结果

(c)闭运算原始图像

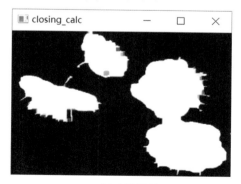

(d)闭运算结果

图 7.13　开运算和闭运算

实践拓展: 调整 opening( ) 和 closing( ) 函数的 kernel 参数,查看处理效果并分析其成因。

疑点解析: OpenCV 的 erode( ) 函数和 dilate( ) 函数可以处理多通道彩色图像,本例中处理的黑种草图像就是一个 3 通道图像。

4. 顶帽和黑帽运算

(1)顶帽运算

假定 A 为输入图像,B 为结构元素,则顶帽运算为输入图像与输入图像的开运算之差,用式(7-7)计算。

$$A_T = A - A \circ B \tag{7-7}$$

开运算抹去了图像的外部细节,用"有外部细节"的图像减去"无外部细节"的开运算图像,结果只剩下外部细节了,因此顶帽运算可以提取图像目标的外部细节。

(2)黑帽运算

假定 A 为输入图像,B 为结构元素,那么黑帽运算为输入图像的闭运算与输入图像之差,计算公式为:

$$A_B = A \cdot B - A \tag{7-8}$$

闭运算抹去了图像的内部细节,用"无内部细节"的闭运算图像减去"有内部细节"的原图像,结果得到内部细节,因此黑帽运算可以提取图像目标的内部细节。

(3)梯度运算

若 A 为输入图像,B 为结构元素,梯度运算就是输入图像的膨胀减去输入图像的腐蚀,计算公式为:

$$A_G = A \oplus B - A \ominus B \tag{7-9}$$

由于膨胀运算使原图像填充放大,而腐蚀使原图像缩小,因此梯度运算表示膨胀放大部分与腐蚀缩小部分之差,即获得了图像的轮廓。

📝 实例7.3 顶帽运算、黑帽运算和梯度运算

工具: Python,PyCharm,numpy,OpenCV。

步骤:

➢ 读入图像;

➢ 缩放图像;

➢ 构造运算核;

➢ 顶帽、黑帽和梯度运算;

➢　显示原图像和各类运算图像。

▦　**调用函数**：本实例新调用了 OpenCV 的 morphologyEx( ) 函数，该函数语法如下：

dst = morphologyEx (src，op，kernel，dst = None，anchor = None，iterations = None，borderType = None，borderValue = None)

参数说明：

❖　src：原始图像。

❖　op：操作类型，本例中分别设为 MORPH_TOPHAT、MORPH_BLACKHAT 和 MORPH_GRADIENT。

❖　kernel：操作过程中使用的核。

❖　dst：可选参数，输出图像，与原始图像具有相同的类型和尺寸。

❖　anchor：可选参数，核的锚点位置，默认值为(-1，-1)，表示在核中心。

❖　iterations：可选参数，腐蚀的迭代次数，默认值为1。

❖　borderType：可选参数，边界样式，建议使用默认值。

❖　borderValue：可选参数，边界值，建议使用默认值。

❖　返回值 dst：运算得到的图像，与参数 dst 相同。

功能说明：该函数的功能是利用 kernel、op 等参数对图像进行形态学运算，并返回运算处理后的图像。

实现代码：

在"D：\ wbflower. jpg"目录下，存放一幅名为 wbflower. jpg 的二值黑白花图像，通过调用 OpenCV 函数 morphologyEx( )，实现图像的顶帽运算、黑帽运算和梯度运算。程序运行代码如下：

```python
import cv2 as cv
import numpy as np


img = cv.imread("D:/wbflower.jpg")   # 读入图像
img = cv.resize(img, (300, 300))   # 缩放图像
k = np.ones((5, 5), np.uint8)   # 构造核
topHat = cv.morphologyEx(img, cv.MORPH_TOPHAT, k)   # 顶帽运算
blackHat = cv.morphologyEx(img, cv.MORPH_BLACKHAT, k)   # 黑帽运算
gradient = cv.morphologyEx(img, cv.MORPH_GRADIENT, k)   # 梯度运算
cv.imshow("Original Image", img)   # 显示原图像
cv.imshow("topHat", topHat)   # 显示顶帽运算图像
cv.imshow("blackHat", blackHat)   # 显示黑帽运算图像
```

```
cv.imshow("greadient",gradient)    #显示梯度运算图像
cv.waitKey()
cv.destroyAllWindows()
```

结果与分析：　原始图像如图 7.14(a)所示，经过图 7.14(b)所示的顶帽运算后，白花的外部细节得到保留，经过图 7.14(c)所示的黑帽运算后，白花的内部细节得到保留，经过图 7.14(d)所示的梯度运算后，白花的轮廓得到提取，因此二值图像的形态学运算可以提取图像细节和边缘。

（a）原始图像

（b）顶帽运算

（c）黑帽运算

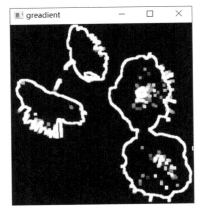

（d）梯度运算

图 7.14　顶帽运算、黑帽运算和梯度运算

实践拓展：　编写一个小程序，实现 Canny 边缘检测和 morphologyEx( )函数边缘检测，通过调整参数查看二者边缘检测特点并分析原因，指出二者的适用情形。

疑点解析：　OpenCV 的 morphologyEx( )函数的 op 参数有多种类型，本例中仅用到了

MORPH_TOPHAT、MORPH_BLACKHAT 和 MORPH_GRADIENT 三个类型，其他还有 MORPH_ERODE、MORPH_DILATE、MORPH_OPEN、MORPH_CLOSE 等几种类型，morphologyEx( )函数涵盖了所有形态学计算方法。

5. 击中击不中（Hit-miss）变换

假设输入图像为 A，击中击不中变换（HMT）需要两个结构元素 B_1 和 B_2 合成一个结构元素对 $B = (B_1, B_2)$，其中 B_1 为与目标相关的集合，B_2 为与背景相关的集合。B_1 用于探测图像内部，作为击中部分；B_2 用于探测图像外部，作为击不中部分。显然，B_1 和 B_2 是不应该相连接的，即 $B_1 \cap B_2 = \varnothing$。击中击不中变换的数学表达式为：

$$Y = (A \ominus B_1) \cap (A^c \ominus B_2) \tag{7-10}$$

击中击不中变换是形态学中用来检测特定形状所处位置的一个基本工具。它的原理就是使用腐蚀。如果要在一幅图像 A 上找到 B 形状的目标位置，击中击不中运算的步骤是：

（1）建立一个比 B 大的模板 W，使用此模板对图像 A 进行腐蚀，得到图像假设 A_1。

（2）用 B 去减 W，从而得到模板 $V = W - B$，使用 V 模板对图像 A 的补集 A^c 进行腐蚀，得到图像假设 A_2。

（3）A_1 与 A_2 取交集，得到的结果就是 B 的位置。这里的位置可能不是 B 的中心位置，要视 $W - B$ 时对齐的位置而异。

例3 在图 7.15 中，图 7.15(a)为含有 3 个图像目标的原始图像 A，待找图形为图像 A 右侧黑色正方形，试构造一个结构元素对 $B = (H, M)$，并说明击中击不中的运算过程。

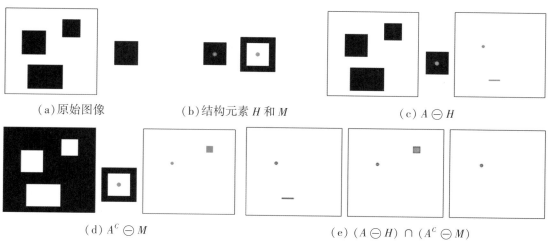

（a）原始图像 （b）结构元素 H 和 M （c）$A \ominus H$

（d）$A^c \ominus M$ （e）$(A \ominus H) \cap (A^c \ominus M)$

图 7.15 击中击不中运算过程

解： 根据击中击不中运算的定义，计算过程如下：

（1）确定结构元素

图像 A 右侧黑色正方形，选取 H 为图 7.15（b）左所示的形状。再选一个小窗口 W，W 包含 H，$M = W - H$，如图 7.15（b）右所示。

（2）求 $A \ominus H$

用 H 腐蚀 A，得到一点一线图像，如图 7.15（c）所示。

（3）求 $A^C \ominus M$

用 M 腐蚀 A^C，得到一点一方块图像，如图 7.15（d）所示。

（4）求 $(A \ominus H) \cap (A^C \ominus M)$

将两个腐蚀结果求交，即 $(A \ominus H) \cap (A^C \ominus M)$，得到一点图像，如图 7.15（e）所示，该点即为待找图形的位置。

📝 实例7.4　击中击不中运算

工具： Python，PyCharm，OpenCV。

步骤：

➤ 读入图像；

➤ 缩放图像；

➤ 图像二值化；

➤ 击中击不中运算；

➤ 显示原图像和击中击不中运算后图像。

　　调用函数： 本实例调用了 OpenCV 的 namedWindow（ ）函数和 getStructuringElement（ ）函数，这两个函数语法如下：

① None = namedWindow（winname，flags = None）

参数说明：

❖ winname：窗口标题名称，可以用作窗口标识符。

❖ flags：可选参数，表示窗口大小是自动设置还是可调整。WINDOW_NORMAL 表示允许手动更改窗口大小；WINDOW_AUTOSIZE 表示自动设置窗口大小；WINDOW_FULLSCREEN 表示将窗口大小更改为全屏。

❖ 返回值：该函数无返回值。

功能说明： 该函数用于创建一个具有合适名称和大小的窗口，以在屏幕上显示图像或视频。默认情况下，图像以其原始大小显示，也可以根据需要调整图像大小等显示设置。

② retval＝getStructuringElement（shape，ksize，anchor＝None）

参数说明：

❖ shape：内核的形状。OpenCV 提供了三种形状：ORPH_RECT 表示矩形，MORPH_CROSS 表示交叉形，MORPH_ELLIPSE 表示椭圆形。

❖ ksize：结构元素的尺寸，如(5，5)。

❖ anchor：可选参数，表示锚点的位置，有默认值(−1，−1)，表示锚点位于中心点。

❖ 返回值 retval：可用于形态学的结构元素。

功能说明： 该函数利用 shape、ksize 和 anchor 参数指定结构元素的形状和尺寸，并返回该结构元素。

实现代码：

在"D: \ wbcat. jpeg"目录下，存放一幅名为 wbcat. jpeg 的二值黑白猫图像，通过调用 OpenCV 函数 morphologyEx( )，实现图像的击中击不中运算。程序运行代码如下：

```
import cv2 as cv
src=cv.imread("D:/wbcat.jpeg")  # 读入图片
src=cv.resize(src,(400,400))  # 缩放图像
cv.namedWindow("Original Image",cv.WINDOW_AUTOSIZE)  # 构建图像窗口
cv.imshow("Original Image",src)  # 显示原始图像
# 图像二值化
gray=cv.cvtColor(src,cv.COLOR_BGR2GRAY)  # 转换为灰度图像
ret, binary = cv.threshold ( gray, 0, 255, cv.THRESH _ BINARY _ INV
|cv.THRESH_OTSU)  # 二值化
# 击中击不中
se=cv.getStructuringElement(cv.MORPH_CROSS,(11,11),(-1,-1))  # 构造结构元素
binary=cv.morphologyEx(binary,cv.MORPH_HITMISS,se)  # 击中击不中运算
cv.imshow("hitMiss",binary)  # 显示结果图
cv.waitKey()
```

结果与分析： 原始图像如图 7.16(a)所示，图 7.16(b)为击中击不中运算结果，实践表明，图像中的 11×11 的十字形状均已找出，击中击不中运算理论上可以进行任何形状的

检测，即进行任意形状分析。

(a)原始图像   (b)运算结果

图 7.16　击中击不中运算

实践拓展: 读入本例图像，设计一种结构元素，使 morphologyEx( ) 函数检测出该形状。

疑点解析: OpenCV 的 morphologyEx( ) 函数的 op 参数除了 MORPH_TOPHAT、MORPH _BLACKHAT、MORPH _ GRADIENT、MORPH _ ERODE、MORPH _ DILATE、MORPH _ OPEN、MORPH_CLOSE 几种类型外,还有 MORPH_HITMISS,用于击中击不中运算。本实例调用了 namedWindow( ) 函数，如果在窗口显示之前就要使用窗口，比如滑动条的使用，就需要 nameWindow( ) 函数先创建窗口，并显式地规定窗口名称。

击中击不中简单理解就是在二值图像中根据结构元素的配置，从图像中寻找具有某种像素排列特征的目标，如单个像素、颗粒中交叉或纵向的特征、直角边缘或其他用户自定义的特征等。计算时，只有当结构元素与其覆盖的图像区域完全相同时，中心像素的值（锚点）才会被置为 1，否则为 0。

7.2　模 板 匹 配

模板匹配是图像处理中最基本、最常用的匹配方法。模板匹配的用途很多，如在几何变换中，检测图像和地图之间的对应点，不同的光谱或不同的摄影时间所得的图像之间位置的配准(图像配准)，在立体影像分析中提取左右影像间的对应关系、运动物体的跟踪、图像中对象物位置的检测等。

7.2.1 模板匹配原理

模板匹配就是在一幅图像中寻找与另一幅模板图像最匹配(相似)部分的方法。这里说的模板是已知的小图像,简单地说,模板匹配就是在一幅大图像中搜寻小图像(目标),并确定其坐标位置。如图 7.17 所示,设检测对象的模板为 $t(x, y)$,令其中心与图像 $f(x, y)$ 中的一个像素 (i, j) 重合,检测 $t(x, y)$ 和图像 $f(x, y)$ 重合部分之间的相似度,对图像中所有的像素都进行这样的操作,根据相似度为最大或者超过某一阈值来确定对象物是否存在,并求得对象物所在的位置,这一过程就是模板匹配。

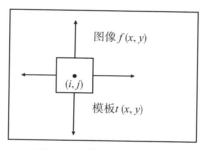

图 7.17 模板匹配示意图

作为匹配的相似性测度,应具有位移不变、尺度不变、旋转不变等性质,同时对噪声不敏感。相似性测度常采用以下几种形式:

$$\max_S |f - t| \tag{7-11}$$

$$\iint_S |f - t| \mathrm{d}x\mathrm{d}y \tag{7-12}$$

$$\iint_S |f - t|^2 \mathrm{d}x\mathrm{d}y \tag{7-13}$$

这里 S 表示 $t(x, y)$ 的定义域,式中计算的是模板和图像重合部分的非相似度,该值越小,表示匹配程度越好。此外,下面公式计算的是模板及其与图像重合部分的相似度,该值越大,表示匹配程度越好。

$$m(u, v) = \iint_S t(x, y) f(x + u, y + v) \mathrm{d}x\mathrm{d}y \tag{7-14}$$

$$m^*(u, v) = \frac{m(u, v)}{\sqrt{\iint_S f(x + u, y + v)^2 \mathrm{d}x\mathrm{d}y}} \tag{7-15}$$

$$m^*(u, v) = \frac{\iint_S [f(x + u, y + v) - \bar{f}][t(x, y) - \bar{t}] \mathrm{d}x\mathrm{d}y}{\sqrt{\iint_S [f(x + u, y + v) - \bar{f}]^2 \mathrm{d}x\mathrm{d}y \iint_S [t(x, y) - \bar{t}]^2 \mathrm{d}x\mathrm{d}y}} \tag{7-16}$$

式(7-11)~式(7-16)所示的测度是基于连续变量推算的，实际上数字图像是离散的，因此模板匹配一般采用离散的相似性测度，常用的离散测度有以下几种方式。

1. 平方差

该方法匹配公式如式(7-17)所示，通过计算平方差进行匹配，因此 $R(x, y)$ 越趋近于 0，匹配效果越好，越大则匹配结果越差。

$$R(x, y) = \sum_S [t(x, y) - f(x + u, y + v)]^2 \tag{7-17}$$

2. 归一化的平方差

该方法使用归一化的平方差进行匹配，最佳匹配也在结果为 0 处，如式(7-18)所示。

$$R(x, y) = \frac{\sum_S [t(x, y) - f(x + u, y + v)]^2}{\sqrt{\sum_S t(x, y)^2 \cdot \sum_S f(x + u, y + v)^2}} \tag{7-18}$$

3. 相关性

这种匹配方法使用源图像与模板图像的卷积结果进行匹配，因此，最佳匹配位置在值最大处，值越小匹配结果越差，如式(7-19)所示。

$$R(x, y) = \sum_S [t(x, y) \cdot f(x + u, y + v)] \tag{7-19}$$

4. 归一化相关性

与相关性匹配方法类似，最佳匹配位置也是在值最大处，计算方法如式(7-20)所示。

$$R(x, y) = \frac{\sum_S [t(x, y) \cdot f(x + u, y + v)]}{\sqrt{\sum_S t(x, y)^2 \cdot \sum_S f(x + u, y + v)^2}} \tag{7-20}$$

5. 相关性系数

相关性系数如式(7-21)所示，这种方法使用源图像与其均值的差、模板与其均值的差二者之间的相关性进行匹配，最佳匹配结果在值等于 1 处，最差匹配结果在值等于 -1 处，值等于 0 直接表示二者不相关。

$$R(x, y) = \sum_{S} [t'(x, y) \cdot f'(x + u, y + v)] \tag{7-21}$$

6. 归一化的相关性系数

归一化的相关性系数匹配方法，正值表示匹配的结果较好，负值则表示匹配的效果较差，也是值越大，匹配效果越好，计算方法如式(7-22)所示。

$$R(x, y) = \frac{\sum_{S} [t'(x, y) \cdot f'(x + u, y + v)]}{\sqrt{\sum_{S} t'(x, y)^2 \cdot \sum_{S} f'(x + u, y + v)^2}} \tag{7-22}$$

7.2.2 模板匹配改进方法

上述是直接模板匹配法(相似性测度法)，当目标类别较多时，存在模板库存储量大，计算复杂度较高等问题，大大限制了该方法在实际场景中的应用。为了抑制图像的杂波干扰，提高算法鲁棒性，获得更稳健的识别效果，人们提出了先将原图像进行相关变换操作，再进行模板匹配的相关滤波匹配法。典型的方法有 Casasent 提出的合成判决函数方法，除此之外，最小平均能量相关滤波器、最小噪声和相关能量滤波器等方法也取得了不错的识别效果。

1. 高效率模板匹配方法

传统的模板匹配算法的基本搜索策略是遍历性的，为了找到最优匹配点，传统方法均必须在搜索区域内的每一个像素点上进行区域相关匹配计算，图像相关匹配的数据量和计算量很大，匹配速度较慢，通常的解决方案是采用并行计算以提高匹配速度，但是受到计算机硬件的限制，匹配速度也会受到不同程度的影响。模板匹配的检测速度主要取决于算法的搜索策略。

(1)序贯相似性检测算法(SSDA)

序贯相似性检测算法(SSDA)是针对传统模板匹配算法提出的一种高效的图像匹配算法。思路是通过人为设定一个固定阈值，及早地终止在不匹配位置上的计算，以此减小计算量，达到提高运算速度的目的。其步骤如下：

①选取一个误差准则，作为终止不匹配点计算的标准，通常可选取绝对误差；

②设定一个不变阈值；

③在子图像中随机选取一点，计算它与模板中相应点的绝对误差值，将每一随机点对的误差累加起来，若累加到第 r 次时，误差超过设定阈值，则停止累加，记下此时的累加次数 r；

④对于整幅图像计算误差 e，可得到一个由 r 值构成的曲面，曲面最大值处对应的位置即为模板最佳匹配位置。

（2）分层搜索序贯判决算法

分层算法首先对目标图像进行分层处理，将图像降维获得低分辨率的小图像，然后对小图像再次进行分层处理，获取到更小的图像，经过 n 次分层处理后，与原图像一起构建出 n 个维数不同、分辨率不同的分层图像，将这些图像按照分层次数由大到小排序，然后使用已知模板进行分层搜索、分层匹配，从而达到提高匹配速度和精度的目的。

2. 高精度定位的模板匹配

图像一般有较强自相关性，因此，进行模板匹配计算的相似度就在以对象物存在的地方为中心形成平缓的峰。这样，即使模板匹配时从图像对象物的真实位置稍微离开一点，也表现出相当高的相似度。但为了求得对象物在图像中的精确位置，总希望相似度分布尽可能尖锐一些。为了达到这一目的，提出了基于图案轮廓的特征匹配方法。图案轮廓匹配法与一般匹配法相比，相似度表现出更尖锐的分布，从而有利于精确定位。

一般来说，模板匹配在检测对象的大小和方向是未知的场合时，必须具备各式各样大小和方向的模板，用各种模板进行匹配，从而求出最一致的模板及其位置。

另外，在对象的形状复杂时，最好不要把整个对象作为一个模板，而是把对象分割成几个分图案，把各个分图案作为模板进行匹配，然后研究分图案之间的位置关系，从而求得图像中对象的位置。这样即使对象物的形状稍有变动，也能很好地确定位置。

📝 实例 7.5　单模板匹配

工具： Python，PyCharm，OpenCV。

步骤：

➢ 读入原始图像和模板图像；

➢ 缩放图像；

➢ 模板匹配；

➢ 找到匹配位置；

➢ 绘制匹配图；

➢ 显示结果。

📖 **调用函数：** 本实例调用了 OpenCV 的 matchTemplate( ) 函数和 minMaxLoc( ) 函数，这两个函数语法如下：

① **result ＝matchTemplate（image，templ，method，result＝None，mask＝None）**

参数说明：

❖ image：原始图像。

❖ templ：模板图像，尺寸小于等于原始图像。

❖ method：匹配的方法，可以是 TM_SQDIFF_NORMED、TM_SQDIFF、TM_CCOEFF、TM_CCORR、TM_CCOEFF_NORMED、TM_CCORR_NORMED 中的一种，分别表示标准差值平方和、差值平方和、相关系数匹配、相关性匹配、标准相关系数匹配和标准相关性匹配。

❖ result：可选参数，匹配结果。

❖ mask：掩膜，仅当 method 为 TM_SQDIFF 和 TM_CCORR_NORMED 时才支持此参数。

❖ 返回值 result：计算得出的匹配结果(数组)。

功能说明： 根据 image、templ、method 等参数进行模板匹配，并返回匹配结果。

② **minValue，maxValue，minLoc，maxLoc=minMaxLoc(src，mask=None)**

参数说明：

❖ src：matchTemplate( )方法计算得出的数组。

❖ mask：可选参数，掩膜，用于获取一个子矩阵。

❖ 返回值 minValue：数组中的最小值。

❖ 返回值 maxValue：数组中的最大值。

❖ 返回值 minLoc：最小值位置的坐标，格式为(x，y)。

❖ 返回值 maxLoc：最大值位置的坐标，格式为(x，y)。

功能说明： 该函数用于记录 matchTemplate( )方法得出数组的最小值和最大值及其位置(坐标)，并返回这四个值。

实现代码：

在"D：\ template. jpg "目录下，存放一幅名为 template. jpg 的模板图像和一幅名为 smellingface. jpg 的笑脸图像，通过调用 OpenCV 的 matchTemplate( )函数和 minMaxLoc( )函数，实现图像模板匹配，并在 smellingface. jpg 图像上绘出匹配图像范围。程序运行代码如下：

```
import cv2 as cv
templ=cv.imread("D:/template.jpg")
img=cv.imread("D:/smellingface.jpg")
cv.imshow("template",templ)
cv.imshow("smellingface",img)
#获取模板图像的高度、宽度和通道数
```

```
height,width,ch=templ.shape
#模板匹配,采用标准差方式
results=cv.matchTemplate(img,templ,cv.TM_SQDIFF_NORMED)
#获取匹配结果的最小值、最大值、最小值坐标和最大值坐标
minValue,maxValue,minLoc,maxLoc=cv.minMaxLoc(results)
#最小值坐标赋值给resultPoint1,作为绘制矩形的第一点
resultPoint1=minLoc
#根据模板的高宽,推算匹配区域右下点resultPoint2坐标,作为绘制矩形的第二点
resultPoint2=(resultPoint1[0]+width,resultPoint1[1]+height)
#在原图中绘制匹配图像的外接矩形
cv.rectangle(img,resultPoint1,resultPoint2,(0,255,0),3)
cv.imshow("templated",img)
cv.waitKey()
cv.destroyAllWindows()
```

结果与分析： 原始图像如图 7.18(b)所示，图 7.18(a)为模板，计算结果表明，图 7.18(a)模板所展示的笑脸图像在图 7.18(b)中得到完美匹配，并对图像外框矩形进行了绘制(图 7.18(c))。

(a)模板   (b)原图   (c)匹配结果

图 7.18　单模板匹配

实践拓展： 读入不同图像，通过调整 matchTemplate()的 method 参数，查看匹配结果是否有变化。

疑点解析： 实例中调用了 OpenCV 的 rectangle()函数，用于绘制匹配图像的外接矩形。本例中该函数的第一个参数 img 表示要绘制的图像，resultPoint1 表示矩形绘制的左上角点，resultPoint2 表示右下角点，(0，255，0)表示绘制颜色为绿色，3 表示线宽为 3。

此外，matchTemplate()函数的 method 参数 TM_SQDIFF_NORMED、TM_SQDIFF、TM_

CCOEFF、TM_CCORR、TM_CCOEFF_NORMED、TM_CCORR_NORMED 具体算法可以参考公式(7-17)~式(7-22)。

7.3 纹理分析

提到纹理，会立刻联想到木制家具上的木纹、花布上的花纹等，它们反映了物体表面颜色和灰度的某种变化特征。一般来说，纹理就是指在图像中反复出现的局部模式和它们的排列规则，是图像像素灰度级或颜色的某种规律性的变化，这种变化是与空间统计相关的。纹理特征和物体的位置、走向、尺寸和形状有关，但与像素的平均灰度值无关。

7.3.1 纹理概述

纹理是图像中一个重要而又难以描述的特性，至今还没有公认的定义。有些图像在局部区域内呈现不规则性，而在整体上表现出某种规律性。习惯上，把这种局部不规则而宏观有规律的特性称之为纹理特性。以纹理特性为主导的图像，常称为纹理图像。以纹理特性为主导特性的区域，常称为纹理区域。由于构成纹理的规律可能是确定性的，也可能是随机性的，因此纹理可分为确定性纹理和随机性纹理，如图 7.19 所示。纹理变化可以出现在不同尺度范围内，若图像中灰度在小范围内相当不平稳、不规则，这种纹理就称为微纹理；若图像中有明显的结构单元，整个图像的纹理是由这些结构单元按一定规律形成的，则称为宏纹理，这个结构单元称为纹理基元。

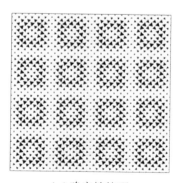
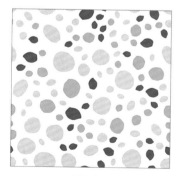

(a)确定性纹理　　　　　　　　　(b)随机性纹理

图 7.19　确定性纹理和随机性纹理

虽然纹理没有统一定义，但通常认为纹理具有以下特征：

(1)某种局部的序列性在比该序列更大的区域内不断重复出现。也即纹理是按一定的规则对纹理基元进行排列所形成的重复模式。

(2)序列由基本的纹理基元非随机排列组成。也即纹理是由纹理基元按某种确定性的或统计性的规律排列而成的一种结构。

(3)在纹理区域内各部分具有大致相同的结构和尺寸。以对应区域具有较为恒定的纹理特征的图像为例，则图像函数的一组局部属性具有恒定的，或缓变的，或近似周期性的特征。

7.3.2　纹理特征描述与提取方法

几十年来，人们对纹理特征提取方法进行了广泛的研究，已经提出了许多纹理特征提取方法，比如灰度共生矩阵(GLCM)法、灰度行程长度法(gray level run length)、自相关函数法等。随着应用领域的不断扩大和诸如分形理论、马尔可夫随机场(MRF)理论、小波分析理论等新理论的引入，使得对纹理特征提取的研究变得丰富多彩，但并没有取得人们期待的成功。纹理的微观异构性、复杂性，以及应用的广泛性和概念的不明确性，给纹理提取研究带来了很大的挑战。由于纹理的自动描述、鉴别和提取是非常复杂和困难的，因此截至目前在理论和应用之间仍存在一条很难逾越的鸿沟，即缺乏实用的、稳健的纹理特征提取方法。目前，进行纹理描述和提取的主要方法分为以下几类。

1. 统计分析法

统计分析法又称为基于统计纹理特征的检测方法，主要包括灰度直方图法、灰度共生矩阵法、灰度行程长度法、灰度差分统计、交叉对角矩阵、自相关函数法等。根据小区域纹理特征的统计分布情况，通过计算像素的局部特征分析纹理的灰度级的空间分布。统计分析法对木纹、沙地、草地这种完全无法判断结构要素和规则的图像的分析很有效。

该类方法的优势是简单、易于实现，尤其是灰度共生矩阵法是公认的有效方法，具有较强的适应能力和鲁棒性；不足是与人类视觉模型脱节，缺少全局信息的利用，计算复杂度很高。

2. 结构分析法

结构分析法认为纹理基元几乎具有规范的关系，因而假设纹理图像的基元可以分离出来，并以基元的特征和排列规则进行纹理分割。该方法根据图像纹理、小区域内的特点和它们之间的空间排列关系，以及偏心度、面积、方向、矩、延伸度、欧拉数、幅度周长等特征分析图像的纹理基元的形状和排列分布特点，目的是获取结构特征和描述排列的规则。结构分析法主要应用于已知基元的情况，对纤维、砖墙这种结构要素和规则都比较明确的图像分析比较有效。典型的结构分析法有句法（syntactic）纹理描述法、数学形态学法、拓扑法和图论法等。

3. 模型分析法

该方法根据每个像素和其邻域像素存在的某种相互关系及平均亮度为图像中各个像素点建立模型，然后由不同的模型提取不同的特征量，也即进行参数估计。典型的模型分析法有自回归法、马尔可夫随机场法和分形法等。

4. 频谱分析法

频谱分析法又称为信号处理法和滤波法。该方法是将纹理图像从空间域变换到频率域，然后通过计算峰值处的面积、峰值与原点的距离平方、峰值处的相位、两个峰值间的相角差等，来获得在空间域不易获得的纹理特征，如周期、功率谱信息等。典型的谱分析法有二维傅里叶（变换）滤波法、Gabor（变换）滤波法和小波法等。

7.3.3 灰度共生矩阵

1. 灰度共生矩阵定义与计算

灰度共生矩阵法（Grey Level Co-occurrence Matrix，GLCM）也称为联合概率矩阵法，是一种用图像中某一灰度级结构重复出现的概率来描述图像纹理信息的方法。该方法用条件概率提取纹理的特征，通过统计空间上具有某种位置关系（像素间的方向和距离）的一对像素的灰度值出现的概率构造矩阵，然后从该矩阵提取有意义的统计特征来描述纹理。灰度共生矩阵可以得到纹理的空间分布信息。

灰度共生矩阵是描述图像中任意两个灰度级像素的空间位置匹配关系，如果像素从灰度 i 到灰度 j 沿着间距 d 和方向 θ 变化的描述算子记为 $P(i, j, d, \theta)$，那么这种变化出现的次数 $[P(i, j, d, \theta)]$ 就是灰度共生矩阵的一个元素，由所有这些元素共同组成的矩阵称为灰度共生矩阵。描述算子 $P(i, j, d, \theta)$ 中的 (i, j) 表示所有从灰度 i 到灰度 j 的变化，如果图像有 L 个灰度级，那么灰度共生矩阵就是一个 $L \times L$ 方阵。d 表示从灰度 i 到灰度 j 的行程距离，一般选 1，也可以选用其他数值。方向 θ 一般取 0°、45°、90° 和 135° 四个方向的值，并包括对应的反方向 180°、225°、270° 和 315°，这种角度正反规定有效减少了灰度共生矩阵的大小，提高了效率。像素间距 d 与方向角 θ 定义如图 7.20 所示，为了简化表达，$P(i, j, d, \theta)$ 描述算子可略写为 $P(d, \theta)$。

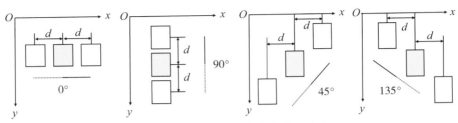

图 7.20　像素间距 d 和方向角 θ 定义

可以用 $\#(i, j)$ 表示灰度共生矩阵的元素数量，$\#(i, j)$ 表示在待分析图像中，沿方向角 θ、像素间隔距离 d 的所有像素对中，起点像素的灰度值为 i、终点像素的灰度值为 j 的像素对的个数，即灰度共生矩阵的 (i, j) 位置上的值定义为在待分析图像中，从灰度值为 i 的像素点出发，沿着方向角 θ 到距离为 d 的另一个灰度值为 j 的像素点的频数。因此，当 $d = 1$ 时，4×4 的灰度共生矩阵(4 个像素级)可形象地理解为

$$P(i, j, d, \theta) = \begin{bmatrix} \#(0, 0) & \#(0, 1) & \#(0, 2) & \#(0, 3) \\ \#(1, 0) & \#(1, 1) & \#(1, 2) & \#(1, 3) \\ \#(2, 0) & \#(2, 1) & \#(2, 2) & \#(2, 3) \\ \#(3, 0) & \#(3, 1) & \#(3, 2) & \#(3, 3) \end{bmatrix} \tag{7-23}$$

例 4　灰度图像如图 7.21(a)所示，分别计算当 $d = 1$ 时的灰度共生矩阵 $P(1, 0°)$、$P(1, 45°)$、$P(1, 90°)$、$P(1, 135°)$。

0 0 0 1 2	0⇌0⇌0 1 2	0 0 0→1 2	0 0 0 1 2
1 1 0 1 1	1 1 0 1 1	1←0→1 1	1 1 0 1 1
2 2 1 0 0	2 2 1 0 0	2 2 1←0 0	2 2 1 0 0
1 1 0 2 0	1 1 0 2 0	1 1←0 2 0	1 1 0→2←0
0 0 1 0 1	0⇌0 1 0 1	0 0→1←0→1	0 0 1 0 1

(a)灰度图像　(b)第 1 个元素　(c)第 2 个元素　(d)第 3 个元素

图 7.21　灰度共生矩阵计算

解：由于图像仅有 0、1、2 三个灰度级，因此灰度共生矩阵为 3 阶方阵，$P(1, 0°) = \begin{bmatrix} \#(0, 0) & \#(0, 1) & \#(0, 2) \\ \#(1, 0) & \#(1, 1) & \#(1, 2) \\ \#(2, 0) & \#(2, 1) & \#(2, 2) \end{bmatrix}$，$\#(0, 0)$ 表示沿着 0° 方向距离为 1 的第 1 个灰度级到第 1 个灰度级(灰度 0→0)的个数，计算后标注如图 7.21(b)所示，此时 $P(1, 0°) = \begin{bmatrix} 8 \\ \\ \end{bmatrix}$，接下来计算 $\#(0, 1)$，它表示沿着 0° 方向距离为 1 的第 1 个灰度级到第 2 个

灰度级(灰度 0→1)的个数，标注如图 7.21(c)所示，此时 $P(1, 0°) = \begin{bmatrix} 8 & 8 \\ & & \\ & & \end{bmatrix}$，继续计

算 #(0, 2)，它表示沿着 0° 方向距离为 1 的第 1 个灰度级到第 3 个灰度级(灰度 0→2)的

个数，标注如图 7.21(d)所示，此时 $P(1, 0°) = \begin{bmatrix} 8 & 8 & 2 \\ & & \\ & & \end{bmatrix}$，接着对矩阵 $P(1, 0°)$ 的第

二行、第三行做同样的操作，最终求得灰度共生矩阵 $P(1, 0°) = \begin{bmatrix} 8 & 8 & 2 \\ 8 & 6 & 2 \\ 2 & 2 & 2 \end{bmatrix}$。运用同样

的计算方法，计算得：$P(1, 45°) = \begin{bmatrix} 6 & 5 & 2 \\ 5 & 4 & 4 \\ 2 & 4 & 0 \end{bmatrix}$，$P(1, 90°) = \begin{bmatrix} 4 & 10 & 2 \\ 10 & 2 & 5 \\ 2 & 5 & 0 \end{bmatrix}$，$P(1, 135°) = $

$\begin{bmatrix} 8 & 4 & 1 \\ 4 & 6 & 4 \\ 1 & 4 & 0 \end{bmatrix}$。

2. 灰度共生矩阵特点

(1)矩阵大，若图像的灰度级为 L，则灰度共生矩阵大小为 $L \times L$。由于一般的 256 灰度级图像有 $L = 2^8$，则对应的灰度共生矩阵的元素就为 2^{16} 个，显然会导致大的计算量。因此，目前的做法是在保证图像纹理特征变化不大的情况下，对图像的灰度级进行归一化处理，也即将 256 个灰度级变换到 16 个灰度级或 32 个灰度级。

(2)灰度共生矩阵是对称矩阵。矩阵中元素对称于主对角线，即 $P(i, j, d, \theta) = P(j, i, d, \theta)$。这是因为在每个方向上，实际上包含了一条线的两个方向，也即水平方向包含了 0° 方向和 180° 方向，45° 方向包含了 45° 方向和 225° 方向，其他方向以此类推。

(3)分布于主对角线及两侧元素值的大小与纹理粗糙度有关。沿着纹理方向的共生矩阵中的主对角线上的元素的值很大，而其他元素的值全为零，说明沿着纹理方向上没有灰度变化。如果靠近主对角线的元素值较大，说明纹理方向上灰度变化不大，则图像的纹理较细；如果靠近主对角线的元素值较小，而较大的元素值离开主对角线向外散布，说明纹理方向上灰度变化频繁(变化大)，则图像的纹理较粗糙。

(4)矩阵中元素值的分布与图像信息的丰富程度有关。元素相对于主对角线越远，且元素值越大，则元素的离散性越大。这意味着相邻像素间灰度值差大的比例较高，说明图像中垂直于主对角线方向的纹理较细；相反则说明图像中垂直于主对角线方向的纹理较粗糙。当非主对角线上的元素(归一化)值全为零时，矩阵中元素的离散性最小，则图像中主

对角线方向上的灰度变化频繁，具有较大的信息量。

3. 统计分析

（1）直方图统计参数

设 r 为图像灰度级的随机变量，L 为图像的灰度级数，$P(r_i)$ 为对应的直方图（其中，$i = 1, 2, 3, \cdots, L-1$）；则 r 的均值 m 为

$$m = \sum_{i=1}^{L-1} r_i P(r_i) \tag{7-24}$$

r 关于均值 m 的 n 阶矩为

$$\mu_n(r) = \sum_{i=1}^{L-1} (r_i - m)^n P(r_i) \tag{7-25}$$

通过计算式（7-24）和式（7-25）可知，$\mu_0 = 1$，$\mu_1 = 0$。对于其他 n 阶矩，有如下结论：

① 二阶矩 μ_2 又称为方差，它是灰度级对比度的量度。利用二阶矩可得到有关平滑度的描述子，其计算公式为

$$R = 1 - \frac{1}{1 + \mu_2} = 1 - \frac{1}{1 + \sigma^2} \tag{7-26}$$

由式（7-26）可知，图像的纹理越平滑，对应的图像灰度起伏越小，图像的二阶矩就越小，求得的 R 值越小；反之，图像的纹理越粗糙，对应的图像灰度起伏越大，图像的二阶矩越大，求得的 R 值越大。

② 三阶矩 μ_3 是图像直方图偏斜度的量度，它可以用于确定直方图的对称性：当直方图向左倾斜时，三阶矩为负；当直方图向右倾斜时，三阶矩为正。

③ 四阶矩 μ_4 表示直方图的相对平坦性。五阶以上的矩与直方图形状联系不紧密，但它们可对纹理描述提供更进一步的量化。

由灰度直方图还可以推得纹理的其他一些量度，如"一致性"量度和平均熵值量度：

① "一致性"量度也可用于描述纹理的平滑情况，其计算公式为

$$U = \sum_{i=1}^{L-1} P^2(r_i) \tag{7-27}$$

计算结果越大表示图像的一致性越强，对应图像就越平滑；反之，图像的一致性越差，图像就越粗糙。

② 图像的平均熵值，也可作为纹理的量度，它的计算公式为

$$E = - \sum_{i=1}^{L-1} P(r_i) \log_2^{P(r_i)} \tag{7-28}$$

熵用于度量图像的可变性，对于一个不变的图像其值为 0。熵值变化与一致性量度是反向的，即一致性较大时，图像的熵值较小；反之，则较大。

（2）纹理特征参数

在实际应用中，纹理分析特征参数是根据灰度共生矩阵计算出的特征量来表示的。因此，为了能描述纹理的状况，还需要从灰度共生矩阵中进一步导出能综合表现图像纹理特征的特征参数，也称为二次统计量。二次统计量主要包括能量（角二阶矩）、对比度、熵、相关性、均匀性、逆差矩、和平均、和方差、和熵、差方差（变异差异）、差熵、局部平稳性、相关信息测度1、相关信息测度2等。一般来说，这14种特征值间存在着一定的冗余，因此在一般的应用中，通常是根据图像样本的特点，选择几个最佳且最常用的特征参数来提取图像的纹理特征。

设 $P(i, j, d, \theta)$ 为图像中像素距离为 d、方向为 θ 的灰度共生矩阵的 (i, j) 位置上的元素值，下面给出几种典型的灰度共生矩阵纹理特征参数。

①角二阶矩/能量（ASM）。如果灰度共生矩阵的所有值都非常接近，则 ASM 值较小；如果矩阵元素取值差别较大，则 ASM 值较大。当 ASM 值较大时，纹理粗，能量大；反之，当 ASM 值小时，纹理细，能量小。ASM 计算方法如下所示：

$$\text{ASM} = \sum_{i=0}^{n-1} \sum_{j=0}^{n-1} P^2(i, j, d, \theta) \tag{7-29}$$

②对比度（contrast）。对比度反映了图像的清晰度和纹理的沟纹深浅，度量矩阵的值是如何分布的和图像中局部变化的多少。纹理的沟纹越深，反差越大，效果越清晰；反之，对比值小，则沟纹浅，效果模糊。对于 n 阶灰度共生矩阵，计算方法如下所示：

$$\text{CON} = \sum_{i=0}^{n-1} \sum_{j=0}^{n-1} (i-j)^2 P(i, j, d, \theta) \tag{7-30}$$

③相异性（dissimilarity）。计算对比度时，权重随矩阵元素与对角线的距离以指数方式增长，如果改为线性增长，则得到相异性。

④同质性/逆差矩（homogeneity）。测量图像的局部均匀性，非均匀图像的值较低，均匀图像的值较高。与对比度或相异性相反，同质性的权重随着元素值与对角线的距离增大而减小，其减小方式是指数形式的，逆差矩 μ'_k 定义如下所示：

$$\mu'_k = \sum_{i=0}^{n-1} \sum_{j=0}^{n-1} P(i, j, d, \theta) / (i-j)^k, \ i \neq j \tag{7-31}$$

⑤熵（entropy）。熵是图像信息量的随机性度量，表现了图像的复杂程度。当共生矩阵中所有值均相等或者像素灰度值表现出最大的随机性时，熵最大。熵表明了图像灰度分布的复杂程度，熵值越大，图像越复杂，熵的度量方法如下所示：

$$\text{ENT} = -\sum_{i=0}^{n-1} \sum_{j=0}^{n-1} \left[P(i, j, d, \theta) \times \lg P(i, j, d, \theta) \right] \tag{7-32}$$

⑥最大概率（maximum probability）。最大概率表示图像中出现次数最多的纹理特征。

📝 实例 7.6　灰度共生矩阵纹理提取

工具：Python，PyCharm，OpenCV，numpy，matplotlib，PIL。

步骤：

➢ 编写灰度共生矩阵实现函数；

➢ 调用函数；

➢ 显示结果。

▦　**调用函数**：OpenCV 并未封装灰度共生矩阵的获取函数，本实例编写了灰度共生矩阵的获取方法，实例中调用了 OpenCV 的 filter2D( ) 函数和 numpy、matplotlib、PIL 中的多个函数，由于 filter2D( ) 函数已在第 4 章中讲解，此处不再赘述，其他库的库函数调用方法大家可以参阅相关教程。

实现代码：

在"D：\ leaf. jpg "目录下，存放一幅名为 leaf. jpg 的叶子图像，程序首先书写了一个 glcm. py 文件，用于实现灰度共生矩阵的获取，并用均值、标准差、对比度、相异性、同质性、角二阶矩、能量、最大值、熵等参数进行了展示。glcm. py 程序运行代码如下：

```python
import numpy as np
import cv2 as cv
# 定义灰度共生矩阵获取方法
def fast_glcm(img, vmin=0, vmax=255, nbit=8, kernel_size=5):
    # 接收参数列表变量
    mi, ma = vmin, vmax
    ks = kernel_size
    h,w = img.shape
    # 数字化
    bins = np.linspace(mi, ma+1, nbit+1)
    gl1 = np.digitize(img, bins) -1
    gl2 = np.append(gl1[:,1:], gl1[:,-1:], axis=1)
    # 构造灰度共生矩阵
    glcm = np.zeros((nbit, nbit, h, w), dtype=np.uint8)
    for i in range(nbit):
        for j in range(nbit):
            mask = ((gl1==i) & (gl2==j))
            glcm[i,j, mask] = 1
    kernel = np.ones((ks, ks), dtype=np.uint8)
```

```
    for i in range(nbit):
        for j in range(nbit):
            glcm[i,j] = cv.filter2D(glcm[i,j], -1, kernel)
    glcm = glcm.astype(np.float32)
    return glcm


def fast_glcm_mean(img, vmin=0, vmax=255, nbit=8, ks=5):
    #灰度共生矩阵-均值
    h,w = img.shape
    glcm = fast_glcm(img, vmin, vmax, nbit, ks)
    mean = np.zeros((h,w), dtype=np.float32)
    for i in range(nbit):
        for j in range(nbit):
            mean += glcm[i,j] * i /(nbit) **2
    return mean


def fast_glcm_std(img, vmin=0, vmax=255, nbit=8, ks=5):
    # 灰度共生矩阵-标准差
    h,w = img.shape
    glcm = fast_glcm(img, vmin, vmax, nbit, ks)
    mean = np.zeros((h,w), dtype=np.float32)
    for i in range(nbit):
        for j in range(nbit):
            mean += glcm[i,j] * i /(nbit) **2
    std2 = np.zeros((h,w), dtype=np.float32)
    for i in range(nbit):
        for j in range(nbit):
            std2 += (glcm[i,j] * i-mean) **2
    std = np.sqrt(std2)
    return std


def fast_glcm_contrast(img, vmin=0, vmax=255, nbit=8, ks=5):
    # 灰度共生矩阵-对比度
```

```python
    h,w = img.shape
    glcm = fast_glcm(img, vmin, vmax, nbit, ks)
    cont = np.zeros((h,w), dtype=np.float32)
    for i in range(nbit):
        for j in range(nbit):
            cont += glcm[i,j] * (i-j)**2
    return cont


def fast_glcm_dissimilarity(img, vmin=0, vmax=255, nbit=8, ks=5):
    # 灰度共生矩阵-相异性
    h,w = img.shape
    glcm = fast_glcm(img, vmin, vmax, nbit, ks)
    diss = np.zeros((h,w), dtype=np.float32)
    for i in range(nbit):
        for j in range(nbit):
            diss += glcm[i,j] * np.abs(i-j)
    return diss


def fast_glcm_homogeneity(img, vmin=0, vmax=255, nbit=8, ks=5):
    # 灰度共生矩阵-同质性
    h,w = img.shape
    glcm = fast_glcm(img, vmin, vmax, nbit, ks)
    homo = np.zeros((h,w), dtype=np.float32)
    for i in range(nbit):
        for j in range(nbit):
            homo += glcm[i,j] / (1.+(i-j)**2)
    return homo


def fast_glcm_ASM(img, vmin=0, vmax=255, nbit=8, ks=5):
    # 灰度共生矩阵-角二阶矩/能量
    h,w = img.shape
    glcm = fast_glcm(img, vmin, vmax, nbit, ks)
    asm = np.zeros((h,w), dtype=np.float32)
```

```
    for i in range(nbit):
        for j in range(nbit):
            asm += glcm[i,j]**2
    ene = np.sqrt(asm)
    return asm, ene


def fast_glcm_max(img, vmin=0, vmax=255, nbit=8, ks=5):
    # 灰度共生矩阵-最大值
    glcm = fast_glcm(img, vmin, vmax, nbit, ks)
    max_ = np.max(glcm, axis=(0,1))
    return max_


def fast_glcm_entropy(img, vmin=0, vmax=255, nbit=8, ks=5):
    # 灰度共生矩阵-熵
    glcm = fast_glcm(img, vmin, vmax, nbit, ks)
    pnorm = glcm /np.sum(glcm, axis=(0,1)) + 1./ks**2
    ent = np.sum(-pnorm * np.log(pnorm), axis=(0,1))
    return ent


if __name__ == '__main__':

    from skimage import data
    img = data.camera()
    h,w = img.shape
    img[:,:w//2] = img[:,:w//2]//2+127
    nbit = 8
    ks = 5
    mi, ma = 0, 255
    glcm_mean = fast_glcm_mean(img, mi, ma, nbit, ks)
```

主程序为 glcmShow.py，其中调用了 glcm.py、numpy、matplotlib、PIL 库的多个函数，程序运行代码如下：

```
import numpy as np
```

249

```python
from matplotlib import pyplot as plt
import glcm
from PIL import Image


def main():
    pass


if __name__ == '__main__':
    img_file = "D:/leaf.jpg"
    img = np.array(Image.open(img_file).convert('L'))
    h,w = img.shape
    #灰度共生矩阵纹理提取
    mean = glcm.fast_glcm_mean(img) #均值显示
    std = glcm.fast_glcm_std(img) #标准差显示
    cont = glcm.fast_glcm_contrast(img) #对比度显示
    diss = glcm.fast_glcm_dissimilarity(img) #相异性显示
    homo = glcm.fast_glcm_homogeneity(img) #同质性显示
    asm, ene = glcm.fast_glcm_ASM(img) #角二阶矩和能量显示
    max = glcm.fast_glcm_max(img) #最大值显示
    ent = glcm.fast_glcm_entropy(img) #熵显示
    # 绘制图像
    plt.rcParams['font.sans-serif'] = ['SimHei']
    titles = ['原始图像', '均值', '标准差', '对比度','相异性','同质性', '角二阶矩',
'能量','最大值','熵']   # 定义标题列表
    images = [img, mean, std, cont,diss, homo, asm, ene, max, ent]
    for i in range(10):
        plt.subplot(2, 5, i + 1), plt.imshow(images[i])
        plt.title(titles[i], y=-0.25)
        plt.xticks([]), plt.yticks([])
    plt.show()
```

结果与分析:　原始图像如图 7.22(a) 所示，图 7.22(b) ~ (j) 是基于灰度共生矩阵的

纹理提取效果，从图中可以看出，纹理得到有效提取，几乎没有遗漏。由于图 7.22(b)~
(j)均是基于同一个灰度共生矩阵的不同纹理参数，因此这些结果仅仅是显示效果不同。

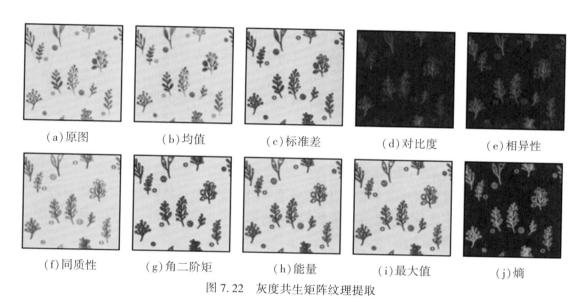

(a)原图　　　　　(b)均值　　　　　(c)标准差　　　　　(d)对比度　　　　　(e)相异性

(f)同质性　　　　(g)角二阶矩　　　　(h)能量　　　　　(i)最大值　　　　　(j)熵

图 7.22　灰度共生矩阵纹理提取

实践拓展：　读入多幅包含植被纹理的数字图像，计算其灰度共生矩阵，并用均值、
标准差、对比度、相异性、同质性、角二阶矩、能量、最大值、熵等参数展示纹理特征。

7.4　角点检测

图像中的线路交叉点、房角点等给人以角点印象。角点就是极值点，即在某方面属性
特别突出的点，是在某些属性上强度最大或者最小的孤立点、线段的终点。对于图像而
言，图像的角点是物体轮廓线的连接点。本节将学习角点的定义、描述和检测原理，辅以
实例展示各种角点检测方法。

7.4.1　角点特征描述

1. 角点定义

数字图像中角点的定义通常被描述为以下几种情形：第一，角点是一阶导数(即灰度
的梯度)的局部最大值所对应的像素点；第二，角点是两条及两条以上边缘的交点；第三，

角点是图像中梯度值和梯度方向的变化速率都很高的点；第四，角点处的一阶导数最大，二阶导数为零，指示物体边缘变化不连续的方向。

角点是图像很重要的特征，对图像图形的理解和分析有很重要的作用。角点在保留图像图形重要特征的同时，可以有效地减少信息的数据量，使其信息的含量很高，有效地提高了计算的速度，有利于图像的可靠匹配，使得实时处理成为可能。对于同一场景，即使视角发生变化，角点通常具备稳定性。可以利用这一稳定的性质将角点应用于三维场景重建运动估计、目标跟踪、目标识别、图像配准与匹配等计算机视觉领域。

2. 角点检测相关概念

（1）角点匹配（corner matching）

角点匹配是指寻找两幅图像之间的特征像素点的对应关系，从而确定两幅图像的位置关系。即对两幅不同视角的图像进行角点匹配，检测出来之后可以对其进行后续的处理工作。角点匹配可以分为以下三个步骤。

①检测子（detector）提取：在两幅待匹配的图像中寻找那些最容易识别的像素点（角点），比如纹理丰富的物体边缘点等，其提取方法有 SIFT 算法、Harris 算法、FAST 算法等。

②描述子（descriptor）选取：对于检测出的角点，用一些数学上的特征对其进行描述，如梯度直方图、局部随机二值特征等，其提取算法有邻域模板匹配、SIFT 特征描述子、ORB 特征描述子等。

③匹配：通过各个角点的描述子来判断它们在两幅图像中的对应关系，常用方法有暴力匹配、KD 树等。

（2）关键点（key point）

关键点是个更加抽象的概念，对图像处理来说，可以理解为对于分析问题比较重要的点。在提取关键点时，边缘应该作为一个重要的参考依据，但不一定是唯一的依据，对于某个物体来说，关键点应该是表达了某些特征的点，而不仅仅是边缘点。只要对分析特定问题有帮助的点都可以称为关键点。

（3）特征点（feature point）

所谓"特征点"，指的就是能够在其他含有相同场景或目标的相似图像中，以一种相同的或至少非常相似的不变形式表示图像或目标，即对于同一个物体或场景，从不同的角度采集多幅图像，如果相同的地方能够被识别出来，则这些点或块就可称为特征点。

7.4.2　Harris 角点检测

如图 7.23 所示，假设只考虑一个小窗口的像素值变化情况。对于图 7.23(a)的平坦区域部分，当移动窗口时，不论往哪个方向微小移动，窗口的像素值均不会发生变化；对于图 7.23(b) 来说，也就是边缘区域，如果窗口沿着边缘方向移动，窗口的像素值不会发生显著变化，但如果是沿其他方向移动，像素值变化显著；而对于图 7.23(c) 来说，也就是角点区域，不论是从哪个方向移动，像素值均会发生较大变化。

那么，如何用数学公式去描述这种差异呢？假设此窗口为点集 (x, y) 组成集合 W，且它是一个矩形窗口(该窗口下的每一个像素值权重相同)，假设以向量 $z = (u, v)$ 去移动这个窗口，此时应用平方差之和(Sun of Squared Differences, SSD)来描述移动前后的像素差异，可以反映像素变化的显著程度。SSD 差异 $E(u, v)$ 的数学定义为

$$E(u, v) = \sum_{(x, y) \in W} \left[I(x+u, y+v) - I(x, y) \right]^2 \tag{7-33}$$

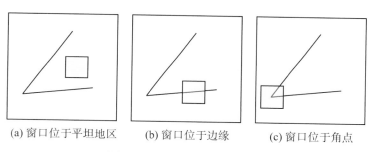

(a) 窗口位于平坦地区   (b) 窗口位于边缘   (c) 窗口位于角点

图 7.23　Harris 角点检测原理

对式(7-33)的 $I(x+u, y+v)$ 进行二元泰勒展开，舍去二阶及以上项，可得下式：

$$I(x+u, y+v) \approx I(x, y) + \frac{\partial I}{\partial x}u + \frac{\partial I}{\partial y}v \tag{7-34}$$

将式(7-34)代入式(7-33)，令 $I_x = \dfrac{\partial I}{\partial x}$，$I_y = \dfrac{\partial I}{\partial y}$，得

$$E(u, v) \approx \sum_{(x, y) \in W} \left[I_x u, y + I_y v \right]^2 \tag{7-35}$$

将式(7-35)展开并做系数整理，可得式(7-36)，其中 $A = \displaystyle\sum_{(x, y) \in W} I_x^2$，$B = \displaystyle\sum_{(x, y) \in W} I_x I_y$，$C = \displaystyle\sum_{(x, y) \in W} I_y^2$。

$$E(u, v) \approx \sum_{(x, y) \in W} Au^2 + 2Buv + Cv^2 = [uv] M \begin{bmatrix} u \\ v \end{bmatrix} \tag{7-36}$$

在上式中，如果以 u 和 v 为参量，该式表示的是一个椭圆方程。系数 A、B、C 也构成了一个系数矩阵 M，经过严密的数学推导，发现 u 和 v 矩阵的两个特征值分别为椭圆长半轴平方根 λ_1 的倒数及短半轴平方根 λ_2 的倒数，特征向量的方向为 u 轴和 v 轴方向，如图

7.24 所示。在式(7-36)中，$M = R^{-1} \begin{bmatrix} \lambda_1 & 0 \\ 0 & \lambda_2 \end{bmatrix} R$，$R$ 可以看成旋转因子，M 矩阵是 I_x 和 I_y 的二次函数。

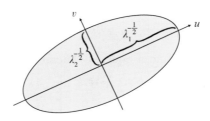

图 7.24　特征值大小与方向

上述推导结果，可以通过衡量特征值的大小来判断该点是不是角点。对于一个窗口的系数矩阵而言，有如下结论：

(1)两个特征值均很大，则该部分为角点；

(2)一个特征值远大于另一个特征值，则该部分为边缘；

(3)两个特征值均很小，则该部分为平坦区域。

上述规则存在模糊判断，即"均很大"到底是指多大，"均很小"又是指多小呢? 经过理论分析和实验，一般采用 CRF 角点响应函数来判断图像角点，记 λ_1、λ_2 分别为两个特征值，$\det M = \lambda_1 \lambda_2$，$\text{trace} M = \lambda_1 + \lambda_2$，则 R 为角点响应函数，其计算方法如下式所示：

$$R = \lambda_1 \lambda_2 - k(\lambda_1 + \lambda_2)^2 = \det M - k(\text{trace} M)^2 \tag{7-37}$$

k 一般取值为 0.04~0.06，当 R 值大于 0，则该部分为角点；当 R 值小于 0，则该部分为边缘；当 R 值接近 0，则该部分为平坦区域。

图像角点的等变性是指图像变换前后角点特征仍然能在相对位置上找到。通常人们希望几何变换后角点具有等变性，而光学变换后角点具有不变性。对于旋转和平移几何变换，Harris 检测的角点的位置是等变的，而缩放却不能保证这一特性。在光学变换中如亮度仿射变换，角点的位置是部分不变的。

7.4.3　SIFT 角点检测

尺度不变特征变换(Scale Invariant Feature Transform，SIFT)是由加拿大哥伦比亚大学的 David Lowe 教授于 2004 提出的一种用于图像配准的局部特征提取和描述算法。它是一种基于尺度空间的特征描述，对图像缩放、旋转，甚至仿射变换都保持不变。尽管 SIFT 配准方法也属于基于特征的配准算法，但这种方法具有良好的稳健性和较快的运算速度，近年来在图像配准领域得到了广泛研究和应用。

SIFT 属于提取局部特征的算法，在尺度空间寻找极值点，提取位置、尺度、旋转不变量。算法的主要思想是将图像之间的匹配转化成特征点向量之间的相似性度量。利用 SIFT 实现图像配准的大致过程可用图 7.25 表示。首先，对原图像和待配准图像在尺度空间上提取稳定的特征点，形成相应的特征向量及 SIFT 描述子；然后，对生成的特征向量进行特征匹配检测和校正；最后，得到配准结果。

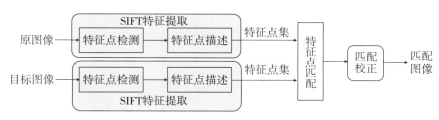

图 7.25　SIFT 图像配准流程图

从图 7.25 可以看出，特征提取是算法的重点。SIFT 算法首先通过在尺度空间中比较图像灰度值得到特征点，由此所产生的特征向量对图像的尺度有很好的稳健性。然后将坐标轴旋转为特征点的方向，通过计算关键点邻域梯度模值给出关键点的方向特征，这样就保证了旋转不变性。此外，SIFT 特征向量对图像的光照变化和遮挡等也具有很好的稳健性。最后在进行特征匹配时，对特征进行相似性度量，一般采用欧几里得距离的方法，寻找到最相近的两组特征点，把它们作为一对匹配点。

与以往的图像配准算法相比，SIFT 算法明显的优越之处：第一，SIFT 特征是图像的局部特征，它对图像旋转、尺度缩放、亮度变化保持不变，对视角变化、仿射变换、噪声保持稳定；第二，SIFT 算法提取的特征数量多，特征明显，匹配准确，计算速度快；第三，SIFT 算子可扩展性强，可以很方便地和其他形式的特征向量结合使用。对于绝大多数图像，它是目前公认的效果最好的配准算法。

SIFT 算法的关键是特征提取和特征描述，这一过程又可以细分为 4 个步骤。

（1）初步定位特征点：检测尺度空间极值点，目的是找到在尺度空间和二维图像空间均为极值的特征点，初步确定特征点的位置和所在尺度。

（2）精确定位特征点：初步检测到的极值点不稳定，因此，要经过进一步的检验来去除低对比度的点和不稳定的边缘点，增强匹配的稳定性和抗噪能力。

（3）确定特征点方向：利用特征点邻域像素的梯度方向分布，为每个特征点指定方向参数，确定每个特征点的主方向，使算子具有旋转不变性。

（4）生成关键点描述子：通过综合考虑邻域梯度信息生成稳定的 SIFT 特征向量，生成的特征向量对图像的各种变化具有最大的适应性。

7.4.4 其他角点检测方法

其他角点检测方法主要有 shi-Tomas 算法、FAST 算法和 ORB 算法等，这些算法多是基于已有算法的改进，但具有各自的检测特色，应用较广。

shi-Tomas 算法是对 Harris 角点检测算法的改进，一般会比 Harris 算法得到更好的角点。Harris 算法的角点响应函数是将矩阵 M 的行列式值与 M 的迹相减，利用差值判断是否为角点，后来 shi 和 Tomas 提出改进的方法：若矩阵 M 的两个特征值中较小的一个大于阈值，则认为它是角点。

FAST(Features from Accelerated Segment Test，FAST)算法是对被检测点为圆心的周围邻域像素点实施判断，进而判定该点是否为角点，通俗地讲，就是若一个像素周围有一定数量的像素与该点像素不同，则认为其为角点，检测流程如下：

(1)如图 7.26 所示，在图像中选取一个像素点 P，判断它是不是关键点，并用 I_p 表示点 P 的灰度值。

(2)以 r 为半径，覆盖 P 点周围 M 个像素，通常情况下，设置 $r = 3$，$M = 16$。

(3)设置一个阈值 t，如果在这 16 个像素点中存在 n 个连续像素点的灰度值都高于 $I_p + t$，或者低于 $I_p - t$，那么像素点 P 就被认为是一个角点，n 一般取值为 12。

(4)由于检测特征点时是需要对所有的像素点进行检测的，然而图像中绝大多数点都不是特征点，如果对每个像素点都进行上述的检测过程，那显然浪费许多时间，因此采用一种进行非特征点判别的方法：首先对候选点的周围每个 90° 的点，如图 7.26 的 1，9，5，13 号点，进行测试(先测 1 和 9，如果它们符合阈值要求，再测 5 和 13)。如果 P 是角点，那么这 4 个点中至少有 3 个要符合阈值要求，否则直接剔除，对保留下来的点再继续进行测试，通过这种排除处理可以大幅提高算法的效率。

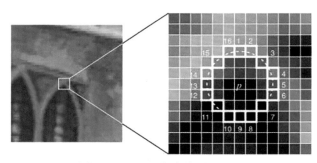

图 7.26 FAST 角点检测流程图

虽然这个检测器的效率很高，但它有以下几个缺点：第一是获得的候选点比较多，第二是特征点的选取不是最优的，第三是进行非特征点判别时大量的点被丢弃，第四是检测到的很多特征点都是相邻的。前3个问题可以通过机器学习的方法解决，最后一个问题可以使用非最大值抑制的方法解决。

ORB(Oriented Fast and Rotated Brief，ORB)算法可以用来对图像中的关键点快速创建特征向量，这些特征向量可以用来识别图像中的对象。其中，FAST 和 Brief 分别是特征检测算法和向量创建算法。ORB 首先会从图像中查找关键点，然后 ORB 会为每个关键点计算相应的特征向量。ORB 算法创建的特征向量只包含 1 和 0，称为二元特征向量。1 和 0 的顺序会根据特定关键点和其周围的像素区域而变化。该向量表示关键点周围的强度模式，因此多个特征向量可以用来识别更大的区域，甚至图像中的特定对象。ORB 算法的特点是速度超快，而且在一定程度上不受噪点和图像变换的影响，例如旋转和缩放变换等。

📝 实例 7.7　角点检测

工具：　Python，PyCharm，OpenCV，numpy。

步骤：

➢　读入原始图像；

➢　将各类角点检测方法封装成函数；

➢　调用函数；

➢　显示结果。

调用函数：　本实例调用了 OpenCV 的较多的库函数，主要包括 Harris 检测的 cornerHarris( )函数，SIFT 检测的 detectAndCompute( )函数和 drawKeypoints( )函数，shi-Tomas 检测的 goodFeaturesToTrack( )函数，以及 FAST 检测的 detect( )函数，这些函数语法如下：

① **dst = cornerHarris(src，blockSize，ksize，k，dst = None，borderType = None)**

参数说明：

❖　src：原始图像，单通道 8 位或浮点型影像。

❖　blockSize：角点检测中要考虑的区域大小。

❖　ksize：sobel 算子求导使用的核大小。

❖　k：角点检测中的自由参数取值范围，区间为[0.04，0.06]。

❖　dst：与返回值相同。

❖　borderType：可选参数，像素外推法。

❖　返回值 dst：Harris 检测后的相应图像，与 src 大小相同，CV_32FC1 类型。

功能说明：　根据 src、blockSize、ksize、k 等参数检测图像的角点。

② **keypoints，descriptors = detectAndCompute(self，image = None，mask = None，**

descriptors = None，useProvidedKeypoints = None）

参数说明：

❖　self：进行关键点检测的图像(灰度图)。

❖　image：可选参数，图像区域。

❖　mask：可选参数，掩膜。

❖　descriptors：可选参数，描述符。

❖　useProvidedKeypoints：布尔型变量，为 true 时，执行 compute 功能，计算描述符；为 false 时，执行 detect 功能，探测关键点。

❖　返回值 keypoints：关键点信息，包括位置、尺度、方向信息。

❖　返回值 descriptors：关键点描述，每个关键点对应 128 个梯度信息的特征向量。

功能说明：　该函数用于 SIFT 检测并计算关键点，返回关键点和描述符。

③ **outImage = drawKeypoints**（**image，keypoints，outImage，color = None，flags = None**）

参数说明：

❖　image：原始图像。

❖　keypoints：关键点信息。

❖　outImage：输出图像，与返回值相同。

❖　color：颜色，通过(b，g，r)修改颜色。

❖　flags：绘图功能的标识设置，cv2. DRAW_MATCHES_FLAGS_DEFAULT 表示创建输出图像矩阵,使用现存的输出图像绘制匹配对和特征点,对每一个特征点只绘制中间点。Cv2. DRAW_MATCHES_FLAGS_DRAW_OVER_OUTING 表示不创建输出图像矩阵,而是在输出图像上绘制匹配对。cv2. DRAW_MATCHES_FLAGS_DRAW_RICH_KEYPOINTS 表示对每一个特征点绘制带大小和方向的关键点图形。cv2. DRAW_MATCHES_FLAGS_NOT_DRAW_SINGLE_POINTS 表示单点的特征点不被绘制。

❖　outImage：输出图像，可以是原始图，也可以是其他图像。

功能说明：　该函数将检测出的关键点绘制在图像上。

④ **corners = goodFeaturesToTrack**（**image，maxCorners，qualityLevel，minDistance，corners = None，mask = None，blockSize = None，useHarrisDetector = None，k = None**）

参数说明：

❖　image：输入图像。

❖　maxCorners：获取角点的最大数目。

❖　qualityLevel：该参数指出最低可接受的角点质量水平，在 0～1 之间。

❖　minDistance：角点之间的最小欧氏距离，避免得到相邻特征点。

❖　corners：与返回值相同。

❖ mask：掩膜。

❖ blockSize：用于计算每个像素邻域上的导数协变矩阵的平均块的大小。

❖ useHarrisDetector：布尔值，表示是否使用 Harris 探测器。

❖ k：如果使用 Harris 探测器，k 表示自由参数取值范围，区间为 $[0.04, 0.06]$。

❖ 返回值 corners：搜索到的角点。

功能说明： 该函数用于返回检测的角点，在这里所有低于质量水平的角点被排除，把合格的角点按照质量排序，将质量较好的角点附近(小于最小欧氏距离)的角点删除，最后找到 maxCorners 个角点返回。

实现代码：

在"D:\house.jpg"目录下，存放一幅名为 house.jpg 的具有明显角点的房屋图像，通过编写 corner_Harris( )、corner_SIFT( )、corner_shi_tomas( )、corner_FAST( )、corner_ORB( )五个函数，分别实现了 Harris、SIFT、shi-Tomas、FAST 和 ORB 角点检测，最后展示角点检测的结果，程序运行代码如下：

```python
import numpy as np
import cv2 as cv


# Harris 角点检测
def corner_Harris(img):
    # 转换成灰度图
    gray = cv.cvtColor(img, cv.COLOR_BGR2GRAY)
    # 数据类型转换成 float32
    gray_float32 = np.float32(gray)
    # 角点检测
    dst = cv.cornerHarris(gray_float32, 2, 3, 0.04)
    # 设置阈值,将角点绘制出来,阈值根据图像进行选择
    R = dst.max() * 0.01
    # 这里将阈值设为 dst.max()*0.01 只有大于这个值的数才认为是角点
    img[dst > R] = [0, 255, 0]
    return img


    # SIFT 角点检测
def corner_SIFT(img):
    # 转换成灰度图像
```

```python
    gray = cv.cvtColor(img, cv.COLOR_BGR2GRAY)
    # 实例化 sift
    sift = cv.SIFT_create()
    # 检测关键点并计算
    kp, des = sift.detectAndCompute(gray, None)
    # 绘制关键点
    cv.drawKeypoints(img, kp, img, (0, 255, 0), cv.DRAW_MATCHES_FLAGS_
DEFAULT)
    return img


# shi-Tomas 角点检测
def corner_shi_tomas(img):
    # 转成灰度图
    gray = cv.cvtColor(img, cv.COLOR_BGR2GRAY)
    # shi-Tomas 角点检测
    corners = cv.goodFeaturesToTrack(gray, 1000, 0.05, 10)
    # 绘制角点
    for corner in corners:
        x, y = corner.ravel()
        cv.circle(img, (int(x), int(y)), 2, (0, 255, 0), -1)
    return img


# FAST 角点检测
def corner_FAST(img):
    # 阈值设为 30 进行非极大值抑制
    fast = cv.FastFeatureDetector_create(threshold=30, nonmax
Suppression=True)
    # 检测出关键点
    kp = fast.detect(img, None)
    # kp_not_nonmaxSuppression = fast_not_nonmaxSuppression.detect
(img2,None)
    # 将关键点绘制在图像上
    cv.drawKeypoints(img, kp, img, (0, 255, 0), cv.DRAW_MATCHES_FLAGS_
```

```
DRAW_RICH_KEYPOINTS)
    return img


    # ORB 角点检测
def corner_ORB(img):
    # 实例化 ORB
    orb = cv.ORB_create(5000)
    # 检测关键点
    kp, des = orb.detectAndCompute(img, None)
    print(des.shape)
    # 将特征点绘制在图像上
    cv.drawKeypoints(img, kp, img, (0, 255, 0), cv.DRAW_MATCHES_FLAGS_
DEFAULT)
    return img


    # 主函数调用
if __name__ == '__main__':
    image = cv.imread("D:/house.jpg")
    # 复制原始图像,用于各类角点检测
    img_Harris = image.copy()
    img_SIFT = image.copy()
    img_shi_Tomas = image.copy()
    img_FAST = image.copy()
    img_ORB = image.copy()
    # 实施各类角点检测
    Harris = corner_Harris(img_Harris) # Harris 检测
    SIFT = corner_SIFT(img_SIFT) # SIFT 检测
    shi_Tomas = corner_shi_tomas(img_shi_Tomas) # shi-Tomas 检测
    FAST = corner_FAST(img_FAST) # FAST 检测
    ORB = corner_ORB(img_ORB) # ORB 检测
    # 显示原图和各类检测结果图
    cv.imshow("Original Image",image)
    cv.imshow("Harris", Harris)
```

```
cv.imshow("SIFT", SIFT)
cv.imshow("shi-Tomas", shi_Tomas)
cv.imshow("FAST", FAST)
cv.imshow("ORB", ORB)
cv.waitKey()
cv.destroyAllWindows()
```

结果与分析： 原始图像如图7.27(a)所示，图7.27(b)～(f)分别为Harris、SIFT、shi-Tomas、FAST和ORB角点检测，比较发现，此时Harris、shi-Tomas检测参数比较合理，检测出的建筑物角点精度和数量适宜，而SIFT、FAST和ORB检测角点过多，需要调节参数，改变检测策略。由于角点检测的应用目的不同，因此很难说哪一种角点检测具有绝对优势。

（a）原图

（b）Harris 检测

（c）SIFT 检测

（d）shi-Tomas 检测

（e）FAST 检测

（f）ORB 检测

图 7.27　多种角点检测方法比较

实践拓展： 读入不同图像，分别进行Harris、SIFT、shi-Tomas、FAST和ORB角点检测，不断调试检测参数，观察检测角点的变化情况。

✍ 本章小结

本章讲授了二值图像形态学分析、模板匹配、角点分析和纹理分析，二值图像形态学分析以集合为理论依据，分别讨论了腐蚀、膨胀、开运算、闭运算、顶帽运算、黑帽运算和击中击不中形态学算法，其中腐蚀和膨胀是其他算法的基础，学习的时候要正确理解腐蚀和膨胀的定义，二值形态学分析的难点是对集合定义的理解，因此必须结合例题做深入研究。模板匹配和角点分析的原理相对简单，可以结合 OpenCV 实例进行学习。纹理分析重点掌握灰度共生矩阵，充分理解其定义、原理和应用，并结合演示实例掌握其各类统计特征量。

参考文献

[1]刘直芳，王运琼，朱敏．数字图像处理与分析[M]．北京：清华大学出版社，2006．

[2]许录平．数字图像处理[M]．2版．北京：科学出版社，2017．

[3]冈萨雷斯．数字图像处理[M]．3版．北京：电子工业出版社，2011．

[4]胡学龙．数字图像处理[M]．3版．北京：电子工业出版社，2014．

[5]刘绍辉，姜峰．计算机视觉[M]．北京：电子工业出版社，2019．

[6]Milan S，Vaclav H，Roger B．图像处理、分析与机器视觉[M]．3版．艾海舟，苏延超，等译．北京：清华大学出版社，2011．

[7]刘家瑛，杨帅，杨文瀚，等．计算机视觉理论与实践[M]．北京：高等教育出版社，2022．

[8]刘成龙．MATLAB图像处理[M]．北京：清华大学出版社，2023．

[9]贾永红．数字图像处理[M]．3版．武汉：武汉大学出版社，2015．

[10]李俊山，李旭辉，朱子江．数字图像处理[M]．3版．北京：清华大学出版社，2017．

[11]章孝灿，黄智才，赵元洪．遥感数字图像处理[M]．杭州：浙江大学出版社，1997．

[12]理查德·E．伍兹，史蒂文·L．埃丁斯．数字图像处理：MATLAB版[M]．阮秋琦，译．北京：电子工业出版社，2020．

[13]姚敏．数字图像处理[M]．3版．杭州：浙江大学出版社，2017．

[14]蔡利梅，王利娟．数字图像处理：使用MATLAB分析与实现[M]．北京：清华大学出版社，2019．

[15]郭文强，侯勇严．数字图像处理[M]．西安：西安电子科技大学出版社，2009．

[16]蒋爱平，王晓飞，杜宝祥，等．数字图像处理[M]．北京：科学出版社，2013．

[17]李云红，屈海涛．数字图像处理[M]．西安：西安电子科技大学出版社，2015．

[18]冯振，郭延宁，吕跃勇．OpenCV 4快速入门[M]．北京：人民邮电出版社，2020．

[19]朱虹．数字图像处理基础[M]．北京：科学出版社，2005．

[20]程远航．数字图像处理基础及应用[M]．北京：清华大学出版社，2018．

[21]孙忠贵．数字图像处理基础与实践（MATLAB版）[M]．北京：清华大学出版

社，2016.

[22]谢凤英. 数字图像处理及应用[M]. 2 版. 北京：电子工业出版社，2016.

[23]明日科技，赵宁，赛奎春. Python OpenCV 从入门到实践[M]. 长春：吉林大学出版社，2021.

[24]韩晓军. 数字图像处理技术与应用[M]. 2 版. 北京：电子工业出版社，2017.

[25]阮秋琦. 数字图像处理学[M]. 3 版. 北京：电子工业出版社，2013.

[26]岳亚伟. 数字图像处理与 Python 实现[M]. 北京：人民邮电出版社，2020.

[27]黄杉. 数字图像处理：基于 OpenCV-Python[M]. 北京：电子工业出版社，2023.

[28]秦志远. 数字图像处理原理与实践[M]. 北京：化学工业出版社，2017.

[29]朱秀昌，唐贵进. 现代数字图像处理[M]. 北京：人民邮电出版社，2020.